Prof. Riedel

Erfahrungen über die Gallensteinkrankheit mit und ohne Icterus

Prof. Riedel

Erfahrungen über die Gallensteinkrankheit mit und ohne Icterus

ISBN/EAN: 9783742896087

Hergestellt in Europa, USA, Kanada, Australien, Japan

Cover: Foto ©berggeist007 / pixelio.de

Manufactured and distributed by brebook publishing software (www.brebook.com)

Prof. Riedel

Erfahrungen über die Gallensteinkrankheit mit und ohne Icterus

ERFAHRUNGEN

ÜBER DIE

GALLENSTEINKRANKHEIT

MIT UND OHNE ICTERUS

VON

PROFESSOR RIEDEL

IN JENA.

BERLIN 1892.

VERLAG VON AUGUST HIRSCHWALD.

68, UNTER DEN LINDEN.

Seinem verehrten Lehrer

Herrn Professor König

in

Göttingen

gewidmet

der Verfasser.

Inhalt.

Auf dem letzten äusserst lehrreichen Congresse für innere Medizin in Wiesbaden wurden von mehreren Seiten die Schwierigkeiten hervorgehoben, welche sich der Diagnose auf Gallensteine entgegenstellen, wenn Icterus fehlt. Diese Schwierigkeiten sind in der That oft gross; das Krankheitsbild ist ein vieldeutiges, so dass man sich nicht selten auf Wahrscheinlichkeitsdiagnosen per exclusionem beschränken muss. Dies ist im Interesse der Kranken sehr zu bedauern; hängt doch ihr Wohl und Wehe im Wesentlichen von einer frühzeitigen Diagnose ab, die es ermöglicht, die Steine gefahrlos zu entfernen. Gefahrlos ist aber die Entfernung der Steine, so lange sie in der leicht zugänglichen Gallenblase selbst stecken. Wandern sie in die Tiefe, in den Ductus choledochus, so vergrössert sich die Leber und überdeckt die nach Austritt der Steine kleiner werdende Gallenblase, es bilden sich mehr oder minder feste Verwachsungen zwischen der Gallenblase und den Gallengängen einerseits, dem Netze, Quercolon und Magen andererseits, die bei der Operation gelöst werden müssen; an die Stelle einer nur wenige Centimeter langen Incision durch die vordere Bauchwand tritt ein Längsschnitt von 12—15 cm; statt eine durchaus gefahrlose, kaum 25 Minuten dauernde Operation zu machen, die sich ganz an der Oberfläche abspielt, sind wir zur wirklichen Laparotomie gezwungen, zum Arbeiten in der Tiefe, zum Schnitt in den Ductus choledochus mit nachfolgender Naht desselben. Das einmalige Einfliessen von Galle in den Raum zwischen Magen und Leber schadet dem Kranken zwar nicht — aber wir operiren an heruntergekommenen cholaemischen Menschen, denen schon die viel länger dauernde Narkose schädlich sein kann.

Aus diesen Gründen ist es von eminenter Wichtigkeit, dass die Diagnose auf Gallensteine gestellt wird, so lange dieselben noch in der Gallenblase selbst sind. Es erscheint deshalb wünschenswerth, dass von allen Seiten das Material zusammengetragen werde, was zur Differenzialdiagnose verwerthbar ist. Im Interesse der Kranken ist es Pflicht derjenigen Chirurgen, welche sich öfter mit der Operation von Gallensteinen beschäftigen, ihre Erfahrungen mitzutheilen, das zu schildern, was sie im Laufe der Zeit an Veränderungen der Gallenblase und der Gallengänge, der Leber, des Magens u. s. w. in Folge der Gallenstein-Krankheit in vivo gesehen haben. Jeder soll seinen Beitrag zu dem Krankheitsbilde liefern, damit dasselbe bald abgerundet dasteht; als solcher Beitrag möge auch die nachfolgende Arbeit angesehen werden. Meine Beobachtungen erstrecken sich auf 56 Kranke mit positivem Befunde an der Gallenblase; zu ihnen kommen weitere 8 Fälle hinzu, die ohne Gallenblasenerkrankungen für die Differenzialdiagnose von Wichtigkeit sind. Eine der Arbeit angehängte Liste giebt eine Uebersicht über die sämmtlichen operirten Kranken; dieselbe enthält auch die früher in der St. Petersburg. med. Woch. 1885, in der Berl. Kl. Woch. 1888 und in dem Corresp.-Blatte des ärztlichen Vereines von Thüringen 1890 mitgetheilten Fälle. Weil mit wenigen Ausnahmen das Leiden stets ohne Icterus begann, mussten selbstverständlich meine sämmtlichen Krankengeschichten benutzt werden, auch die von solchen Patienten, die mit Icterus in Behandlung kamen. Doch ist die Liste so aufgebaut, dass zuerst diejenigen Fälle erwähnt sind, die niemals Icterus gehabt haben (21), dann folgen diejenigen Kranken, welche meistens vor, selten erst nach der Operation Icterus gehabt haben (18); daran schliessen sich 12 Fälle, in denen dringender Verdacht auf noch vorhandene oder dagewesene Steine bestand; der Befund an der Gallenblase war ein positiver, und zwar hatten 4 noch Steine bei der Operation; diese 4 Fälle wurden hier (Liste No. III) untergebracht, weil sie durch Complicationen ihren Tod fanden, die mit der Gallensteinoperation als solcher nichts zu thun hatten. Dann folgen drei Kranke mit Carcinom der Gallenblase auf Grund von Steinbildung, endlich ein Fall von Steinen in den Gallengängen der Leber, ohne, soweit nachweisbar, gleichzeitige Erkrankung der Gallenblase. Die Zahl der Kranken mit wirklich bei der Operation noch vorhandenen Gallensteinen beträgt also 47. In Rechnung gestellt sind aber vielfach auch Fälle von sicher vorhanden gewesenen Steinen, so dass nicht immer die Zahl 47 den statistischen Erörterungen zu Grunde liegt; es schwanken je nach der aufgeworfenen Frage die Zahlen zwischen 28 und 56. Leider muss ich bei der Bearbeitung meines Materiales viel mit Zahlen operiren. Letztere sind immer langweilig, aber ich kann sie nicht entbehren; ich muss z. B.

angeben, wie oft Serum, wie oft Eiter, wie oft Galle u. s. w. sich in den aufgeschnittenen Gallenblasen fand. Um bestimmte Schlüsse zu rechtfertigen, aufgestellte Behauptungen zu beweisen, muss auf die No. der Operationsliste verwiesen werden, wer die Richtigkeit meiner Angaben prüfen will, muss die betreffenden Krankengeschichten immer wieder durchsehen, was wiederum recht ermüdend ist; trotzdem muss ich dem Leser durch genaue Citation des betreffenden Falles die Möglichkeit verschaffen, meine Angaben zu controlliren. Die in den Text eingestreuten Krankengeschichten betreffen sämmtlich Fälle, welche noch nicht anderweitig publicirt sind; sie tragen die No. der Operationsliste.

Der nachfolgenden Darstellung der pathol. anatom. Veränderungen, des klinischen Verlaufes u. s. w. der Gallensteinkrankheit liegen ausschliesslich meine eigenen Erfahrungen zu Grunde; dies hat eine gewisse Einseitigkeit zur Folge. Wäre die Zahl der Beobachtungen eine grössere, so würde das Krankheitsbild sich reicher gestalten, wie es sich bei mir vielseitiger entwickeln wird bei weiteren Erfahrungen auf diesem Gebiete. Immerhin hat es grosse Vortheile, nur das zu berücksichtigen, was man selbst gesehen hat; man trägt dann für jede geschriebene Zeile die volle Verantwortung. Litterarisch werde ich ausschliesslich die Verhandlungen des letzten Congresses für interne Medicin benutzen. Die Schlussfolgerungen, welche ich aus meinem Materiale ziehe, haben natürlich nur bedingten Werth, weil die Zahl der Fälle eine relativ kleine ist; immerhin ist sie zu gross, um directe Fehlschlüsse zu gestatten.

Vielfach sind Abkürzungen gebraucht worden; die meisten sind leicht verständlich (G.B., D.c., D.hep., D.chol.), andere bedürfen einer Erklärung: J.sp.l. bedeutet die beide Spinae ant. sup. pelv. verbindende Linie. U.sp.l. ist die vom Nabel zur Spina gezogene Linie.

Die Abbildungen I—IX geben ungefähr das wieder, was bei den Operationen gesehen, zum Theil auch nur als wahrscheinlich angenommen wurde; sie sind sämmtlich schematisch; Fig. X ist nach dem vorliegenden Objecte gezeichnet worden.

I. Die pathologisch-anatomischen Veränderungen der Gallenblase und der grossen Gallengänge, der Leber und der benachbarten Organe in Folge der Gallensteinkrankheit.

a) Die Gallenblase.

Gallensteine entwickeln sich primär fast immer in der Gallenblase, nur ausnahmsweise in den Gallengängen der Leber (46: 1); in den letzteren entstehen sie zuweilen sekundär durch lang dauernde mehr oder weniger vollständige Verstopfung des Ductus choledochus (No. 27). Die Gallenblase ist vom Beginn der Steinbildung an als leicht erkrankt zu bezeichnen, wie ja auch letztere selbst nach den schönen Untersuchungen Naunyns primär auf Erkrankung der Gallenblasenschleimhaut zurückzuführen ist.

In weitaus den meisten Fällen beschränkt sich die Erkrankung der Gallenblase bei der Steinkrankheit auf Abstossung von Epithelien; die Träger der Steine merken gar nichts von denselben; letztere werden zufällig bei der Section gefunden. In der Minorität der Fälle führt die Steinkrankheit zunächst zu Veränderungen der Form, Grösse und Wandstärke sowie des Inhaltes der Gallenblase, wenn die Steine längere Zeit darin verweilen; damit kann die Krankheit ihr Ende erreichen, oder aber — sie greift über auf den Ductus cysticus, der bald ohne bald mit Einwanderung von Steinen geschädigt wird. Bis dahin ist das Leiden rein lokal; erst wenn der Duct. choled. mit afficirt wird, beginnt das Allgemeinleiden durch Retention von Galle. Die Veränderungen der Form, Grösse und Wandstärke der Gallenblase bestehen bald in Vergrösserung bald in Verkleinerung derselben, wobei entweder die Stärke der Wand normal bleibt oder zunimmt, während die Form der Gallenblase im Allgemeinen erhalten bleibt. Daneben kommt die Bildung von Zwerchsäcken und von Divertikeln vor, desgl. Umknickungen der Gallenblase gegen den Ductus cysticus, endlich Obliterationen der Gallenblase und totale Zerstörung derselben.

Die Uebersicht über 52 Fälle ergab in dieser Beziehung folgendes: Vergrössert waren 32 Gallenblasen, von ihnen 12 ohne, 20 mit Verdickung der Wand; verkleinert 8, von ihnen 5 ohne, 3 mit Verdickung der Wand. Zwerchsackförmig waren 6, Divertikelbildung kam 3mal vor, Umknickung der G. Bl. gegen den Dc. 1mal, Obliteration 1mal, Reduction auf einen kleinen Stumpf 1mal.

Die Vergrösserungen waren nur selten excessiv (No. 3), meist hielten sie sich in mittleren Grenzen (1 bis 2 Faust gross); die Verkleinerung führte zur Bildung von taubeneigrossen Gallenblasen, einmal (No. 48) war die G. Bl. auf das Volumen des Endgliedes eines kleinen Fingers reducirt. Ebenso erheblich schwankte die Stärke der Wandung. Verdickungen bis zu 2 cm kamen vor (No. 6), oft wurde eine 1 cm starke Wand gefunden, doch sind Täuschungen in dieser Richtung leicht möglich, weil das Messer nach Perforation der Muscularis die Schleimhaut vor sich her schiebt. Selten ist das Gewebe so hart, dass es unter dem Messer knirscht. Einmal bestanden so derbe Kalkeinlagerungen in die Wand der Gallenblase, dass der Meissel zur Hülfe genommen werden musste (No. 9). Excessive Verdünnungen der G. Blasenwand selbst sind nie zur Beobachtung gekommen; glaubte man einmal diese von mancher Seite so stark betonte Anomalie vor sich zu haben, so ergab die weitere Untersuchung, dass es sich um Divertikelbildung handelte. Diese kamen 3 mal in ausgebildeter Weise vor (vergl. Fig. I u. II No. 29 u. 34).

Fig. I stellt eine Gallenblase dar mit einem Divertikel, ausgezeichnet durch 2 Eingänge, so dass ein mit Schleimhaut bekleidetes

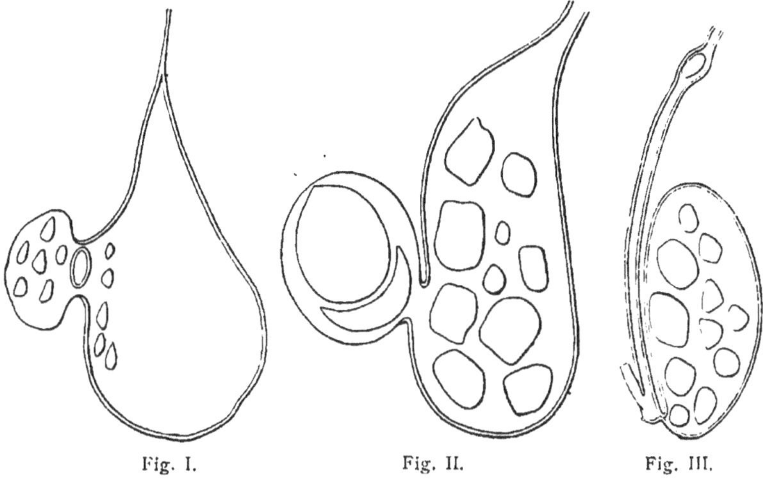

Fig. I. Fig. II. Fig. III.

Septum frei durch die Höhle der Gallenblase zu verlaufen schien. Divertikel selbst ohne Schleimhaut. 330 Steine in der Gallenblase selbst, circa 10 im Divertikel. D.c. obliterirt.

Fig. II zeigt ein Divertikel mit einem gewaltigen Steine, dem kuppelförmig ein zweiter aufsitzt, den Eingang in die Gallenblase verlegend. Divertikel ebenfalls ohne Schleimhaut.

Zwerchsackform ist 6 mal notirt worden, doch kam sie in weniger ausgesprochener Weise noch öfter vor, der Extraction der Steine zuweilen grosse Schwierigkeiten bereitend. Letztere waren nicht minder erheblich bei spitzwinkliger Umknickung der Gallenblase gegen den ganz extrem verlängerten (12 cm) Ductus cysticus. Fig. III (No. 13) zeigt eine vollständige Abknickung der

Gallenblase gegen den mit Divertikel versehenen Ductus cysticus. Divertikel klein und ohne Schleimhaut. Gallenblase enthält 160 Steine.

Obliteration der Gallenblase vor der Operation ist nur 1 mal beobachtet, nach derselben 5 mal (s. u.). Gänzlich zerstört durch Eiterung war die G. Bl. 1 mal (No. 40). Der Inhalt der Gallenblase war in 42 Fällen von Steinbildung (3 Fälle von Carcinom, 1 Lebergallengangstein und 1 Obliteration der G. Bl. sind abgerechnet) folgender Natur:

gallig	13	mal,
theerartig	1	"
schleimig	6	"
serös	13	"
serös eitrig	2	"
rein eitrig	4	"
putrid eitrig	3	"

Daraus ergiebt sich, dass das Sekret in $^2/_3$ der Fälle ein abnormes war. Diese Abnormität schwankt in weiten Grenzen, Uebergänge von den erwähnten Categorien zu anderen, z. B. schleimig-seröse Sekrete u. s. w. kamen öfter vor, als sie notirt sind. Putrescenz des Eiters wurde stets durch Verwachsungen mit dem Colon transversum (No. 21 und 30) oder durch offene Communication mit demselben (No. 50) bewirkt.

Steine fanden sich allein in der Gallenblase unter 42 Fällen von Steinbildung 22 mal; 2 mal steckten sie in Gallenblase und Divertikel gleichzeitig und 1 mal im Divertikel allein (No. 22). Die Cholelithiasis hatte sich also — und das verdient besonders hervorgehoben zu werden — in mehr als in der Hälfte der Fälle auf die Gallenblase allein beschränkt. Wenn wir, was wahrscheinlich ist, die drei Kranken mit Carcinom der Gallenblase auch als reine Gallenblasensteinfälle betrachten, so ändert sich das Verhältnifs immer mehr zu Gunsten der letzteren.

b) Der Ductus cysticus.

Dieser Gang liegt schon so tief, dass er nur selten bei der Operation zu Gesicht kommt; sein Verhalten wird aber durch den Inhalt der Gallenblase sehr genau gekennzeichnet. Ist letzterer gallig, so resultirt, dass der D. c. offen steht; im entgegen gesetzten Falle wird er verlegt sein. Wir haben eben gesehen, dass das Sekret der G. Bl. nur in $33^1/_3$ % der Fälle gallig war; daraus ergiebt sich, dass der Ductus cyst. in $66^2/_3$ % der Fälle verlegt gewesen ist.

Diese Verlegung ist nun relativ selten durch Steine bedingt (unter 42 Fällen 14 mal), meist handelt es sich um Schwellung der

Schleimhaut bis zur gegenseitigen Berührung in Folge des entzündlichen Processes, der in der Gallenblase spielt. Entfernt man die Steine aus letzterer, so schwillt der Gang in der Majorität der Fälle so rasch ab, dass schon beim ersten Verbandwechsel aus der angelegten Gallenblasenfistel Galle abfliesst (unter 28 Fällen 15 mal), ohne dass etwa ein Stein aus dem Ductus cysticus extrahirt worden wäre. Dieses rasche Abschwellen des Ganges kommt sowohl bei

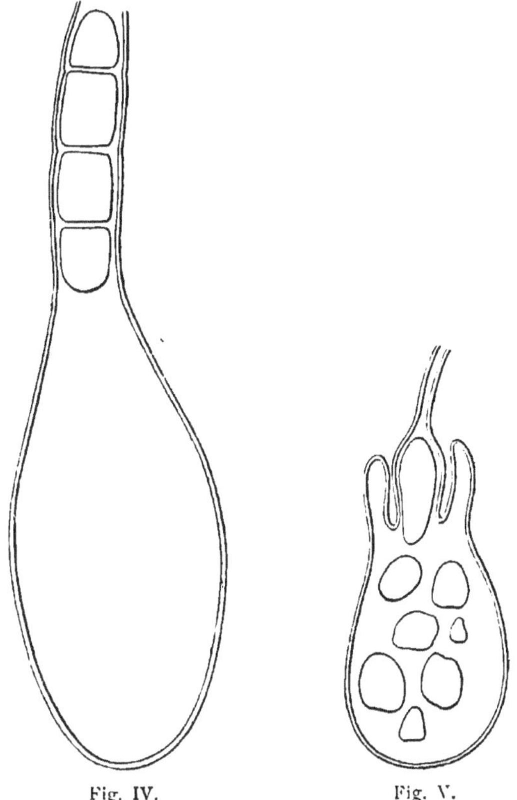

Fig. IV. Fig. V.

serösem als bei schleimigem resp. eitrigem Inhalte der Gallenblase vor.

Die Tendenz zur Obliteration ist beim D. cyst. ziemlich erheblich; wir haben allerdings nur 1 Fall von isolirter Obliteration desselben (No. 35), dagegen ist er wohl öfter mit der Gallenblase zusammen obliterirt (sicherer Fall No. 39; unsichere Fälle No. 10, 17, 21 u. 29).

Erweitert wird der Ductus cysticus ausschliesslich durch Steine, sie fanden sich in 42 Fällen von G. st. 13 mal in demselben und zwar 2 mal allein in demselben (No. 3 u. No. 17), 5 mal waren gleichzeitig Steine in der Gallenblase, 4 mal gleichzeitig in G. Bl. und D. ch., 1 mal im D. ch. und endlich 1 mal gleichzeitig in G. Bl., D. chol. und Leber (No. 27).

Sehr interessant sind die reihenweise hinter einander gelegenen Steine von No. 17 (vergl. Fig. IV, Steine ausschlieslich im Ductus cysticus); sie hatten augenscheinlich lange Zeit in demselben gesessen, da die mittleren auf beiden Seiten facettirt waren; nur der unterste und der fragliche oberste, der bei der Operation nicht gefunden wurde, hatten einseitige Facetten. Mit welcher Gewalt die Steine zuweilen aus der Gallenblase in den Duct. cysticus getrieben werden, beweist Fig. V (No. 19). Nach 4 wöchentlichen Kolikanfällen war der gewaltige Stein so weit in den D. c. hineingepresst, dass eben noch seine untere Kuppe herausragte; der untere Theil des Duct. cystic. hatte sich in die Gallenblase hineingesenkt, wie die Portio vaginalis Uteri in die Scheide. Der Stein schaute aus dem Duct. cyst. hervor, wie ein Polyp aus dem Muttermunde, ein relativ seltenes Ereignifs, worauf wir später zurückkommen.

c) Der Ductus choledochus.

Eine Verengerung des Ductus choledochus ist nur durch carcinöse Infiltration des portalen Drüsengewebes beobachtet worden, gleichzeitig bestand Steinbildung (No. 51), sonst haben wir nur Erweiterungen desselben gesehen, entweder ohne Verdickung der Wand in Folge von Stauung der Galle hinter einem an der Papille sitzenden Steine (No. 25) oder öfter mit gleichzeitiger Verdickung der Wandungen bei Steinen, die in der ganzen Länge des Ductus choledochus selbst hin- und herwanderten. Die Erweiterungen gingen z. Th. bis zu Daumendicke, die Wandungen wurden bis 2 mm dick, der dilatirte Duct. chol. wurde sogar in einem Falle bei Atrophie der Gallenblase (No. 27) mit letzterer verwechselt und an die vordere Bauchwand angenäht.

3 mal fanden sich ausschliesslich Steine im Ductus choledochus (No. 23 unsicher, No. 38 und 39 sicher), 1 mal im Ductus chol. und Gallenblase allein, 5 mal im D. chol., cyst. und Gallenblase und 1 mal im D. ch., cyst., G. Bl. und Leber. Wir haben somit 10 mal mit Steinen im Ductus choledochus zu kämpfen gehabt. Die beifolgenden Skizzen mögen das Gesagte erläutern: Fig. VI (No. 31) zeigt die Steine perlschnurartig an einander gereiht von der Gallenblase an durch den D. cyst. hindurch bis in den Choledochus; sie konnten in einer Sitzung von der Gallenblase aus entfernt werden. Fig. VII (No. 35) demon-

strirt 2 mächtige Steine ausschliesslich in Gallenblase und Ductus choled.; Duct. cystic. ist obliterirt. Dazu bestehen Verwachsungen

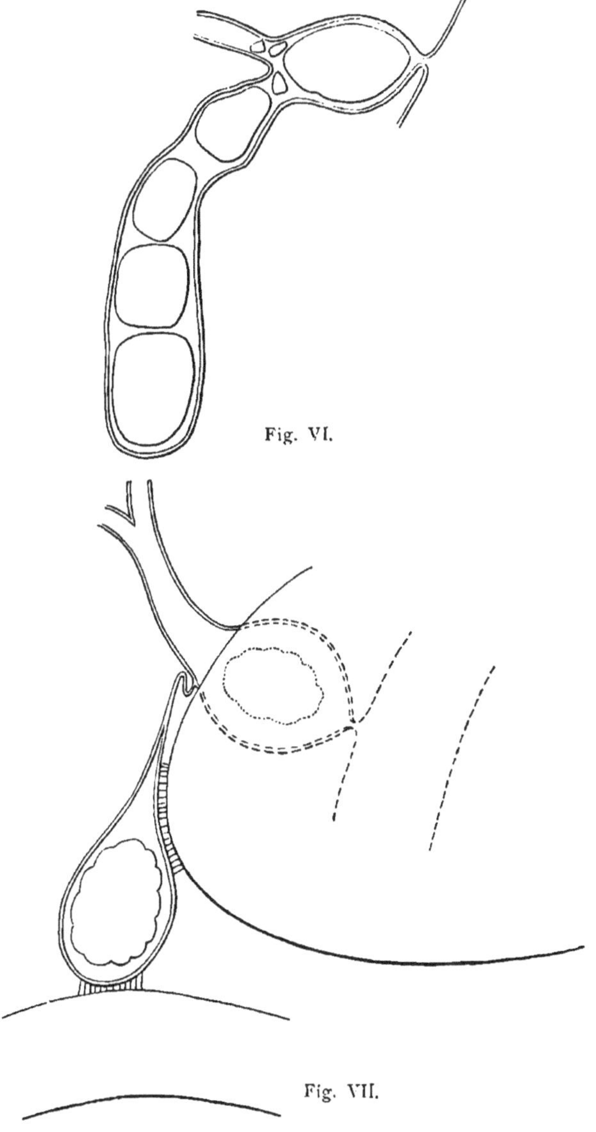

Fig. VI.

Fig. VII.

mit Magen und Quercolon; diese beiden Organe sind durch einfache Striche gekennzeichnet; die hinter dem Magen gelegenen Theile des Duct. choled., sowie das Duodenum sind nur punktirt. Fig. VIII (No. 39) zeigt einen kleinen Stein im stark dilatirten Ductus choled. und hepaticus. Gallenblase und Ductus cysticus sind obliterirt; auch hier bestehen Adhaesionen mit den eben erwähnten Intestinis.

Der Inhalt des Ductus choledochus war regelmässig mehr oder weniger verdünnte Galle, niemals Serum oder gar Eiter. In den 4 Fällen, in denen die Steine durch directe Incision in den Ductus choledochus entfernt wurden, liessen sich dieselben dreimal (immer je einer) im Duct. choled. hin- und hertreiben; im 4. Falle (No. 38) waren 2 grosse und 2 kleine Steine ziemlich fest eingekeilt; sie zeigten mehr oder weniger deutliche Facetten.

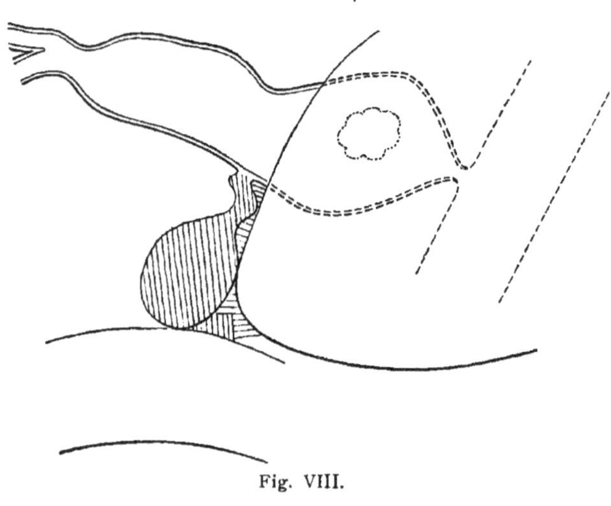

Fig. VIII.

d) Die Leber.

Wie das Herz, so scheint auch die Leber nach dem Tode ihr Volumen erheblich zu verringern, wenn sie nur durch Ueberfüllung mit Blut oder Galle ausgedehnt war. Beim Lebenden finden wir nicht selten eine grosse Leber; die Obduction bestätigt diese Annahme oft nicht. Dies erklärt sich einmal dadurch, dass die durch Blut und Galle ausgedehnte Leber in der That nach dem Tode kleiner zu werden scheint; zweitens verwechselt man sicherlich oft Vergrösserung der Leber mit Verschiebung derselben nach vorne und unten bei gleichzeitiger Rotation des Organes um seine quere Achse. Besonders rechtsseitige Nierengeschwülste verdrängen die Leber nach vorne und unten, und sie verlängern die Leberdämpfung in der Papillarlinie ganz erheblich. Dazu kommt nun, dass der untere Rand des rechten Leberlappens oft weder durch Perkussion noch durch

Palpation sicher festzustellen ist; bei dicken Bauchdecken und weicher Leber entzieht sich derselbe fast vollständig unserer Kenntnifs, aber immer leistet die Palpation noch mehr als die Perkussion, die einen dünnen atrophischen Leberrand resp. einen Fortsatz des rechten Lappens nach unten sehr selten genau zu bestimmen erlaubt. Die Palpation muss mit sehr leichter Hand ausgeführt werden, sonst reizt man den M. rectus abd. zur Contraction; auch fühlt nur der ganz leise aufgelegte Finger den scharfen Rand der Leber. Oft giebt die Inspection den allerbesten Aufschluss, besonders dann, wenn man von der rechten Lendengegend her die Leber nach vorne drängt resp. schnellt.

Unter der Voraussetzung also, dass Irrthümer bei der Beurtheilung der Leber möglich sind, ist folgendes in 42 Fällen von Gallensteinen ermittelt worden: Sie verhielt sich 18mal anscheinend ganz normal, 12mal war sie in toto oder wenigstens in ihrer rechten Hälfte vergrössert und 12mal ist ein zungenförmiger vom rechten Leberlappen nach unten ragender Fortsatz notirt. Wie vorauszusehen, fand Vergrösserung der Leber nur in denjenigen Fällen statt, in welchen die Gallensteine in die tiefen Gänge gewandert waren, oder wenn sie beim Sitze in der Gallenblase allein, von dort aus Schwellung der Gallengänge angeregt hatten. Bei reinen Gallenblasensteinen blieb die Leber entweder ganz normal (10mal), oder sie zeigte den erwähnten zungenförmigen Fortsatz (9mal), nur 1mal bestand nach besonders hartnäckigen Gallenstein-Koliken ohne Icterus leichte Vergrösserung der Leber; umgekehrt hatten 7 Patienten mit Gallensteinkolik und Icterus normale Lebern.

Die Anzahl der zungenförmigen Fortsätze mag etwas zu gross angegeben worden sein; wenn die Bauchdecken stark sind, der Bauch kurz ist, so ist Verwechselung mit Totalvergrösserung des rechten Leberlappens möglich, weil man den lateralen Rand desselben nicht scharf durchfühlt, während der mediale deutlich fast senkrecht nach abwärts steigt. Seit meiner ersten Mittheilung (1888) ist der zungenförmige Fortsatz noch 7mal beobachtet worden, darunter 1mal in so exquisiter Form, dass eine Skizze später folgt (vergl. Fig. 9).

Die Form der Leber zeigte überhaupt vielfache Anomalien, die mehr oder weniger mit dem Gallensteinleiden in Zusammenhang standen, beispielsweise gewaltige Entwickelung des Lob. ant. mit der steinhaltigen Gallenblase dahinter (No. 29 u. 30), tiefe Einkerbungen an Stelle der sonst flachen Incisura vesicalis, gewaltige Entwickelung der Leber nach unten auf Kosten der Breite derselben (No. 50: Leber 15,5 cm breit, rechter Lappen 20,0, linker 14,6 cm lang).

Die Veränderungen der Lebersubstanz waren nur zweimal sehr

hochgradig (No. 27 u. 33), so oft auch Anomalien in betreff der Festigkeit (sehr weich und sehr hart) und der Farbe (oft dunkelblauroth) beobachtet wurden. No. 27 zeigte einen kolossalen vom rechten Leberlappen ausgehenden Tumor in Folge der Thrombose eines grossen Pfortaderastes, dazu Steine in den dilatirten Gallengängen der Leber, No. 33 exquisite Erweiterung der sämmtlichen Gallengänge der Leber, hellseröse Flüssigkeit statt Galle enthaltend. Relativ häufig waren circumscripte Atrophien des scharfen Leberrandes dort, wo derselbe der mit Steinen gefüllten Gallenblase auflag. Der seröse Ueberzug der Leber zeigte nicht selten Spuren von entzündlichen Processen, Fibrinauflagerungen, umschriebene Verwachsungen mit dem Perit. parietale und dem Netze, das gelegentlich weit über die vordere Fläche der Leber hinaufgeschoben war (No. 17). Verwachsung der Leber mit dem Magen kam zweimal vor (No. 27 und No. 52), unlösbare flächenhafte Verlöthung mit der vorderen Bauchwand ebenfalls einmal (No. 27).

e) Die umliegenden Intestina.

Durch die entzündlichen Processe, welche in der steinhaltigen Gallenblase resp. in den Gallengängen spielen, werden besonders das Netz, das Quercolon, der Magen und das Duodenum in Mitleidenschaft gezogen. Meist handelt es sich um Adhaesiventzündungen leichterer Art, so dass Trennung rasch gelingt; in anderen selteneren Fällen sind die Verwachsungen so derbe, dass das Gewebe unter dem Messer knirscht und schwerer nachgiebt als die Wandungen der betreffenden Organe (No. 35); zuweilen sind die Adhaesionen mit Eiter oder wenigstens mit Fettmassen durchsetzt, die in eitrigem Zerfalle begriffen sind (No. 30). Aehnliche Adhaesivprocesse führen zur Verlöthung der Gallenblase mit der vorderen Bauchwand.

Unter 52 hierbei in Frage kommenden Fällen von noch vorhandener oder vorübergegangener Steinbildung fanden sich 30mal Adhaesionen, also in mehr als der Hälfte der Fälle.

Am meisten war das Netz betheiligt, nämlich 24mal, davon allein 13mal, mit anderen Organen zusammen 11mal. Dann folgt der Häufigkeit nach das Quercolon (11mal, davon allein 2mal), darauf der Magen (9mal, davon allein 1mal), dann die vordere Bauchwand (5mal, davon allein 3mal), endlich das Duodenum (3mal, niemals allein). Am häufigsten waren gleichzeitig verwachsen: Netz, Quercolon und Magen (4mal), dann Netz und Quercolon (4mal), Netz und Magen (2mal), dabei 1mal gleichzeitig Fixation der Leber am Magen (No. 52), Magen und Duodenum (1mal), Netz und vordere Bauchwand (1mal), Pylorus und Leber (1mal). (Vergl. hierzu die Fig. VII und VIII.)

Perforationen in die benachbarten Organe nach vorhergegangener Adhaesiventzündung waren relativ selten; nur bei 5 Kranken unter 52 hatte ein Durchbruch stattgefunden, und zwar 2 mal isolirt in die vordere Bauchwand (No. 13 und 22), einmal gleichzeitig ins Colon transversum und in die vordere Bauchwand (No. 50); einmal gleichzeitig in eine circumscripte durch Adhaesiventzündung abgeschlossene Parthie der Bauchhöhle, ins Col. transv. und in die Brusthöhle (No. 56), endlich einmal gleichzeitig in Magen, Duodenum, Col. transv. Leber und vordere Bauchwand (No. 40), doch ist dieser Fall nicht ganz sicher, weil ein primärer tropischer Leberabscess vorliegen könnte mit secundärer Zerstörung der Gallenblase, was freilich bei einem so geschützt liegenden starkwandigen Organe sehr auffallend wäre.

II. Grösse, Form, Anzahl und Gestalt der extrahirten Steine.

Weil kleine Steine die tiefen Gallengänge passiren können, grosse nicht, steht die Frage nach der Grösse der Steine im Vordergrunde des Interesses; auf Anzahl und Form derselben kommt es weit weniger an. Hunderte von Steinen können bis ins Duodenum gelangen, wenn sie klein genug sind; ob sie rund oder dreieckig sind, wird im Allgemeinen auch wenig ausmachen, wenn auch die ersteren etwas leichter passiren, als die letzteren. Theilt man die Steine in kleine (bis zur Grösse einer Erbse), in mittelgrosse (Erbse bis Kirsche) und in grosse, wenigstens $1\frac{1}{2}$ cm im Durchmesser haltende, so ergiebt die Uebersicht über 42 Fälle, dass nur 5 kleine Steine hatten, in 11 Fällen waren sie mittelgross und in 26 Fällen über $1\frac{1}{2}$ cm gross; mehrfach wurden Steine von 3, 4, 5 cm Durchmesser entfernt. Die Majorität der Fälle zeigte also grosse, eine verschwindende Minorität kleine, event. durchgehende Steine. Was die Anzahl der extrahirten Concremente anlangt, so fand sich folgendes in 42 Fällen:

5 mal	war	1	Stein vorhanden,
5 „	waren	2	Steine „
12 „	„	3—10	„ „
11 „	„	11—100	„ „
9 „	„	100—400	„ „

Man könnte denken, dass isolirte Steine besonders gross, multiple meist kleiner gewesen wären; dies ist nur theilweise zutreffend in unserer Statistik. Denn in 5 Fällen von isolirten Steinen waren 3 gross, 2 mittelgross, in 5 Fällen von doppelten Steinen waren sie 4 mal gross, 1 mal klein; dagegen waren in 12 Fällen mit 3—10 Steinen, 10 mal grosse und nur 2 mal mittelgrosse Steine vorhanden, bei 10—100 Steinen nimmt die Categorie „gross" allerdings langsam ab (unter 11 Fällen 7 gross, 2 mittelgross, 2 klein), um bei 100—400

Steinen noch mehr zu sinken (von 9 Fällen 3 gross, 5 mittel, 1 klein). Es resultirt demnach, dass beim Vorhandensein von 3—10 Steinen die meisten grossen, d. h. über $1^1/_2$ cm dicken beobachtet wurden! Bei 4—5 Steinen sind im Allgemeinen die grössten Exemplare gefunden. In einem Falle (No. 21) war eine grosse Menge stinkender mörtelartiger grauweisser Substanz neben einem mittelgrossen Steine in der mit Granulationen ausgekleideten Gallenblase vorhanden. Es machte den Eindruck, als ob Steine unter dem Einflusse der Fäulnifs (Verwachsung der G. Bl. mit dem Colon transversum) zerfallen seien; bei zwei anderen Kranken mit putridem Gallenblaseninhalt zeigte sich diese Wirkung der Putrescenz allerdings nicht. Einmal (No. 15) wurde ein reiner Cholestearinstein beobachtet, der sich seit 7 Jahren allein in der G. Bl. aufhielt und sogar zur Perforation durch die vorderen Bauchdecken Anlafs gegeben hatte. Alle übrigen Steine waren aus dem gewöhnlichen Materiale und von der bekannten Form, die allerdings gelegentlich auch mit selteneren wechselte (zwerchsack-, kuppen-, nierenförmig); auf die facettirten in den D. c. und chol. gelegenen Steine ist schon oben hingewiesen worden.

III. Der klinische Verlauf der Gallensteinkrankheit.

Die Ausführungen von Fürbringer auf dem letzten Congresse für int. Medicin werden im Allgemeinen das wiedergegeben haben, was die internen Kliniker in Betreff des Verlaufes der Gallensteinkrankheit für richtig erachten. Für mich waren seine Mittheilungen ganz ausserordentlich interessant, da sie mir zeigten, warum interne Kliniker und Chirurgen sich über die Behandlung der Gallensteine nicht recht einigen können. Ich muss nothwendig einige Stellen aus seinem Vortrage citiren, um auf die Differenz unserer Anschauungen hinzuweisen. Pag. 41 spricht er von der Latenz der Gallensteine, die in jeder 10ten Leiche gefunden würden und fährt dann folgendermassen fort: „Beginnen aber die schlimmen Gesellen zu wandern, gleichviel aus welcher Ursache oder äusserer Veranlassung, dann pflegen auch Krankheitserscheinungen nicht auszubleiben. Dieselben stehen zu den „wenig bekannten und unbestimmten“, aber wohl mit Unrecht ganz in Zweifel gezogenen Beschwerden, welche die in der Gallenblase ruhig verweilenden Concremente hervorrufen können, in einem grellen principiellen Contraste“. Etwas weiter unten folgen die Worte: „Wir werden unter Umgehung alles unwesentlichen in den Kreis unserer Betrachtung ziehen zunächst den unter dem Namen der Gallensteinkolik bekannten Complex der Folgen des Fortrückens der Steine nach dem Darme unter Hindernissen.“

Wenn unter den „ruhig verweilenden" Steinen diejenigen gemeint sind, die in der That nie Beschwerden machten, nur zufällig bei der Section gefunden werden, so ist es ganz zutreffend, dass man die von ihnen ausgehenden Erscheinungen als unbestimmt bezeichnet; viele ruhig liegende, d. h. nicht wandernde Steine machen aber sehr schwere Erscheinungen, richtige Gallensteinkoliken meist ohne, zuweilen aber auch mit Icterus. Die Gallensteinkolik ist kaum in der Hälfte der Fälle Folge des Fortrückens der Steine nach dem Darme unter Hindernissen, sondern sie ist oft nur der Ausdruck einer acuten Entzündung einer steinhaltigen Gallenblase. Fürbringer vertritt die alte Lehre, dass die Gallensteinkolik immer auf Einklemmung wandernder Steine beruhe; diese Lehre ist unrichtig; sie muss dahin modificirt werden, dass nur der eine Theil der Fälle sich in dieser Weise erklärt, der andere nicht.

Noch mehr Licht verbreitet folgender Passus (p 42): „Wenden wir uns nunmehr zu den Symptomenreihen, welche ihre Entstehung der dauernden Einklemmung eines Concrementes in den Gallenwegen verdanken, so lassen Sie mich bei der Klinik des Hydrops vesicae felleae, jenes bekannten Zustandes der dauernden Verlegung des Ductus cysticus nicht länger verweilen; sie ist relativ dürftig und pflegt den Practiker wenig zu interessiren. Wo wir den Zustand im Leben entdeckt, figurirte er als zufälliger Befund neben anderen Krankheiten oder andere Consequenzen unserer Krankheit begleitend."

Dem gegenüber ist zunächst zu bemerken, dass der Hydrops vesicae felleae wohl sehr selten auf dauernder Verlegung des Duct. cyst. durch Concremente beruht; er entsteht in einer Steine enthaltenden Gallenblase durch Zuschwellen des Ductus cysticus in Folge der chronischen Entzündung, welche die Steine unterhalten; letztere selbst sind höchst selten allein im Duct. cysticus. „Dürftig" kann man die Klinik des Hydrops vesicae felleae nur dann nennen, wenn man ihn im völligen Ruhezustande beobachtet resp. zufällig bei der Section findet. Tritt aber, wie so oft, eine acute Entzündung in diesem Hydrops ein, so ist die Klinik desselben eine sehr reiche und von allergrösstem Interesse für die Practiker, weil die rationelle Therapie der Gallensteine auf der Kenntnifs dieses Hydrops vesicae felleae mit seinen bald perennirenden, bald intermittirenden Entzündungen beruht.

Wodurch erklärt sich nun die Differenz zwischen den beiderseitigen Anschauungen? Sehr einfach dadurch, dass beide Parteien mit sehr verschiedenem Materiale arbeiten. Der interne Kliniker, besonders der Dirigent eines grossen Hospitales sieht meistens relativ schwere mit Icterus verlaufende Fälle von Gallensteinen; erst diese werden von den Aerzten für hospitalbedürftig erklärt, während vor dem Icterus die oft unbestimmten Klagen der Kranken unerhört verhallen. Hält das Krankenhaus polyklinische Sprechstunde, so ändert sich die Sache schon erheblich, weil Kranke mit reinen Gallenblasensteinen vielfach dieselbe frequentiren, da sie ausserhalb der Anfälle sich oft völlig oder fast wohl fühlen, manche ja überhaupt keine Anfälle haben, nur „Magendrücken". Der Polykliniker sieht also wenigstens derartige Patienten.

Da der innere Arzt aber den Kranken nicht operirt, so hat er in der That grosse Schwierigkeiten, sich ein klares Bild vom Zustande der Gallenblase zu verschaffen, zumal der pathologische Anatom ihn bei dieser Gelegenheit etwas im Stiche lässt. Letzterer sieht den Hydrops vesicae felleae auch fast immer nur im ruhenden Zustande als zufälligen Sectionsbefund; Leute mit acut entzündetem Hydrops sterben eben nicht, weil das Leiden rein local ist und zunächst die Entzündung fast immer zurückgeht. Nur ganz ausnahmsweise kommt es zur Eiterung, die durch Perforation der Gallenblase in die Bauchhöhle zum Tode führen kann; dann haben wir natürlich ein ganz anderes Bild vor uns, als beim acut-serös-entzündlichen Hydrops — den nur der Chirurg zu sehen bekommt, wenn er während oder gleich nach der Attaque incidirt. Die Mehrzahl der dem Chirurgen zugehenden Fälle sind aber Kranke mit acut entzündlichem Hydrops, daher unsere Kenntniss der Anfangsstadien der Gallensteinerkrankung, der reinen acuten Gallenblasenentzündung, die in früherer Zeit, als noch nicht operirt wurde, mehr weniger unberücksichtigt bleiben musste, weil Sectionsmaterial fast vollständig fehlte.

Diese Auseinandersetzungen mussten erfolgen, damit ich nicht wieder so missverstanden werde, wie das in Wiesbaden der Fall war. Sie sind niedergeschrieben, um eine Annäherung der beiderseitigen Anschauungen herbeizuführen im Interesse der armen von Gallensteinen gequälten Menschen. Diesen zu helfen ist beider Ziel und beide erreichen dasselbe, wenn das Material richtig vertheilt wird: die kleinen Steine gehören fast alle — nicht alle — der internen Medicin, die grossen der Chirurgie.

Die meisten Kranken mit Steinen in der Gallenblase haben keinerlei Beschwerden; die Steine werden, in Galle eingebettet, zufällig bei der Section gefunden: könnte man die Todten noch genau befragen, so würde wohl mancher etwas zu erzählen wissen von „Magendruck", von „einzelne Speisen nicht vertragen können" u. s. w., die meisten haben aber in der That nichts von ihren Steinen gemerkt. Oft genug finden sich bei Sectionen auch Gallensteine in Serum oder

Schleim eingebettet, auch die Träger dieser Anomalien haben im Leben kaum etwas oder gar nichts von Gallensteinen gemerkt; sie hätten, was erst bei Aufnahme einer ganz genauen Anamnese festgestellt worden wäre, vor 10 oder 20 Jahren einmal 1 oder auch 2—3 Tage an acutem Magencatarrhe gelitten, Erbrechen und Leibschmerzen gehabt; seitdem hätten sie sich immer völlig wohl gefühlt; andere litten öfter an derartigen Leibschmerzen, doch vergingen dieselben rasch nach Application von warmen Umschlägen und von Senfmehl; fette Speisen hätten sie nicht vertragen können, auch das Corset nicht fest anziehen dürfen. Wieder andere hatten überhaupt nie Erbrechen oder Schmerzen, sondern bloss immer einen Druck vor der Herzgrube, sie blieben trotz guter Nahrung immer etwas bleich, ermüdeten leicht und mussten oft die Arbeit unterbrechen wegen stärkeren Druckes vor dem Magen. Einige bekamen die ersten Schmerzanfälle vielleicht nach brüsken Bewegungen, sie bemerkten danach ganz plötzlich eine Geschwulst unter der Leber, die sich aber leicht in die Tiefe verschieben liess; die Schmerzen liessen bald wieder nach, und weil sich die Geschwulst leicht unter der Leber verdrängen liess, wurde sie für eine durch jene Anstrengung entstandene Wanderniere erklärt; andere bemerkten ohne vorhergegangene abnorme Bewegung eine Geschwulst, die aber vorläufig gar keine Beschwerden machte. Alle diese Kranken konnten zur Section kommen, ohne dass je die Diagnose auf Gallensteine gestellt wurde, ja ohne dass die meisten überhaupt es für nöthig hielten, einen Arzt zu consultiren, da ihre Krankheit viel zu geringfügig war, den gewöhnlichsten Hausmitteln wich, trotzdem litten sie sämmtlich an Steinen in der Gallenblase; sie starben aber, bevor sich deutlichere Symptome ihres Leidens zeigten; manche hätten allerdings das Alter von Methusalem erreichen können, sie hätten niemals sichere Erscheinungen dargeboten.

Die deutlicheren Symptome im weiteren Verlaufe der Krankheit wären gewesen: entweder öfter sich wiederholende Attaquen von heftigen Leibschmerzen und Erbrechen, stärker und stärker werdend bis zum „fürchterlichen Schmerze", oder zunehmender Druck vor dem Magen, verminderter Appetit bis zur Beschränkung auf ganz wenige ausgesuchte Speisen und nachfolgende Abmagerung, oder im Gegentheil wegen Schmerzen bei jeder Bewegung durch beständige Ruhe Vermehrung des Fettpolsters (ausnahmsweise). Noch immer fehlt Icterus, der oft zwecks Stellung der Diagnose geradezu herbeigewünschte Icterus; in den meisten Fällen kommt er niemals, in anderen vorübergehend, nur wenige Tage oder Wochen dauernd, in noch anderen erklärt er sich in Permanenz. Bald erscheint der Icterus im unmittelbaren Anschlusse an einen Kolikanfall (schon 2 Stunden nach Beginn eines solchen wurde er beobachtet No. 37), oder es verfärbt sich der Körper ganz leise unter zunehmendem Magendrücken und erst nach Ausbildung des Icterus treten heftigere Schmerzen auf (No. 38).

Diesen mehr oder weniger schleichend erkrankenden Patienten stehen nun andere gegenüber, die anscheinend ganz plötzlich, wie aus heiterem Himmel an relativ wohl characterisirten Gallensteinkoliken erkrankten. Fragt man sie genauer, so werden doch hier und da unbestimmte Symptome von „Druck vor dem Magen" vor der ersten Attaque angegeben. Die Häufigkeit derartiger Angaben richtet sich einmal nach der Intelligenz der betreffenden Kranken, zweitens nach der Zeit, welche seit dem ersten Anfalle verflossen ist. Da es sich oft um 10—20 Jahre handelt, so wissen die Patienten in der That nicht mehr, ob sie vor jenem ersten Anfalle irgend eine Abnormität verspürt haben, während die Attaque selbst dauernd in ihr Gedächtnifs eingegraben ist.

Wie hat sich nun das Leiden bei unseren Kranken entwickelt und weiterhin gestaltet?

Die Uebersicht über 50 in Frage kommende Fälle ergiebt in betreff der Entstehung des Leidens Folgendes: Dasselbe begann mehr weniger schleichend in 22 Fällen; 3 hatten überhaupt keine Beschwerden; bei 25 Individuen setzte die Krankheit acut unter G.st.k. ein. Von jenen 25 Kranken (22+3) hatten 15 nach meist Jahre lang bestehenden Magenbeschwerden (die Zahlen schwanken zwischen 1—20 Jahre, meist handelt es sich um 10—15 Jahre) typische Anfälle von G.st.k., die übrigen 10 nicht; sie wurden operirt, ehe es dazu kam oder sie neigten überhaupt nicht zu Koliken. Es haben somit in toto von 50 Kranken 40 (25+15) an Koliken gelitten, 10 nicht.

A. Kranke mit schleichendem Beginn des Leidens.

Berücksichtigen wir zunächst in ansteigender Skala die **3 Patienten** mit gar keinen oder fast gar keinen Erscheinungen, so handelt es sich um die No. 40, 50, 53. Bei No. 40 existirte ein kolossaler Sack mit Gallensteinen, der dem sehr intelligenten Patienten seiner Aussage nach nie Beschwerden gemacht hatte; bis vor ganz kurzer Zeit hatte er seines Amtes als Geistlicher gewaltet, dann traten Störungen seitens des Darmes auf, die schliesslich in Ileus ausarteten; die Obduction ergab interessanter Weise, dass dort, wo der 2 faustgrosse Sack aufs Col. asc. gedrückt hatte, ein Carcinom entstanden war. No. 53 hatte bis zum Beginn der Carcinomentwickelung in ihrer Gallenblase gar nichts zu klagen, sie wurde 2 Monate, nachdem sich

Appetitmangel eingestellt hatte, operirt und hatte damals ein Carcinom, das mindestens 8 Wochen, wahrscheinlich viel älter war. No. 50 ist so lehrreich, dass der Fall hier ausführlicher Platz finden möge:

Frau Rütscher aus Eisenberg, 53 Jahre alt, aufg. 6. Juni 1891.

Die ziemlich kräftige wohlgenährte Frau ist vor 5 Jahren von Prof. Küstner (Dorpat) wegen eines rechtsseitigen grossen Ovarialkystomes operirt worden; der Verlauf war ein völlig ungestörter, und 4 Jahre lang war Patientin gänzlich frei von Beschwerden. Im Febr. 1891 erkrankte sie am Typhlitis, lag 14 Tage im Bette, hatte Morgens Neigung zum Erbrechen, doch wurden nur geringe Mengen von Flüssigkeit entleert; die Typhlitis beruhte nach Angabe ihres Arztes im wesentlichen auf Kothstauung; als derbe Kothballen entleert waren, besserte sich der Zustand, doch traten jetzt leise ziehende Schmerzen in der rechten Oberbauchgegend auf. Dort wurde jetzt eine Geschwulst entdeckt, die vom Hausarzte als Metastase des früheren Ovarialtumors aufgefasst wurde; sie schien ihm vom Colon transv. auszugehen, machte wenigstens durch Druck auf dasselbe sich geltend. Irgend wie erhebliche Beschwerden hatte sie nie verursacht. Patientin verlegte dieselben überhaupt weder in die Oberbauch- noch in die Ileocoecalgegend, sondern sprach von Schmerzen tief unten rechts im Leibe, von „Stumpfentzündung“, ohne sich jemals recht klar zu äussern; während der Typhlitis will sie einige Minuten lang „gelb“ gewesen sein. Die Untersuchung ergab Folgendes: bis 2 cm weit unter die I. sp. l. ragte der rechte Leberlappen hinab, deutlich umgreifbar, Rand dick und hart. Druck auf denselben resp. auf seine mediale Kante nicht empfindlich. Ileocoecalgegend ebenfalls ohne Abnormität, dagegen wird Druck rechts neben dem Uterus schmerzhaft empfunden. Die Untersuchung per vaginam war dadurch erschwert, dass der Scheideneingang eng, die Vagina nach oben trichterförmig ihr Lumen verjüngte; es liess sich nur der Zeigefinger einführen, doch entdeckte man leicht, dass rechterseits neben dem wenig beweglichen Uterus eine derbe fest verwachsene Geschwulst von Faustgrösse im Parametrium lag; sie war auf Druck sehr empfindlich; Pat. äusserte sofort, dass hier die Ursache ihrer Beschwerden liege.

Mit Rücksicht auf die Vergrösserung der Leber — der Tumor sollte in letzter Zeit nach Angabe des Arztes rasch zugenommen haben — wurde Gallenblasenaffection im Auge behalten, gleichzeitig aber als sicher angenommen, dass entweder ein Recidiv des früheren Ovarialtumors, oder — was wahrscheinlicher erschien — dass entzündliche Processe rechterseits neben dem Uterus in seinen Adnexen spielten. Es wurde beschlossen, zunächst diese in Angriff zu nehmen durch Schnitt in der Linea alba und sich von dort aus über die Anomalie der Leber zu orientiren, nachdem noch Untersuchung in Narkose vorhergegangen war.

9. Juli 1891. Bei der tief schlafenden Patientin wurde der Tumor neben dem Uterus sicher festgestellt; er war hart und höckerig. Völlig verändert erschien die Lebergeschwulst; es lässt sich der rechte Leberlappen bequem hin und herschieben über einen augenscheinlich steinharten Tumor, der rechterseits neben der Wirbelsäule auf der rechten Niere gelegen, ungefähr Grösse und Gestalt einer kleinen Gurke haben musste. Da der Urin völlig normal war, so konnte diese Geschwulst nicht wohl die Niere selbst sein; entweder war es in der That eine Neubildung resp. eine Metastase des früheren Ovarialtumors, oder es war eine prall mit Steinen gefüllte gewaltige Gallenblase; dagegen sprach allerdings das vollständige Fehlen von Gallensteinkoliken, die Schmerzlosigkeit bei Druck auf die rechte Leber. Fast hätte ich meinen Operationsplan geändert und auf diesen Tumor eingeschnitten; doch wäre dies entschieden unrichtig gewesen, weil der Tumor neben dem Uterus die grössten Beschwerden machte.

Deshalb sofort Schnitt in der Linea alba, die alte Narbe weiter spaltend bis zum Nabel hinauf. Netz verwachsen mit der vorderen Bauchwand. Nach Trennung desselben wird die Hand in das rechte kleine Becken eingeführt. Dort liegt fest mit den Därmen verwachsen ein faustgrosser Tumor, knollig und hart, an einzelnen Stellen weiss durchschimmernd. Um den Character desselben resp. die Frage der Operabilitas überhaupt festzustellen, wird auf eine weisse Parthie eingeschnitten, ein haselnussgrosses Conglomerat von Kalkbröckeln entleert sich aus einem kleinen Hohlraume, der augenscheinlich einer Ovarialcyste entspricht. Da somit die Benignität, der entzündliche Character der Geschwulst wahrscheinlich wurde, so begann die Ablösung des zu oberst gelegenen Dünndarms, dann eines zweiten tiefer gelegenen Darmstückes; beide waren eminent fest verwachsen, eine Grenze des Darmes nirgends zu erkennen; bald schneidend, bald stumpf präparirend wurde zuerst der Dünndarm gelöst. Dann wurde der in der Tiefe durch zahlreiche Pseudomembranen und Netzparthien fixirte Uterus losgemacht und samt dem circa kleinapfelgrossen von Cysten durchsetzten linken Ovarium in die Bauchwunde hineingezerrt. Jetzt konnte man hinter den rechtsseitigen Tumor und seine Verwachsungsstelle mit einem dritten Dünndarmstücke kommen und beide unter fortwährenden Schnitten seitlich und vorne von einander trennen. Endlich liess sich der rechtsseitige aus der Tube und dem von Cysten durchsetzten rechten Eierstocke bestehende Tumor in die Bauchwunde ziehen; eine der Cysten platzte dabei und entleerte ihren ölig-serösen Inhalt in die Bauchhöhle. Es gelang, beide Ovarien mittelst Catgut abzubinden und abzutragen.

Inzwischen hatte man Gelegenheit vom oberen Ende der Wunde aus, sich über die Lebergeschwulst zu orientiren; es fand sich in der That ziemlich weit unter der vergrösserten Leber herausragend, von Netzmassen überzogen und ziemlich fest an der hinteren Bauchwand fixirt eine gurkenförmige, eisenharte Geschwulst, der Lage nach unbedingt die mit Steinen gefüllte Gallenblase. Sie wurde zunächst unberücksichtigt gelassen, weil der Eingriff ein sehr schwerer, die Bauchhöhle circa $^3/_4$ Stunden geöffnet gewesen war; durch Lösung der vielen Adhaesionen, durch Emporzerren des Uterus und der Ligg. lata waren gewaltige Wunden im kleinen Becken resp. an den Därmen entstanden, so dass man sich vorläufig mit der Ovarectomie begnügen musste.

Sämmtliche entfernte Gewebe (Ovarien und Tuben) waren mit grösseren und kleineren Kalkconcrementen durchsetzt, einzelne derselben dunkel, schrotkornartig, hart, die meisten weiss, weicher, bröckelig.

Die Schmerzen nach diesem Eingriffe waren sehr erheblich, hausten besonders im Rücken, aber Puls und Temperatur waren am nächsten Tage normal.

Bald nach dem Erwachen aus der Narkose hatte Pat. einige Male gebrochen, dann nicht mehr. Befinden am Tage nach der Operation vorzüglich, Abends 37,7, 80 gute Pulsschläge; Nacht gut bis früh Morgens $6^1/_2$ Uhr. Da verweigerte Pat. die Annahme von Kaffee, weil sie noch müde sei und sich angegriffen fühle.

Bei der Morgenvisite $7^1/_2$ Uhr fanden wir Patientin im leichten Schlummer, profuse transpirirend, Puls fehlte vollständig, Hände kalt, der Tod augenscheinlich nahe bevorstehend, trotzdem sprach die Kranke völlig ruhig, hatte absolut keine Schmerzen, gab nur an, auffallend müde zu sein. Es machte den Eindruck, als ob eine intraabdominelle Blutung stattgefunden hätte; dagegen sprach allerdings, dass die Lippen nicht entfärbt waren; es wurden, weil acute Peritonitis doch allzu unwahrscheinlich erschien nach dem bisherigen Verlauf, die Beine hoch gelagert, Champagner gereicht und Vorbereitungen zur Kochsalztransfusion getroffen, doch kam es nicht mehr zu derselben; um 9 Uhr entleerte sie den genossenen Champagner durch Erbrechen, sprach nach $9^1/_2$ Uhr ganz ruhig mit ihrer Umgebung, ohne eine Ahnung von ihrem nahen Tode zu haben, und schlief 10 Minuten später ruhig ein.

Die Obduction (12. Juli) ergab freies Gas in der Bauchhöhle, die Darmschlingen durch frische Exsudatmassen mit einander verklebt. Als das Zwerchfell in der Richtung von vorne nach hinten getrennt wurde, floss jauchiges Sekret oberhalb der Leber ab. Beim Zurückschlagen der rechtsseitigen Bauchdecken fand sich ein Gallenstein frei vor der Leber liegend, alsbald wurde ein für einen kleinen Finger durchgängiges Loch in der weit unter der Leber hervorragenden Gallenblase entdeckt; die Wandungen dieses Loches waren ulcerirt.

Vis-à-vis demselben fand sich auf dem parietalen Peritoneum der seitlichen Bauchwand eine circumscripte Verdickung eines weichen serös durchtränkten Gewebes, das partiell mit dem Rande des Loches in der Gallenblase zusammenhing, letzteres augenscheinlich früher verlegend. Nach Spaltung der gewaltigen, 3 taubeneigrosse und circa 150 kleinere Steine enthaltenden Gallenblase zeigte sich die nächste Umgebung des Loches weithin ulcerirt, seiner Schleimhaut zum grössten Theile beraubt. Circa 3—4 cm von dieser Perforationsstelle entfernt, weiter nach unten und nach links zu gelegen, fand sich eine zweite ebenfalls für einen kleinen Finger durchgängige Perforationsstelle, die direct in das fest verwachsene Colon ascendens führte; letzteres war 10 cm oberhalb der Valv. Bauhini durchbrochen in seiner vorderen Wand; die Ränder dieser Perforationsstelle waren ebenfalls exulcerirt, der Substanzverlust wurde verdeckt durch flottirende grauweisse Gewebsmassen.

Die Leber in toto circa um die Hälfte verkleinert bestand eigentlich nur aus einem rechten hauptsächlich nach unten hin entwickelten Leberlappen, dem ein kleiner linker Lappen seitlich anhing. Die Maasse waren folgende: Breite der Leber 15,5, Länge des rechten 20,0, des linken 14,6, so dass also der senkrechte Duchmesser des rechten Lappens grösser war, als der Querdurchmesser der ganzen Leber. Nach unten endete der hoch oben ziemlich dicke rechte Leberlappen in einer beilförmigen aber relativ breiten, in der Richtung von vorne nach hinten sich allmählich verschmälernden Spitze, unter welcher die Gallenblase circa 3 cm weit hervorragte. Lebersubstanz ziemlich fest, zwei Angiome enthaltend, das im linken Lappen befindliche circa kleinapfelgross. Ductus hept. und Ductus choledochus enthalten normale Galle.

Das kleine Becken von Dünndarmschlingen ausgefüllt, von denen eine mit einer Wundfläche ihrer Serosa wieder leicht adhaerent ist am linksseitigen, jetzt sichtbar werdenden Ovarialschnürstumpfe. Auf diesen im kleinen Becken gelagerten Därmen und etwas über ihre Grenzen hinaus schwimmt eitrig-seröse Flüssigkeit; dieselbe fehlt aber in der Tiefe des kleinen Beckens, was sich nach Entfernung der Darmschlingen constatiren liess. Letztere sind in der Ausdehnung von circa 30—40 cm noch vielfach mit einander verwachsen, aber durchgängig; ihre Wand ist unverletzt. Schnürstümpfe der Ovarien frisch roth ohne eine Spur von Eiter. Catgutfäden unverändert, rechterseits Spuren von geronnenem unverändertem Blute. Vorderfläche des Uterus sugillirt, Peritoneum daselbst verdickt und vielfach verletzt, desgl. das auf dem Scheitel der Blase gelegene, aber überall frisch roth, nirgends eitrig infiltrirt. Uterus selbst normal.

Nieren besonders linkerseits klein, beide sowohl in ihrer corticalen wie in ihrer centralen Substanz verschmälert. Lungen normal, Herz auffallend dünnwandig; die Wand des linken Ventrikels 9 mm dick, Herzfleisch fleckig, schlaff. Art. coron. mit deutlicher Endarteriitis, wodurch das Lumen der Art. um circa die Hälfte verlegt ist.

Todesursache: Jauchige Peritonitis bedingt durch Perforation der Gallenblase nach Lockerung ihrer Verklebung mit dem Peritoneum parietale.

Jahre lang müssen die Steine in der Gallenblase gesteckt haben, ohne dass Patientin auch nur eine Spur davon merkte; dann trat an zwei Stellen Ulceration der Gallenblasenwand ein mit nachfolgender Perforation ins Colon ascendens. Der Inhalt der Gallenblase wurde also putride, trotzdem keine Beschwerden, da die Kothstauung wohl mehr auf die Verwachsungen der Därme mit dem cystisch degenerirten Ovarium, als auf die Verlöthung des Colon ascendens mit der Gallenblase zurückzuführen ist. Ohne Zweifel hatte aber wohl diese Perforation ins Colon das Wachsthum der Gallenblase erheblich gefördert, wodurch wenigstens hin und wieder leise ziehende Schmerzen in derselben entstanden waren, die durch die Steine allein nicht erklärt werden, da letztere zu lange Zeit indifferent dagelegen hatten. Zugleich mit der Vergrösserung der Gallenblase erfolgte die Entwickelung der Leber nach unten; der sorgfältig beobachtende Arzt hatte in den letzten Monaten das rasche Wachsthum einer mit der Leber zusammenhängenden Geschwulst bemerkt, die er für eine Metastase des früher operirten Ovarialtumors hielt, so gewaltig imponirte dieser Tumor. Ich bestritt sofort diese Diagnose, weil die Geschwulst seitlich und unten einen harten, scharfen Rand hatte; es musste unbedingt die Leber selbst sein mit dahinter gelegenem Tumor, der, wenn es nicht die Niere war, die erheblich vergrösserte Gallenblase sein musste. Der unglückliche Ausgang des Falles, die Perforation der Gallenblase in die Bauchhöhle hängt indirect vielleicht mit der Operation resp. der Untersuchung in Narkose zusammen. Die Verwachsung der Gallenblase mit der seitlichen Peritonealwand war nur eine sehr lose; wir fanden bei der Section nur noch Spuren eines in Folge der Peritonitis sulzig gewordenen Gewebes, dem Bauchfelle in der Ausdehnung von 2 qcm in flacher Schicht adhaerirend. Durch die vielen Manipulationen mit dem Tumor in Narkose waren diese Verwachsungen gezerrt und gelockert worden; vielleicht hatten die durch Abführmittel vor der Operation angeregten peristaetischen Bewegungen des Colon ascendens schon in der gleichen Richtung gewirkt, es war mehr Koth aus demselben in die Gallenblase eingetreten — genug, alle möglichen Umstände vereinigten sich wohl, um das unglückliche Ereignifs gerade 44 Stunden nach der Operation eintreten zn lassen.

Hätte man, statt Ovarectomie zu machen, gleich auf die Gallenblase eingeschnitten, so wäre der Verlauf vielleicht ein günstigerer gewesen, wenn man alle die Anomalien entdeckt hätte; da aber die Gallenblase sehr tief lag, so wäre es nicht möglich gewesen, einzeitig zu operiren; man hätte wahrscheinlich die Gallenblase vorläufig an der vorderen Bauchwand fixirt und dann intercurrent das gleiche unglückliche Ereignifs erlebt. Dasselbe beweist, dass man bei der Untersuchung von Gallensteinkranken in Narkose ungemein vorsichtig sein soll; bei der kräftigen, wohlgenährten Frau konnte Niemand so schwere Störungen in der Tiefe vermuthen, und doch waren sie in ausserordentlich gefährlicher Weise vorhanden.

Noch instructiver war folgender zufällig bei der Section eines 68jährigen Herrn erhobener Befund:

Pylorus mit der Gallenblase fast verwachsen, letztere um Steine contrahirt. Verwachsungsstelle auf der Magenschleimhaut durch flache Narbe kenntlich; im Centrum dieser Narbe zwei Fisteln, welche in die Gallenblase einmünden; eine Sonde gelangt direct aus dem Magen durch beide feine Fisteln hindurch auf die Steine in der Gallenblase. Papilla Duodeni stellt einen schlaffen oedematösen haselnussgrossen in den Darm hineinragenden Tumor dar.

Der Obducirte war ein hochgebildeter, intelligenter, allerdings etwas nervöser, wenn man will, wunderlicher Mann; er kam wegen Prostatahypertrophie 14 Tage vor seinem Tode in Behandlung und starb ganz plötzlich an Embolie beider Lungenarterien, bedingt durch zerfallenen Thrombus der linken Vena saph. mag. Oft habe ich mich mit dem interessanten alten Herrn und seiner Frau unterhalten. Auch nicht ein einziges Mal wurde über frühere oder jetzt vorhandene Magenbeschwerden geklagt, so redselig die beiden Leute auch waren. Hätte er Schmerzen gehabt — seine ganz sich ihm widmende Frau hätte unbedingt davon erzählt; sie wusste immer nur von grosser „Nervosität“ zu berichten. Und dabei diese schweren Veränderungen, die zweifache Perforation des Magens, die Fixation desselben! Es muss also Individuen geben mit ganz kolossaler Indifferentheit gegen Gallensteine sowohl, als gegen die schlimmsten Verwüstungen, welche durch dieselben angerichtet werden. ——

7 Kranke hatten Leibschmerzen und Druck vor dem Magen vom Anfange bis zum Ende der Krankheit, ohne jemals schwere Anfälle von Gallensteinkoliken zu erleben. Zwei von diesen Patienten zeichneten sich durch grosse, ganz weiche, Galle neben den Steinen enthaltende Gallenblasen aus; sie machten diagnostisch grosse Schwierigkeiten, worauf wir später zurückkommen (No. 16 und 18). Eine Patientin (No. 15) hatte trotz der relativ geringfügigen Erscheinungen, trotzdem, dass bei der Incision in die Gallenblase klares Serum entleert wurde, 5 Jahre zuvor Perforation durch die vorderen Bauchdecken erlebt und litt seitdem an Fisteln; wir werden den Fall bei der Therapie genauer berücksichtigen. Patientin No. 46 litt nur noch an Verwachsungen zwischen Gallenblase und Ductus cysticus einerseits, Col. transv. andererseits, als sie in Behandlung kam. Sie war 2 Jahre zuvor an Magencatarrh, Erbrechen und Icterus erkrankt; letzterer wurde von ihrem Arzte als catarrhalischer aufgefasst, zumal er nach 4 Wochen von selbst verschwand; es restirte dauerndes

Magendrücken und Obstipation. Die erwähnten Verwachsungen, nach deren Lösung die prall gefüllte Gallenblase sich alsbald entleerte, gestatteten mit mehr oder weniger Wahrscheinlichkeit den Schluss, dass kleine Steine vorhanden gewesen und abgegangen waren. Zwei Kranke (No. 54 und 55) litten viele Jahre lang an Druck vor dem Magen, bis ein Carcinom sich in ihrer mit Steinen gefüllten Gallenblase entwickelt hatte. Interessant ist der 7. Fall (No. 9):

Frau W., 66 Jahre alt aus Weimar, aufg. 10. October 1888, klagt über heftige seit Jahren bestehende Rückenschmerzen, zeitweiligen Appetitmangel und Stuhlverstopfung, will aber niemals Icterus gehabt haben. Die Untersuchung der alten etwas wunderlichen Dame ergab unter des rechten Leberlappens und zwar sehr weit lateralwärts gelagert eine etwa faustgrosse eisenharte Geschwulst. Dieselbe ging bei tiefster Inspiration circa 3 cm unter die quere Nabellinie hinab und war nach allen Richtungen hin sehr beweglich; scharfer Leberrand, deutlich oberhalb der Geschwulst zu fühlen.

Patientin wusste nichts von der Existenz dieser Geschwulst; da kein anderer Grund für ihre Klagen zu finden war, so wurde am

13. October 1888 auf den Tumor eingeschnitten und zwar lateralwärts vom Rectus. Er war von Netz bedeckt, das sich aber leicht abheben liess, dann kam ein neugebildeter glatter glänzender Peritonealüberzug zum Vorschein, der leicht verschiebbar, sich bequem mit dem Perit. pariet. vernähen liess. In der Absicht, die Operation bei der alten Frau in einem Acte zu vollenden, wurde sofort tiefer eingeschnitten; das Messer drang anscheinend durch eine ganz dünne atrophische Blasenwand und legte einen ganz colossalen (hühnereigrossen) Stein frei, der so fest mit der Blasenwand verwachsen war, dass er sich selbst mittelst des Elevatoriums nicht lösen liess.

In der Hoffnung, dass die Lösung event. durch entzündliche Processe vor sich gehen würde, wenn man weiter abwartete, erfolgte die gewöhnliche Ausstopfung der Wunde mit frisch ausgekochter Gaze.

Nach reactionslosem Verlaufe wurde am 26. October 1888 zur Entfernung der Steine geschritten. Es ergab sich, dass dieselben noch völlig fest sassen und nun lehrten einige kurze Meisselschläge, dass man statt eines Steines eine Kalkschale vor sich hatte, welche eine grosse Menge sowohl unter sich als mit der Schale verbackener Steine umschloss. Dieselbe war circa 1 mm dick und so fest mit der ganz atrophischen Blasenwand vereinigt, dass sie nur mittelst Elevatoriums abgelöst werden konnte. Erst als einige 100 verbackene und schliesslich ein kolossaler circa 5 cm im Durchmesser haltender Stein entfernt worden war, floss trübe seröse Flüssigkeit ab. Nun kam man in das Gebiet des dilatirten Ductus cysticus, aus dem sich leicht zwei über einander gelegene Steine extrahiren liessen; ebenso gelang die Entfernung der kalkhaltigen Schale, die inzwischen vielfach eingebrochen war. Leider sass noch hoch oben in einer circumscript dilatirten Parthie des Ductus cysticus ein grosser Stein; er schaute mit seinem untersten stumpfen Ende in den unterhalb seines grössten Durchmessers stark verengten Ductus cysticus hinein und war absolut nicht zu kriegen. Erst nach fast 1 stündiger Arbeit, als ich mich schon zur Incision in den Duct. cyst. entschliessen wollte, gelang es, die verengte Stelle zu dilatiren und hinter den auffallend harten, circa $1^1/_2$ cm im Durchmesser haltenden Stein, der sich durchaus nicht zertrümmern liess, den Steinfänger (s. u.) zu schieben und ihn heraus zuwerfen.

Schon am nächsten Tage war der Verband von Galle durchtränkt, ein Beweis, dass der obere Theil des Ductus cysticus frei von Steinen war. Die Sekretion, anfangs ziemlich stark, wurde bald geringer, so dass der Verband selten verändert zu werden brauchte. Wegen der schweren Veränderungen der Gallenblasenwand wurde die Drainage aber bis Weihnachten fortgesetzt. Am 1. Februar 1889 war die Fistel vollständig geschlossen, so dass Patientin entlassen wurde. Die Rückenschmerzen waren verschwunden, doch hatte die Kranke in Folge eines Herzleidens noch mancherlei Klagen; theilweise waren dieselben übertrieben. Nachdem sie sich vorübergehend erholt hatte, starb sie ziemlich acut an ihrem Herzleiden im Juni 1889; die Obduction wurde nicht gemacht.

Diese Kranke beweist am besten, dass viele Jahre lang Steine in der Gallenblase liegen, dass sie sich selbst weit in den Ductus cysticus hinein arbeiten können, ohne jemals Gallensteinkoliken zu bewirken; die Anwesenheit von trüber, seröser Flüssigkeit war ebenfalls ohne Einfluss.

Hervorzuheben ist die Umwandlung der inneren Schicht, also wahrscheinlich der Schleimhaut der Gallenblase in eine kalkhaltige Membran von solcher Festigkeit, dass der Meissel zu Hülfe genommen werden musste; ich glaubte zuerst, dem makroskopischen Bilde nach, Knochen vor mir zu haben, doch ergab die mikroskopische Untersuchung keine Knochensubstanz, sondern diffuse Infiltration von Kalkmassen in eine Bindegewebsmembran. Weil die weiche äussere Schicht der Gallenblase zusammen mit dieser Kalkmembran eine erstaunlich starke Gallenblasenwand repräsentirt, konnte der Fall nicht bei Besprechung von Veränderungen der Gallenblasenwand in Folge von Steinbildung als Beweis für Verdünnung derselben hingestellt werden, wenn auch erhebliche Atrophie der äusseren Schicht thatsächlich vorhanden war. ——

15 Kranke litten meist viele Jahre lang an Magenbeschwerden, ehe das Dunkel ihres Leidens aufgeklärt wurde durch den ersten mehr oder minder typischen Anfall von Gallensteinkolik, der bei einer Patientin im directen Anschlusse an eine heftige Anstrengung (No. 14) erfolgte. In Folge des langen Bestehens ihres localen, d. h. auf die Gallenblase allein beschränkten Leidens finden sich in dieser Gruppe die meisten localen Veränderungen der Lebersubstanz, d. h. die zungenförmigen Fortsätze (7); nächst ihnen stellt die Gruppe der acut mit Gallensteinkolik ohne Icterus einsetzenden Fälle das grösste Contingent dazu (4). Gleichfalls wegen langer Dauer des meist unerkannten Leidens finden sich unter diesen 15 Kranken relativ die schwersten Fälle; nicht weniger als 7 wurden im Laufe der Zeit icterisch, zum Glück nicht alle durch den Eintritt von Steinen in den Ductus choledochus. Als Curiosität sei erwähnt, dass eine Kranke (No. 3) zuerst eine Geschwulst bemerkte, die Monate lang schmerzlos blieb, so dass sie für eine Wanderniere gehalten wurde; erst ganz spät traten Schmerzen in derselben auf mit nachfolgenden mehr oder weniger characteristischen Gallensteinkoliken.

B. Kranke mit acutem Beginn des Leidens.

25 Patienten glaubten sich in voller Gesundheit, als sie plötzlich von Gallensteinkoliken ergriffen wurden; 21 mal erfolgte die erste Attaque ganz spontan, 2 mal im Anschlusse an eine Verletzung (Aufheben einer schweren Kiste) (No. 6), (Hinaufgezogenwerden auf ein volles Fuder Heu) (No. 19). 18 Patienten hatten beim ersten Anfalle keinen Icterus, 4 von denselben bekamen ihn später. Nur 7 hatten sofort Icterus, davon aber 3 nur kurze Zeit und ganz vorübergehend, auf eine einzige Attaque sich beschränkend, 3 wiederholt also typischer, während im 7. Falle (No. 22) sich wegen mangelnder Intelligenz der Patientin nicht genau eruiren liess, ob die zur Zeit der Behandlung stark icterische Frau beim Beginne der Erkrankung gelbsüchtig war oder nicht; letzteres ist das wahrscheinlichere. Rechnet man nun auch noch einen unsicheren Fall (No. 46) hinzu, so resultirt immer erst, dass von 50 an Gallenstein leidenden Menschen primär nur 8 mit Icterus erkrankten, und zwar 4 kurze Zeit und vorübergehend einmal, 1 unsicher, so dass nur 3 ganz reine Fälle von Gallensteinkoliken mit stets sich wiederholendem Icterus unter 50 Beobachtungen zu finden sind.

Von jenen 18 Patienten mit primären Gallensteinkoliken ohne Icterus litten nur 7 wiederholt resp. dauernd daran; bei den übrigen 11 handelte es sich um 1 bis 2 Attaquen, die oft viele Jahre lang zurück lagen; 12, 15 Jahre waren ungestört seit jenem ersten und alleinigen Sturme verflossen, ehe sich die Steine von Neuem rührten, ebenso wie unter den Kranken mit primärem Icterus sich 2 befinden, die 17 resp. 18 Jahre lang (No. 27 und 25) fast nichts von ihren Steinen spürten, obwohl dieselben, besonders bei der einen Patientin (No. 27) inzwischen die schauderhaftesten Verwüstungen in der Tiefe anrichteten; erst als ein Stoss die rechte Bauchseite traf, entwickelte sich ein Tumor in Folge der Thrombose eines grösseren Pfortaderastes. Patientin hatte, seit der erste Kolikanfall mit Icterus vorüber war, keine Gelbsucht wieder bekommen, obwohl ein ganz kolossaler zackiger Stein im Ductus cysticus und Choledochus steckte, letzteren anscheinend vollständig ausfüllend.

Versuchen wir nun an der Hand des gegebenen pathologisch-anatomischen und klinischen Materiales ein Bild der Gallensteinkrankheit zu konstruiren, wobei immer die symptomlos verlaufenden Fälle ausser Acht bleiben, so haben wir Folgendes zu verzeichnen: Die

Gallensteine bilden sich in der Gallenblase und können, wenn sie klein sind, unter Gallensteinkoliken, welche auf Einklemmung der Steine in den Gallenwegen beruhen und anfangs ohne, später mit Icterus verlaufen, durch die Papille entleert werden. Dass dies auch bei kleinen Steinen nicht immer der Fall ist, beweisen die No. 12 und 20; hier blieben sehr kleine Steine Jahre lang in der relativ wenig veränderten, also druckfähigen Gallenblase liegen, ohne dass es derselben gelang, die Steine weiter als in den Ductus cysticus (No. 12) oder überhaupt vorwärts zu schieben (No. 20). Immerhin werden die meisten derartigen Steine durchgehen. Wahrscheinlich verläuft die Majorität (?) der Fälle von Steinkrankheit in der erwähnten Weise, da seit Alters her das Krankheitsbild der Cholelithiasis nach diesen Fällen entworfen ist; auch heute noch werden die meisten Fälle, die der interne Kliniker sieht, in der gedachten Weise verlaufen, während sie dem Chirurgen seltener zugehen. Letzterer hat es wesentlich mit denjenigen Steinen zu thun, die in der Gallenblase liegen bleiben, weil sie nicht zur rechten Zeit herausgeworfen werden; dies beweist am besten, dass die Gallenblase relativ oft nicht im Stande, kleine resp. sehr kleine Steine auszutreiben, da jeder Stein doch zu Beginn seiner Entwickelung klein oder wenigstens weich gewesen ist. In solchen druckschwachen Gallenblasen bleiben also die kleinen Steine liegen, werden grösser und grösser, resp. vermehren sich eventuell, weil vorhandene Steine günstige Bedingungen für Neubildung anderer liefern. In der Minorität der Fälle*) beeinflussen die in der Gallenblase verweilenden Steine weder letztere selbst, noch die grossen Gallengänge; der Ductus cysticus bleibt offen, so dass die Galle zufliessen, die Steine einhüllen kann. In der Majorität der Fälle entsteht Schwellung der Schleimhaut von Gallenblase und Ductus cysticus; letzterer wird allmählich ganz undurchgängig, ohne aber schwerer geschädigt zu werden; es genügt die Entfernung der Steine, um ihn alsbald wieder durchgängig zu machen, wenn nicht inzwischen der Entzündungsprocess in der Gallenblase intensiver geworden ist.

Sobald der Ductus cysticus verlegt ist, tritt Serum oder Schleim an die Stelle der Galle; der Hydrops vesicae felleae ist fertig. Dieser braucht absolut keine Beschwerden zu machen; vielfach giebt er aber doch Anlass zu leichtem Drucke vor dem Magen, zeitweisen Schmerzen und Appetitmangel, wahrscheinlich, weil oft wiederholte minimale

*) Wir haben immer nur diejenigen Kranken im Auge, die überhaupt irgend wie durch ihre Gallensteine leiden; ganz symptomlos verlaufende Fälle berücksichtigen wir überhaupt nicht. Warum die meisten Menschen mit Gallensteinen nichts davon spüren, das wissen wir nicht, ebenso wenig, warum einzelne schwer, andere leichter dadurch leiden.

Entzündungen in der Gallenblase spielen. Letztere können zu immer stärkeren Verdickungen der Gallenblase führen, ohne dass der Träger der Steine etwas davon merkt; ganz indifferente Naturen spüren garnichts, selbst nicht bei extremster Verdickung der Gallenblase. (No. 6).

Steine bedingen meist nicht bloss Verdickung, sondern auch Vergrösserung der Gallenblase; letztere erfolgt nicht selten auch ohne Verdickung, so dass die Gallenblase weich bleibt bei meist offenem Ductus cysticus. Vergrössert und verdickt sich die Gallenblase gleiehzeitig hinter einer Leber, die einen Schnürlappen besitzt, so kann sie letzteren mit nach abwärts ziehen, während sie auf die Leber in toto zunächst ohne Einfluss ist. Die vergrösserte und verdickte Gallenblase verwächst mit den umliegenden Organen, zunächst und am häufigsten mit dem Netze, dann mit dem Quercolon; erst später, wenn die Steine in die tiefen Gänge gerathen, kommt es zu Verwachsungen mit dem Magen und Duodenum.

Viele Kranke mit verschwollenem Ductus cysticus und secundärem Hydrops werden sterben, ohne jemals heftige Schmerzen erlebt zu haben; andere bekommen dieselben mehr oder weniger acut unter stürmischen Erscheinungen, die man als Gallensteinkolik bezeichnet. Diese Gallensteinkolik beruht auf zwei ganz verschiedenen Ursachen. In einem Theil der Fälle ist sie lediglich Folge einer acuten Entzündung der Gallenblase ohne Eintreibung von Steinen in den Ductus cysticus, aber vielleicht mit Tendenz dazu, in dem anderen Theile derselben gesellt sich die Eintreibung zur Entzündung hinzu. Entzündung ist zweifelsohne immer bei der Gallensteinkolik ohne Icterus vorhanden, Eintreibung nicht.

Dass Entzündung allein Gallensteinkolik hervorrufen kann, beweisen Kranke mit Gallensteinkolik und Obliteration des Ductus cysticus, so dass nie ein Tropfen Galle nach Entfernung der Steine aus der Gallenblase sich entleert; selbst solche Kranke, deren Gallenblase in einen mit Granulationen ausgekleideten Sack verwandelt ist, deren Ductus cysticus vollständig verödet ist, leiden noch an ausgesprochenen Gallensteinkoliken (No. 21). Aber auch bei Patienten mit Gallensteinkolik, die nur einen oder zwei grosse Gallensteine bei sich haben, kann man unmöglich Einklemmung der Steine im Ductus cysticus als Ursache der Koliken annehmen; wenn sie unmittelbar nach einer solchen Attaque operirt werden, finden wir die mächtigen Steine lose unten in der Gallenblase liegen, in Serum oder in serösflockige resp. eitrige Flüssigkeit eingebettet. Am nächsten Tage pflegt Galle aus der Fistel abzufliessen, ein Beweis, dass der Ductus cysticus nur vorübergehend verlegt war durch Schwellung seiner Wandung, nicht durch Steine. Wenn grosse und kleine Steine gleichzeitig aus der Gallenblase extrahirt werden, so kann man ja immer zweifelhaft sein, ob sich zur Entzündung nicht Einklemmung der kleinen Steine hinzugesellt hat; aber auch dies wird unwahrscheinlich, wenn es gleich bei der ersten Extraction gelingt, die Steine so vollständig zu entfernen, dass sofort oder am nächsten Tage Galle fliesst; wirklich im Ductus steckende Steine kommen immer erst nach Wochen oder Monaten zum Vorscheine, wenn man ihre spätere Entleerung abwartet. Umgekehrt müssen wir aber auch hervorheben, dass gelegentlich Steine stark in den Ductus eingeklemmt werden, ohne jemals Beschwerden zu verursachen, was am besten durch den oben mitgetheilten Fall 9 bewiesen wird.

Prüft man die in Frage kommenden 17 Fälle mit Gallensteinkolik ohne Icterus in dieser Hinsicht, so resultirt, dass 11 mal Entzündung allein, und nur 6mal Entzündung sammt Einklemmung von Steinen in den Ductus cysticus Ursache der Gallensteinkolik war; von diesen 6 Fällen sind 2 wieder in sofern zweifelhaft, als es sich um grosse im Cysticus liegende Steine handelte, die jedenfalls schon Jahr und Tag dort gelegen hatten, ohne weiter zu wandern (No. 1 gleichzeitig mit Gallensteinen in der G. Bl. complicirt; No. 17 ausschliesslich Cysticussteine); sie hatten beim Eintritte in den Cysticus ohne Zweifel Einklemmungserscheinungen gemacht, jetzt machten sie sich wohl nur durch Entzündung geltend. Complicirt mit Entzündung war auch Fall 19 (Fig. V), doch überwog hier ohne Zweifel die Einklemmung.

Ganz rein sind dagegen die No. 12 u. 13; bei ihnen floss lange Zeit nur Serum aus den Fisteln, bis nach Entfernung der im D. c. steckenden Steine Galle kam. No. 29 hatte 330 Steine in der Gallenblase, einen obliterirten D. c., vor der Operation nur Gallensteinkoliken ohne Icterus, die also als Entzündung aufgefasst werden mussten; nach der Operation entleerte sich unter Gallensteinkoliken mit Icterus ein Stein per vias naturales, so dass also zuletzt die G. st. k. durch Einklemmung hervorgerufen wurde.

Nachdem nun die Gallensteinkoliken ohne Icterus längere Zeit angedauert haben, tritt, falls nicht die Steine operativ entfernt werden, Gallensteinkolik mit Icterus auf. Dieser Icterus wird ebenfalls als Folge der Einklemmung von Steinen in den Duct. chol. aufgefasst; man nimmt an, dass Steine durch den Ductus cysticus fortwandernd vom Momente an, wo sie in den Duct. chol. eintreten und letzteren verstopfen, Icterus hervorrufen; ich habe selbst früher dieser Anschauung gehuldigt (B. K. W. 1888), bin aber eines Besseren belehrt worden. Nur in circa $^3/_5$ meiner Fälle lässt sich der Icterus in der erwähnten Weise erklären, in den übrigen ist auch er nur die Folge einer in der Gallenblase entstehenden, auf die tiefen Gänge sich fortsetzenden Entzündung gewesen, letztere vergesellschaftet event. mit vorübergehender Verschwellung des Duct. chol. und der Gallengänge in der Leber. Zwischen beiden Kategorien von Icterus bestehen auch klinisch sehr deutliche Unterschiede: der durch Steineinklemmung bedingte Icterus ist meist ein dauernder, wenn die Steine eine irgendwie erhebliche Grösse haben (Ausnahmen kommen vor s. u.); der durch fortgesetzte Entzündung entstandene, ist vorübergehend, wenn er auch zuweilen Wochen lang anhält; nicht selten treten bei solchen Kranken zwischendurch Gallensteinkolikanfälle ohne Icterus auf; es ist dann der entzündliche Process nicht so heftig, dass er sich bis in den Duct. chol. hinein fortsetzte. Ich nenne den durch Anwesenheit von Steinen im Duct. chol. bedingten Icterus, den „reell lithogenen", den anderen den „entzündlichen". Bewiesen wird die Annahme, dass die auf den Duct. chol. fortgesetzte Entzündung allein genügt zum Hervorrufen von Icterus, wiederum durch Patienten mit einzelnen sehr grossen Steinen in der Gallenblase, die intercurrent an Icterus litten.

Neben mehreren grossen Steinen können recht wohl kleinere vorkommen, aber neben einem einzelnen gewaltigen Steine bilden sich jedoch recht selten kleinere, die event. in den Ductus chol. getrieben werden könnten, während der grosse in der Gallenblase zurückbleibt. Frau B. (No. 30) hatte Kolikanfälle mit und ohne Icterus gehabt; Abgang von Concrementen war nicht beobachtet; bei ihr fand sich in der schwer entzündeten, Eiter haltenden G. Bl. ein einziger 3 cm langer, 2 cm dicker Stein; bei Frau F. (No. 28) fanden sich 3 grosse Steine; in beiden Fällen entleerte sich alsbald nach der Operation Galle aus der Fistel, so dass also der D. cyst. frei war; beide haben niemals wieder nach der Operation G. st. k. gehabt, so dass also auch ihr D. chol. dauernd frei sein muss, trotzdem hatten sie vorübergehend Icterus.

No. 22 hatte ausschliesslich Steine in einer Perforationshöhle vor der Gallenblase, No. 24 nur 2 taubeneigrosse Steine in der G. Bl.; erstere hatte G. st. k. mit Icterus, letztere wenigstens farblosen Stuhlgang gehabt; beide sind durch Entfernung der Steine gesund geworden; No. 34 u. 36 hatten allerdings zahlreiche grosse und kleine Steine, so dass recht wohl die letzteren eingeklemmt sein konnten; aber sofort post Operationem floss Galle, und beide Kranke sind dauernd gesund geblieben.

Es ist ganz unmöglich, dass bei all den erwähnten Kranken per vias naturales abgegangene Steine übersehen worden wären; wir müssen fortgesetzte Entzündung als Ursache ihres Icterus annehmen. Letztere spielt auch gewiss dann, wenn Steine durch die Gänge hindurchgetrieben werden, die Hauptrolle bei der Entstehung des Icterus, nicht die mechanische Einklemmung des Steines mit nachfolgendem Abschlusse der Galle. No. 39 hatte in einem circa daumendicken Duct. choled. einen relativ kleinen, 1 cm im Durchmesser haltenden Stein stecken, neben dem die Galle vorbeifliessen konnte; soll man sich denken, dass ihre fortwährenden Anfälle von Gallensteinkolik, ihr Icterus nur dadurch zu Stande kam, dass der Stein sich vor die Papille legte? Dagegen spricht, dass man Kranke findet, deren Duct. chol. vollgepfropft von Steinen ist und die doch keinen Icterus haben. Frau K. (No. 27) hatte einen kolossalen, zackigen Stein am Uebergange des Duct. hep. zum choled. sitzen, der mit seinen beiden Enden in die Duct. choled. und hep. hineinragte, ferner drei tetraëdrische, kirschengrosse Steine dicht hinter der Papilla Duodeni und trotzdem keinen Icterus. 17 Jahre zuvor hatte sie einen einzigen Anfall von Gallensteinkolik gehabt mit Icterus, seitdem nur an Verdauungsstörungen gelitten, bis vor ½ Jahre nach Stoss gegen die rechte Bauchseite dort ein Tumor auftrat und Gallensteinkoliken sich einstellten. Dieser Tumor erwies sich bei der Section als eine circumscripte Leberschwellung, bedingt durch Thrombose eines grossen Pfortaderastes; der gewaltige Gallenstein hatte gewiss Jahr und Tag am Uebergange vom Duct. cyst. zum Duct. chol. gelegen, ohne Beschwerden zu machen; erst durch den Stoss war Entzündung im Gebiete der Gallengänge entstanden; darauf traten die Koliken auf; aber sie bewirkten nicht einmal Icterus, weil die Entzündung nicht intensiv genug war; die Gänge schwollen nicht zu. Dagegen giebt es scheinbar auch ganz reine Fälle von Icterus durch Einklemmung; zu ihnen rechne ich Patienten mit wiederholter Gallensteinkolik ohne Icterus, die dann plötzlich nach Beginn eines neuen Anfalles Icterus bekommen; der beweisendste ist in dieser Beziehung No. 35: „Zwei Anfälle von Gallensteinkolik ohne Icterus im Verlaufe von 16 Jahren; 3 Stunden nach Beginn des dritten Anfalles Icterus. Operation ergiebt einen grossen Stein in der Gallenblase, einen zweiten grossen im Duct. chol.; Duct. cyst. obliterirt.“ Hier war wohl ohne Zweifel der im Duct. cyst. steckende Stein in einen fast normalen Duct. chol. gejagt und hatte ihn acut so verengt, dass kein Tropfen Galle mehr vorbeifliessen konnte; erst später bildete sich die Dilatation des Duct. chol. aus.

Dass gelegentlich das Eindringen von Steinen in den Duct. cyst. unbemerkt erfolgt, wurde schon oben erwähnt; annehmen lässt sich auch, dass die Wanderung durch den ganzen Kanal bis in den Duct. choledochus hinein event. unter geringen Beschwerden erfolgen kann; wenn Kranke langsam unter Magendrücken icterisch werden und erst 8—14 Tage später plötzlich Koliken einsetzen, so ist man geneigt, letztere durch acut entzündliche Processe zu erklären, die entstanden, nachdem der Stein in den Duct. chol. eingetreten war (No. 38). Dass unter Umständen Steine auch ziemlich schmerzlos die Papille passiren können, lehrt No. 33; es fanden sich zahlreiche kleine Steinchen sowohl hinter der Papille, wie im oberen Theile des Jejunum, ohne dass ausgesprochene Gallensteinkoliken in letzter Zeit vorhanden gewesen waren. Im Allgemeinen werden Gallensteinkoliken mit Icterus wohl mehr auf Einklemmung beruhen, wenn die Steine in wohl erhaltene resp. normale Gänge hineingelangen; die Entzündung wird dagegen eine vorwiegende Rolle spielen, wenn sich kleine Steine in stark dilatirten, mit verdickten Wandungen versehenen Gängen umhertreiben; für gewöhnlich werden beide Momente wirksam sein: es entsteht Entzündung; dieselbe führt zur Schwellung der Wand vom Duct. chol. und hep. und dessen Verzweigungen in der Leber, und nun umklammert die geschwollene Wand des Duct. chol. den Stein fester, so dass der Abfluss der Galle mechanisch gehindert wird.

Wir haben immer mit dem Factor „Entzündung" gerechnet, müssen nun zum Schlusse genauer definiren, was wir unter dieser Entzündung verstehen. Es sind zwei Arten von Entzündungen zu unterscheiden, die chronische und die acute; erstere führt langsam, zuweilen ganz unbemerkt zur Verdickung der Gallenblasenwand, zur Bildung von peritonealen Pseudomembranen auf derselben, zur Verwachsung der Gallenblase mit dem Netze und den Därmen unter Mitwirkung jener Pseudomembranen, endlich zur Verschwellung des Ductus cysticus; die chronische Entzündung characterisirt sich somit als dauernder Reizzustand; möglich, dass die von Naunyn und Anderen beschriebenen Bacillen hierbei eine Rolle spielen, denen ja auch die Bildung von Steinen zugeschrieben wird. Nicht immer bewirken Steine resp. die Bacillen einen solchen Reizzustand; es ist sogar die Majorität*) der Fälle, die ohne Reizzustand verläuft; bei ihnen bleibt der Ductus cysticus offen, Galle umspült die Steine; die Träger der Steine leiden entweder wenig oder gar nicht, so lange die Steine ruhig in der Gallenblase liegen.

Dieser chronischen, zur Verschwellung des Ductus cysticus führenden Entzündung steht nun die acute, den Gallensteinkolikanfall herbeiführende Entzündung gegenüber. Sie kann spielen in einer nicht von chronischer Entzündung befallenen Gallenblase, deren Ductus cysticus offen steht, und kann sofort die Steine in denselben hinein und weiter bis in den Darm jagen, wenn die Steine klein genug sind, um passiren zu können, oder sie treibt den Stein nur bis in die Gänge, weil sie zu gross sind. Die acute Entzündung kann aber auch spielen in einer von chronischer Entzündung befallenen, im Zustande des Hydrops vesicae befindlichen Gallenblase. Der Hydrops vesicae felleae kommt immer erst zu Stande, wenn Steine längere Zeit in der Gallenblase verweilt haben; sie haben Zeit zum Wachsen, werden grösser und grösser. Von einer Austreibung der Steine kann meistens nicht mehr die Rede sein, wenn auch die Tendenz dazu immer vorhanden sein mag; die acute Entzündung erschöpft sich in einfacher Vermehrung der intravesical befindlichen Flüssigkeit, die vielleicht öfter mit Eiterkörperchen während des Anfalles durchsetzt ist, als wir denken; dazu kommt seröse Durchtränkung der peritonealen Schwarten und des adhaerenten Netzes resp. der Därme. Sind die oder ist der in der Gallenblase steckende Stein minder gross, so drückt die entzündete Gallenblase den Stein weiter in den Ductus cysticus, event. durch den-

*) Alle Gallensteinkranke sind hier gemeint.

selben hindurch in den Ductus choledochus, wo er an der Papille ein Hindernifs findet; sind alle Steine aus der Gallenblase bis in den Duct. chol. getrieben, so verändert sich der Umfang der Gallenblase gewöhnlich erheblich, und an die Stelle der hydropischen Flüssigkeit tritt wieder Galle. Letztere ist, weil die Wand der Gallenblase inzwischen gewöhnlich verdickt ist, nicht im Stande, die Gallenblase wieder weit auszudehnen, auch wenn die Galle sich hinter einem im Duct. chol. sitzenden Steine aufstaut, was ja, wie oben angegeben, durchaus nicht immer der Fall ist. Solche nach Austreibung der Steine auffallend kleinen Gallenblasen mit galligem Inhalte sind mehrfach beobachtet worden (No. 38 und No. 48).

Es fragt sich nun, wodurch sich diese acute Entzündung zunächst der die Steine beherbergenden abgeschlossenen Gallenblase, also der Anfall von Gallensteinkolik erklärt. Leider müssen wir eine stricte Antwort auf diese Frage schuldig bleiben. Dass die Steine selbst nicht den Anfall erklären, liegt auf der Hand; sie hausen Jahr und Tag ganz ruhig in einer Gallenblase, ausnahmsweise selbst in einem Duct. chol., ohne Beschwerden zu machen, dann geht mit einem Male der Sturm los, meist ganz unvermuthet, scheinbar ohne jede Ursache, zuweilen allerdings — und das wirft ein gewisses Licht auf die Aetiologie dieser Art von acuter Entzündung — im Anschlusse an Zerrungen und Verletzungen. Haben doch nicht weniger als 4 Kranke unter 40 unbedingt 2mal ihre erste, 2mal wenigstens ihre zweite Attaque im Anschlusse an Verletzungen erlitten, nachdem bei 3 sicher, bei einer wahrscheinlich die Gallenblasen resp. die Gallengänge viele Jahre lang Steine beherbergt hatten, im Zustande der schwersten chronischen Entzündung waren (besonders Fall VI); das Aufheben einer Kiste, das eines Thorflügels, ein leichter Stoss gegen die rechte Bauchseite genügte, um einen schweren Anfall von Gallensteinkolik hervorzurufeu. No. 6 hatte nur einen Stein in ihrer 2 cm dicken Gallenblase, No. 14 hatte einen grossen zwerchsackartigen und einen hohlgeschliffenen Stein darüber, beide hatten sicherlich keine Steine weiter, da am nächsten Tage post Operationem Galle floss, und die Patientinnen vom Momente der Operation an frei von Beschwerden waren; bei ihnen hatte also eine geringfügige Zerrung vollkommen ruhender isolirter abgeschlossener Steine genügt, um einen Anfall hervorzurufen; wie geringer Zerrung mögen diejenigen bedürfen, deren Gallenblase prall mit Steinen gefüllt ist, bei denen Netz und Därme mit der Gallenblase verwachsen sind, damit ein Gallensteinkolikanfall entsteht? So könnte man also geneigt sein, immer geringfügige mechanische Einflüsse als Ursache der Gallensteinkolik anzuschuldigen; leider hatten sich jene Individuen, die re vera in Folge von Zerrungen an der Gallensteinkolik erkrankten, ähnlichen Schädlichkeiten gewiss schon öfter ausgesetzt, ohne Gallensteinkoliken zu bekommen. Wir stehen vor demselben Räthsel, das uns so oft der Speichelstein, der Kothstein im Ductus vermiformis, der abgesackte acut osteomyelitische Herd, die Kugel im Knochen bietet; sie alle verhalten sich Jahr und Tag ruhig, um dann plötzlich Entzündung zu erregen, bald ohne, bald mit voraufgegangenem Trauma. Ignoramus.

Weil die Exsudate beim Hydrops vesicae felleae meist seröser Natur sind, hat die Entzündung dieses Hydrops am meisten Aehnlichkeit mit dem Auflodern der Entzündung in einem alten acut osteomyelitischen Herde, der nur Serum enthält; derartige Fälle sind allerdings selten, kommen aber doch gelegentlich vor; ich sah 2 im letzten Semester: ein junger Mann, seit 4 Jahren leidend, hatte 2 nur Serum enthaltende Cysten in der Oberschenkeldiaphyse mit nachfolgender Verkrümmung derselben, eine dritte im Tibiakopfe; er war ganz acut erkrankt, zum Aufbruche war es nie gekommen. Der zweite Kranke war ein 20jähriger Student, der vor 12 Jahren subacute Osteomyelitis Tibiae mit Aufbruch durchgemacht hatte. Die Wunde war bald verheilt, Patient 12 Jahre lang gesund gewesen, als er ohne Fieber unter Schmerzen eine leichte Auftreibung der Tibia im Laufe von 8 Wochen bekam. Die Incision ergab eine wallnussgrosse Serum enthaltende Höhle in der Tibia. Die acute Osteomyelitis führen wir allgemein auf die Invasion von Staphylococcen zurück, auch die eben erwähnte abgeschwächte Form lässt sich nicht wohl anders erklären, als dass, einst wenigstens, Coccen sich im Knochen festgesetzt haben, die selbst vielleicht längst zu Grunde gegangen sind, während ihre Stoffwechselproducte noch restiren und eine Art von entzündlichem nur gelegentlich zum Vorschein kommendem Reiz unterhalten.

So mögen ja auch abgeschwächte Infectionsstoffe in dem Hydrops vesicae felleae ihren Sitz haben, und weil die von ihnen gelegentlich angefachten Entzündungen ein von Peritoneum überkleidetes Organ betreffen, so resultirt ein Krankheitsbild, das im Wesentlichen als circumscripte serös-fibrinöse Peritonitis sich kennzeichnet.

Die Auftreibung des Bauches in der Lebergegend, die Leibschmerzen, das Erbrechen, also die gewöhnlichen Symptome der Gallensteinkolik ohne Icterus, sie lassen sich am besten als Zeichen einer circumscripten Peritonitis auffassen, die sich von der primär erkrankten Gallenblase aus auf dem Wege der Adhäsionen mit Netz und Darm weiter und weiter ausbreiten kann.

Geht der entzündliche Process auf den Ductus cysticus und weiter auf die tiefen Gallengänge über, so kann, wie wir oben gesehen haben, Icterus entstehen, ohne dass Steine etwa bis in die tiefsten Gänge getrieben wurden und mechanisch verstopfend wirkten. Das ganze Gallengangsystem steht eben in sehr intimem Zusammenhange mit einander bis in die feinsten Gallengänge hinein; es brauchen nur die letzteren in Folge des entzündlichen Processes zuzuschwellen, so wird bei grösserer Ausbreitung dieser Schwellung Icterus vorübergehend entstehen können, zumal sich gleichzeitig die Papille verengern wird. Diese Art von Icterus würde also einfach einer Fortsetzung der Entzündung von der Gallenblase aus ihr Dasein verdanken.

Einen ganz anderen Character dürften diejenigen Entzündungen mit nachfolgendem Icterus haben, welche sich entwickeln, wenn ein oder mehrere Steine aus der Gallenblase heraus durch den Ductus cysticus hindurch in den Duct. choled. getrieben werden. Sie gerathen dort in einen mit Galle gefüllten Kanal, ebenso wie die Galle wieder in die einst hydropische Gallenblase einströmt, falls der Duct. cyst. nicht nach dem Durchgange der Steine obliterirt. Die Galle wirft wahrscheinlich etwaige von der Gallenblase mitwandernde Infectionsstoffe in den Darm, spült die G. Bl. aus — wie man sich das denkt —, jedenfalls ist die im Duct. choled. die Steine umspülende Galle meistentheils aseptisch, da sie, ohne Peritonitis zu erregen, massenhaft in die Bauchhöhle fliessen kann, was sowohl in meinen 4 Fällen von Duodochotomie als auch in den übrigen 6 bisher publicirten geschehen ist. Deshalb möchte ich **diese** Entzündungen der Gallenwege, und zwar nicht bloss die des Ductus choledochus und hepaticus, sondern bei offenem Duct. cysticus auch die der Gallenblase selbst, als Folgen eines von den Concrementen auf die, in solchen Fällen mehr oder weniger zarte, Schleimhaut ausgeübten Reizes auffassen, bei denen von Infection keine Rede ist. Und hierbei kommen ohne Zweifel mechanische Momente in Frage; das Umherwandern der Steine in dem dilatirten Ductus choledochus, dessen Möglichkeit in 3 Fällen in ausgezeichneter Weise sich vor der Incision constatiren liess, wird Schuld sein an der Reizung der Wände, die dann in der dem Gallengangsysteme eigenthümlichen Weise auf den Reiz reagiren mit Schwellung der Schleimhaut und nachfolgendem Icterus.

Ich würde sehr gern die Entzündung in der abgeschlossenen Gallenblase in ähnlicher altbekannter Weise erklären, habe oben ja auch schon auf die Wirkung von Zerrungen und Verletzungen in dieser Beziehung hingewiesen — damit lässt sich leider nicht vereinigen, dass Steine Jahre und Jahrzehnte lang ruhig in einer Gallenblase liegen bleiben und dann plötzlich in tiefster Ruhe event. zur nächtlichen Zeit einen Kolikanfall bewirken sollen. Unwillkürlich kommt da der Gedanke, dass Schädlichkeiten von aussen dazugekommen sein müssen, wie bei jeder der oben genannten Stellen geringsten Widerstandes. Dass aber diese Theorie manches, sogar sehr vieles gegen sich hat, lässt sich nicht leugnen.

Dass mechanische Reizung einer Schleimheit nicht Entzündung im engeren Sinne, d. h. Eiterung macht, liegt auf der Hand; um diese handelt es sich hier auch garnicht. Die Entzündung wird sich beschränken auf Durchtränkung des submukösen Gewebes mit seröser Flüssigkeit, Schwellung der Schleimhaut u. s. w. Bei der Empfindlichkeit der betreffenden Gewebe genügen diese Veränderungen, um Schüttelfröste und hohes Fieber zu erzeugen; einer „infectiösen

Angiocholitis" bedarf es gar nicht, um diese Erscheinungen zu erklären. Sehen wir doch beim Durchgehen von Steinen durch die Ureteren genau dieselben stürmischen Symptome; bewirkt doch bei praedisponirten Individuen gelegentlich auch ein schonender Catheterismus Schüttelfröste und hohes Fieber. Selbstverständlich leugne ich, wo Eiter sich befindet, infectiöse Angiocholitis nicht; es muss bei Eiterung eine Einwanderung von Staphylo- und Streptococcen stattgefunden haben, wie ja auch dann Infection einer kleinen, bei dem Catheterismus gesetzten Verletzung angenommen werden muss, wenn nach dem Schüttelfroste sich ein metastatischer Abscess entwickelt. Eiter haben wir aber nur 7 mal bei all unseren Operationen gesehen, und in 3 dieser Fälle erklärte sich die Eiterung, sogar eine putride Eiterung, sehr wohl durch Verwachsung der Gallenblase mit dem Colon transversum; Eiterung haben wir nur in der Gallenblase und im Ductus cysticus, also in abgeschlossenen Hohlräumen gehabt, bisher niemals im Ductus choledochus. Selbstverständlich ist das ein glücklicher Zufall. Oft genug entstehen bekanntlich unter dem Drucke der Steine Ulcera auf der Schleimhaut des D. chol., die, vom Darme aus inficirt, Eiterkörperchen und Coccen in ihren Granulationen beherbergen. Damit sind alle Bedingungen für eine infectiöse Angiocholitis gegeben, die ohne Ulcera nicht vorhanden sind, trotz Schüttelfrösten und hohen Fiebers.

IV. Diagnose der Gallensteinkrankheit.

Ein sehr vielseitiges Krankheitsbild ist in den vorhergehenden Zeilen zu schildern versucht worden; kein Wunder also, dass die Diagnose oft Schwierigkeiten macht, so lange der Icterus fehlt. Das Erscheinen des Icterus stellt zusammen mit den übrigen Symptomen gewöhnlich den Fall klar, so dass nur noch ungewöhnliche Ereignisse in Betracht zu ziehen sind, d. h. alle diejenigen Anomalien, welche eine Verengerung des Duct. choled. zu bewirken im Stande sind. Dahin gehören entzündliche vom Darme, spec. dem Duodenum ausgehende Processe und Neubildungen, die sich event. auf den Duct. chol. und seine Umgebung fortsetzen, Neubildungen des Pankreas, der Leber, Echinococcen u. s. w. Alle diese Anomalien sind gegenüber den Gallensteinen selten, wenn wir vom catarrhalischen Icterus und vom secundären Lebercarcinome absehen; treten sie aber auf, so werden sie meist grosse diagnostische Schwierigkeiten machen, und mancher Fehlschluss wird erfolgen, weil wir praeoccupirt sind von der Häufigkeit des Icterus in Folge von Gallensteinen. Es wird sich das wiederholen, was so oft bei der Diagnose von Geschwülsten sich ereignet: wer immer die Statistik, die Häufigkeitsscala in den Vordergrund seiner Erwägungen stellt, macht die meisten verkehrten

Diagnosen, weil er zu subjectiv, zu sehr gestützt auf Erfahrungen calculirt, statt objectiv jeden Fall als neu zu betrachten.

Im Allgemeinen wird man bei der Diagnose berücksichtigen müssen, dass vorwiegend Frauen, und zwar solche, welche geboren haben, am meisten an Gallensteinen leiden (unter meinen 56 Fällen finden sich nur 6 Männer), ferner, dass die Krankheit nicht leicht vor dem 20. Lebensjahre zum Vorscheine kommt, wenn die Steine auch event. viel früher entstehen (No. 20 vielleicht im 14. Lebensjahre schon erkrankt, No. 19 gerade 19 Jahre alt beim ersten Kolikanfalle).

Weiter ist die Erblichkeit des Leidens zu berücksichtigen. Da viele Steinkranke nie etwas von den Steinen spüren, so lässt die Anamnese allerdings meist im Stiche; fragt man genauer, so wird doch öfter von „Magenkrämpfen" der Mutter erzählt, als man erwarten sollte. Sicher ist, dass ganze Familien zur Steinbildung neigen, dass bei einzelnen dann die männlichen Glieder der Familie ebenso stark leiden, als die weiblichen. Das Extremste allerdings, was mir in dieser Hinsicht vorgekommen ist, bietet eine wohlsituirte Metzgerfamilie in Gera:

Vater starb im 58. Lebensjahre an Gallensteinen; seine Frau war gesund, starb an Altersschwäche; sein Bruder ist anscheinend gesund, aber dessen Sohn leidet schwer an Gallensteinen. Von den sechs Kindern des an Gallensteinen gestorbenen Vaters sind bis jetzt drei Söhne im Alter von 50 bis 60 Jahren an Gallensteinen gestorben, desgleichen eine Tochter im 64. Lebensjahre nach unendlichen Qualen; das fünfte Kind, ebenfalls eine Tochter, leidet schwer an Gallensteinkoliken; nur ein einziges von den 6 Kindern, ein Sohn von jetzt circa 55 Jahren, ist frei von der Krankheit.

a) Die Gallensteinkrankheit ohne Icterus.

Der ascendirenden Scala wieder folgend, interessiren uns zuerst die mit sehr geringfügigen Erscheinungen verlaufenden Fälle. Wie oben erwähnt, haben von 50 Kranken genau die Hälfte zuerst leichte Störungen gezeigt; bei 15 entwickelte sich später ein charakteristisches Krankheitsbild durch das Auftreten von Kolikanfällen, bei 10 blieb die Krankheit stabil; von ihnen hatten drei fast gar keine Störungen. Es wäre nun sehr erfreulich und der Sache dienlich, wenn man sagen könnte, dass die Intensität der klinischen Erscheinungen parallel ginge mit der Ausbildung der pathologisch-anatomischen Veränderungen. Leider ist dies im Allgemeinen nicht der Fall; bei schweren pathologisch-anatomischen Anomalien kommen leichte klinische Erscheinungen vor und umgekehrt. Zu schweren klinischen Symptomen gehören immer die verschiedensten Factoren, die in verschiedener Stärke combinirt dasselbe Resultat erzielen. Eine fast normale Gallenblase und kleine Steine liefern beispielsweise dasselbe schwere Krankheitsbild, als stark destruirte, mit Eiter und grossen Steinen gefüllte Gallenblasen; letztere, d. h. die grossen Steine, würden in einer fast normalen Gallenblase vielleicht gar keinen Sturm erregen. So scheint es in der That nun zu sein: grosse Steine in einer relativ intacten Gallenblase, deren Ductus cysticus offen ist, machen die geringsten Störungen. Weil kein Hydrops vesicae felleae entsteht, bleiben die Gallenblasen weich, wenn sie sich auch vergrössern; die Galle fliesst aus und ein; weil die Steine gross sind, besteht keine Gefahr, dass sie in den Ductus getrieben werden könnten; es scheint sogar, dass diese Gefahr auch in solchen Fällen gering ist, wenn neben grossen Steinen auch kleinere in der Gallenblase sich befinden (No. 18). Ich vermuthe, dass die meisten Fälle von Hydrops vesicae felleae diesen Weg durchmachen, d. h. dass die Steine sich vergrössern, anfänglich bei offenem Ductus cysticus, der erst später zuschwillt. Wir haben nur relativ wenige Fälle von derartigen frühen Stadien der Krankheit, also von weichen Gallenblasen (No. 16 und 18), und diese boten der Diagnose allerdings ganz ausserordentliche Schwierigkeiten, so dass sie eigentlich nur per Zufall gestellt wurde.

Selbstverständlich kann man gar keine charakteristischen Symptome erwarten: die weiche Gallenblase hat weder lokalen, noch allgemeinen Einfluss auf die Leber, d. h. sie zieht weder einen zungenförmigen Fortsatz aus, noch bewirkt sie eine Vergrösserung der Leber. Durch die Bauchdecken hindurch ist sie nicht zu fühlen. Den einzigen Anhaltspunkt bieten die subjektiven Klagen der Patienten: der ewige, lästige, unbestimmte Druck vor dem Magen, das „Nicht vertragen können von manchen Speisen", die Vermehrung der Beschwerden durch fester anliegende Kleider, oder durch Gehen und Arbeiten. Dazu kommt allerdings ein gewisser leidender Zug im Gesichte, nicht gerade ein „vergrätzter", wie bei einer alten Hysterica, sondern ein mehr „still duldender"; keine gegen das Magenleiden angewandte Medicin hat genützt, kein Arzt konnte helfen. Der Schmerz bei Druck auf die Gallenblasengegend pflegt auch nicht erheblich zu sein, genug, wir stehen vor einem sehr vieldeutigen Bilde. Es kann sich handeln um chronischen Magencatarrh, um ein ausgeheiltes Ulcus Ventriculi oder Duodeni, um eine in Entwickelung begriffene Hernia linae albae, die noch nicht zu finden ist, um beginnende Wanderniere rechterseits, die auf den Pylorus einen Zug ausübt, endlich um das ganze Heer von Magen-Neuralgien, das vielfach bei weiblichen Wesen mit leichten oder schwereren Störungen der Genitalien zusammenhängt, oder auch selbstständig auftritt. Alle diese Krankheiten, zu denen noch die specifische Leberkolik, die Neuralgie des Plexus hepaticus hinzukommt — ich glaube dieselbe in einem zur Operation von Gallensteinen überwiesenen Falle gesehen zu haben, den ich natürlich nicht operirte, sondern weiter beobachtete — lassen sich aber gewöhnlich so weit ausschliessen, dass es nicht einmal zur Probeincision kommt. Worüber ich diagnostisch so weit gestolpert bin, dass ich den Probeschnitt machte, das sind Fälle von Hepatitis gewesen, die zur umschriebenen Verklebung der Leber mit der vorderen Bauchwand (No. 58) oder mit dem Colon transversum (?) (No. 61) geführt hatten. Getäuscht haben mich auch anscheinend selbstständige, d. h. ohne Einwirkung von Gallensteinen entstandene Entzündungen der Gallenblase (No. 42 und 47), endlich die circumscripte Tuberculose des Pylorus (No. 59). Ich will aber erst die beiden Fälle mittheilen, in denen die Diagnose „per Zufall“ gelang, weil sie ganz besonders instructiv sind; es wird die Aufgabe sein, derartige Zufälle event. bewusster Weise herbeizuführen:

Frau F. aus Hamburg, 57 Jahre alt (No. 16), ist schon seit längerer Zeit in Behandlung wegen verschiedener Leiden; sie präsentirte sich zuerst wegen rechtsseitiger Wanderniere, die ihr sehr erhebliche Beschwerden machte; gleichzeitig bestand Retroflexio Uteri fixati mit permamenten Rückenschmerzen, Stuhlverhinderung u. s. w., so dass ihre Klagen sehr vielseitig waren; dementsprechend erwies sich der Ernährungszustand als ein sehr mangenhafter; Patientin war in hohem Grade heruntergekommen und unfähig, ihre Thätigkeit als Vorsteherin eines Hauses in Hamburg fortzusetzen.

Es wurde zunächst die rechte Niere angenäht, und durch langdauernde Tamponade der Wunde eine so derbe Fixation derselben erzielt, dass man sie deutlich durch bimanuelle Untersuchung als festsitzend nachweisen konnte; sie lag anscheinend ganz dicht unter der Narbe; durch das Hinaufschieben der Niere unter das Zwergfell wurde gleichzeitig auch die sehr erhebliche Beweglichkeit der Leber etwas geringer.

Wiederholte Untersuchungen ergaben immer das gleiche Resultat; trotzdem klagte Patientin weiter über Druck in der Magengegend, Appetitmangel u. s. w., erholte sich in keiner Weise, so dass man geneigt war, die Beschwerden auf die Retroflexio Uteri zurückzuführen, obwohl längst Menopause bestand. Der Fall blieb unklar, bis Patientin eines Tages (30. Juni 1890) wieder untersucht wurde. Sie hatte vorher im Garten promenirt, dabei, wie immer, eine elastische Bandage getragen, die ihr als Stütze der fixirten Niere verordnet war; sie hatte sich oft über dieselbe beklagt, weil sie „Druck auf den Magen mache“; trotz allen Aenderungen wollte sie nie bequem sitzen. Als Patientin sich entkleidete und die Bandage abnahm, fiel mir eine flache halbkugelige Prominenz gerade im Scrobiculum cordis auf, die ich bis jetzt nie gesehen hatte; sie ragte circa 1,5 cm weit vor, hatte einen Durchmesser von ungefähr 8—10 cm. Sie blieb, als Patientin sich auf den Untersuchungstisch legte, verschwand aber sofort bei der ersten leisesten Berührung, die sehr schmerzhaft war, vollständig. Da eine Hernie nicht nachweisbar war, so liess sich der Befund nur so erklären, dass eine weiche schlaffe Gallenblase über den unteren Rand der Leber hinüber sich auf die vordere Fläche derselben gelegt haben musste, und zwar unter dem Einflusse der elastischen Binde, welche stark in die Höhe gerutscht war. Die Kranke selbst wusste nichts von der Geschwulst, behauptete aber, dass sie öfter im Scrobicul. cordis Schmerz empfunden habe, häufiger sei er allerdings tiefer unten in der Höhe des Nabels, wo bis jetzt umsonst nach einer Geschwulst gesucht worden war. Selbstverständlich glaubte man jetzt dort eine weiche schmerzhafte Resistenz zu fühlen, doch war die Sache höchst unsicher; da aber die beschriebene Beobachtung zu deutlich für eine Gallenblasengeschwulst sprach, so entschloss ich mich sofort zur Incision.

Dieselbe legte in der That eine faustgrosse, wenig gefüllte, in Folge dessen ganz schlaffe Gallenblase frei, deren Wände, anscheinend etwas dünner als normal, deutlich eine hellseröse Flüssigkeit durchscheinen liessen; in ihr fühlte man einen Stein.

Am 22. Juni 1890 wurde die gut angeheilte Gallenblase aufgeschnitten; die Wand war doch circa 3 mm dick. Es wurden 3 mächtige, dunkelgrau gefärbte Steine (2—3 cm. im Durchmesser) extrahirt, die, von dünner galliger Flüssigkeit umgeben, ganz in den untersten Theil des Sackes gewandert waren. Der Eingang in den Ductus cysticus war anscheinend stark dilatirt; am Uebergange von Gallenblase zum Ductus fand sich eine etwas engere Partie, dahinter ein ampullenartig erweiterter Abschnitt des Ductus, in dem aber Steine nicht nachweisbar waren. Alsbald fliesst Galle aus.

18. Juli: Secretion von Galle sehr geringfügig, hört 23. Juli vollständig auf. 26. Juli. Fistel geschlossen. Patientin geheilt entlassen.

Hier lag also zunächst wirklich eine Complication mit Wanderniere vor; auf diese musste wenigstens ein Theil der Beschwerden zurückgeführt werden. Der andere kam anscheinend auf Rechnung des retroflectirten und fest ans Rectum fixirten Uterus; an Gallensteine konnte man gar nicht denken, dachte auch nicht daran. Die ewigen Klagen über das Corset, die den Bandagisten und mich gleichfalls zur Verzweiflung brachten, liessen sich dadurch erklären, dass Patientin sehr mager und dann überhaupt in Folge ihres Genitalleidens sehr „nervös" war. Alle Aenderungen des Corsets waren aber ohne Erfolg, alle Untersuchungen des Abdomens desgleichen, bis das geradezu klassische Ereignifs eintrat, dass durch den Druck der elastischen Bandage die schlaffe Gallenblase über den unteren vorderen Leberrand hinübergehoben wurde, so dass sie gerade im Scrobiculum cordis lag. Eine Täuschung ist in dieser Hinsicht gar nicht möglich; ich sah die Geschwulst, als Patientin, immer der Revision des Corsets wegen, vor mir stand; ganz behutsam musste sie auf den Operationstisch steigen, wobei ich immer die Geschwulst im Auge behielt, jeden Augenblick erwartend, dass sie verschwinden werde. Das geschah erst, als ich leise die Fingerspitzen auf dieselbe legte; gefühlt habe ich nichts von dem Fortrutschen des flachen Tumors.

Zum Glück passirte dies gerade an einem Sonntag Vormittag; Patientin hatte zum Zwecke der erneuten Untersuchung gut abgeführt und nichts gegessen, so dass ich sofort einschneiden konnte. Beim Anblicke dieser grossen, schlaffen Gallenblase wurde es klar, dass sie sich in der That über den vorderen Leberrand hinüber legen konnte; wahrscheinlich sind sogar die Steine mitgewandert, da mein sehr leiser Druck auf die Geschwulst sehr schmerzhaft empfunden wurde. Der zweite Fall ist folgender (No. 18):

Frau Thekla Zimmermann, 39 Jahre alt, aufg. 20. Juli 1890. Die grosse, grobknochige aber fahl aussehende Frau gerieth versehentlich in die chirurgische Poliklinik; sie ist nämlich seit 1 Jahr „magenkrank". Damals bekam sie plötzlich ziemlich heftige Magenschmerzen, musste öfter am Tage gallige Massen erbrechen, was circa 4 Wochen lang dauerte; dann wurde sie wieder völlig gesund, bis vor 3 Wochen abermals Schmerzen in der Magengegend auftraten; dazu kam Erbrechen, wenn Patientin stärker arbeitete; bei ruhigem Verhalten liessen Schmerz und Erbrechen nach. Eigentliche Kolikanfälle fehlten, desgl. Icterus. Die Untersuchung ergab zunächst nur eine wenig vergrösserte Leber, deren unterer Rand nicht fühlbar war; bei tiefem Drucke auf die Gallenblasengegend wurde constant Schmerz empfunden, aber keine Resistenz, geschweige denn ein Tumor liess sich nachweisen. Nachdem Patientin tüchtig abgeführt hatte, gelang es, ein einziges Mal etwas unterhalb der Leber einen kleinen harten Körper dadurch zu fühlen, dass die palpirende Hand denselben zufällig gegen die Wirbelsäule drückte; einmal losgelassen wurde derselbe nicht wieder aufgefunden, selbst nicht in der für die Operation (2. August 1890) eingeleiteten Narkose. Die Incision legte eine ziemlich weit nach unten ragende, dunkelblaurothe Leber frei, deren rechter und vorderer Lappen durch eine tiefe Incisur. vesicalis getrennt sind; der untere Rand derselben ist stumpf und weich. Die Gallenblase überragt den rechten Leberlappen nach unten nur wenig; sie ist schlaff und dünnwandig; deutlich fühlt man Steine in derselben; sie liegt sehr tief, weil der Leberrand dick ist; es wird deshalb der Schnitt nach unten erweitert und der obere Theil der Wunde vernäht. Nun gelingt es, die Gallenblase in dem unteren Wundwinkel anzuheften, während oben die Leber frei in der Wunde liegt. Ausstopfung der Wunde mit Jodoformgaze.

Der Verlauf war nicht ungestört, weil Patientin jetzt anscheinend wirkliche Gallensteinkolik bekam, so dass sie viel Morphium nöthig hatte; Fieber trat nicht ein.

12. August: Ohne Narkose Incision; sie gelang zunächst nicht, weil nur ein sehr kleiner Abschnitt der Gallenblase hatte eingenäht werden können und weil augenscheinlich trotz des Kolikanfalles resp. nach demselben die Gallenblase sich stark retrahirt hatte, so dass sie samt dem Leitfaden in die Höhe gerutscht war. Narkose; beim Schnitte nach unten von dem Leitfaden wurde die Bauchhöhle geöffnet, so dass Netz frei lag; nach oben fiel das Messer in Lebersubstanz; erst als man unterhalb der Leber in der Richtung schräg nach oben einstach, glückte die Eröffnung der Blase; sie wurde sogleich weiter vorgezogen, was bei der Schlaffheit ihrer Wandung leicht gelang, und mit den Muskelrändern vernäht, dann weiter geöffnet, wobei viel Galle ausfloss.

3—4 haselnussgrosse gelbe sehr weiche Steine werden zertrümmert und extrahirt, dann folgt ein erbsengrosser facettirter.

15. August: Heute 2 grosse Steinfragmente extrahirt. Beständiger starker Ausfluss von Galle; Rohr am 21. August entfernt, worauf sich die Fistel schnell verengt, aber immer noch reichlich Galle austreten lässt. Patientin erholt sich rasch, wird vorläufig entlassen.

4. October: Ablösung der Gallenblase von der vorderen Bauchwand, Anfrischung der Fistel in querer Richtung, wobei die überliegende Leber mehrfach sich in störender Weise geltend macht. Naht in querer Richtung mit feinster Seide. Gallenblase sinkt sofort erheblich in die Tiefe. Bauchdeckenwunde mit Jodoformgaze ausgestopft. Reactionsloser Verlauf.

31. October: Geheilt entlassen in blühendem Zustande; auffallend rasch dick und rund geworden.

22. Februar 1891: Im gleichen Zustande vorgestellt; alle Beschwerden sind fort.

Patientin wurde im Aerztekurse vorgestellt und operirt; ich sehe noch die ungläubigen Gesichter der Herren Kollegen, als ich die Krankengeschichte erzählte, und dann, gestützt auf das einmalige Fühlen eines harten Körpers, die Bauchhöhle eröffnete. „Keine Gallensteinkolik, kein Tumor, kein Icterus!“ Wie bequem wäre es, wenn wir nur Patienten mit diesen Kardinalsymptomen in Behandlung bekämen! Für uns wenigstens wäre das gut, da brauchten wir uns den Kopf nicht zu zerbrechen; für den Patienten wäre das weniger gut, weil der Icterus für den Chirurgen wenigstens „den schweren Fall“ bedeutet, die Diagnose soll eben vorher gemacht werden.

Gallensteinkoliken? 10 Patienten unter 50 hatten keine gehabt, als sie operirt wurden.

Tumor? Unter 50 Fällen habe ich die Gallenblase nur 14 mal als isolirte Geschwulst, und dazu oft recht unsicher gefühlt; 11 mal lag sie unter dem zungenförmigen Fortsatze versteckt und war nur undeutlich zu constatiren.

Icterus? Die Majorität der operirten Kranken hatte niemals Icterus gehabt.

Wenn wir auf das Zusammentreffen dieser drei Kardinalsymptome warten wollen, dann sind unsere Kranken zu bedauern.

Mir war ganz ruhig zu Sinne, als ich die Bauchhöhle vor der grossen Corona eröffnete; ich konnte mich nicht geirrt, konnte nicht einen Kothballen für einen Gallenstein gehalten haben. Ich kannte damals schon die weiche Gallenblase, wusste, dass man mit ihr im Bauche umherschieben, event. also auch einen darin befindlichen Stein gegen die Wirbelsäule drücken konnte. Nur, dass dies nicht wiederholt gelingen wollte, dass die Demonstration nicht möglich war, alterirte mich etwas.

Bei anderen Kranken, die ähnliche Symptome darboten, sind nun in der That Steine nicht gefunden worden, dafür aber Verwachsungen mit Netz oder Quercolon (No. 45 und 46), nach deren Lösung die Beschwerden aufhörten (s. u.); manche hatten wieder Steine, und zwar Steine in mehr oder weniger schwer veränderten Gallenblasen (No. 9, 15, 18), oder in carcinös entarteten (No. 53, 54, 55).

Was nun die oben erwähnten Probeincisionen bei entfernterem Verdachte auf Gallensteine anlangt, so haben wir zunächst zwei Kranke zu berücksichtigen, die, wie es scheint, entzündliche Processe in der Gallenblase gehabt hatten ohne Steinbildung. No. 42 (schon früher* mitgetheilt) hatte in Klumpen geronnene Galle in ihrer sonst normalen Gallenblase; sie befand sich gut, so lange die Galle aus der angelegten Fistel abfloss, später wollte sie wieder Beschwerden haben; ich habe sie aus den Augen verloren; sie war in Folge von chronischer Oophoritis sehr hysterisch. Den zweiten Fall habe ich in der Liste zu den mit „positiven Befunden an der Gallenblase" operirten gerechnet, obwohl lediglich eine Vergrösserung der Gallenblase vorlag; der Verlauf des Falles beweist, dass darin doch etwas positives zu suchen ist:

Frau Cl. Kurt, 34 Jahre alt, Gispersleben, aufg. 3. October 1890 (No. 47). Patientin hat einmal normal geboren, 2mal abortirt, 1mal mit nachfolgender Gebärmutterentzündung. Seit 6 Jahren leidet sie an Magenschmerzen, hat jeden Herbst 2—3 Monate lang heftige Schmerzen in der Magengrube, Tag und Nacht ziemlich gleichmässig anhaltend, bisweilen etwas sich mindernd, nie richtig anfallsweise. Während dieser Schmerzanfälle fehlte der Appetit; oft trat Erbrechen dabei auf, zuweilen auch nicht; Icterus fehlte. In den Zwischenzeiten war Patientin völlig gesund, konnte Alles essen und arbeiten. Seit August 1890 wieder Schmerzen und Erbrechen, rasche Abmagerung; früher 140 jetzt 105 Pfd.; Schmerzen sitzen meist in der Magengrube, ziehen sich aber auch nach den Seiten hin; seit 4 Wochen völlige Arbeitsunfähigkeit. Familie gesund, nur 1 Bruder soll „skrophulös" sein.

St. praes.: Ziemlich magere leidend aussehende Frau. Puls 52, Herz und Lungen gesund, Urin frei von Eiweiss. In Gallenblasen- und Nierengegenden nichts abnormes zu constatiren. Schmerzen in der Mittellinie der Oberbauchgegend, auf Druck stärker; keine Hernia lineae albae nachweisbar.

Diagnosis dubia; die jährlich wiederkehrenden Schmerzen, das vollständige Gesundsein in der übrigen Zeit, die lange Dauer des Leidens lassen sich zu Gunsten von Gallensteinen verwerthen, doch fehlen typische Anfälle von Gallensteinkolik; es kommen verschiedene Magenleiden in Frage.

8. October: Probeincision durch den Rect. abd. dexter. Es präsentirt sich unter einem scharfen atrophischen Leberrande hervorragend eine schlaffe aber abnorm grosse, grau durchscheinende Gallenblase, nirgends adhaerent; Steine darin nicht nachzuweisen.

Leber ohne jeden Fortsatz, mit beilförmig zugeschärftem Rande. Magen, soweit als nachweisbar, ganz gesund; rechte Niere anscheinend etwas beweglicher als normal. Annähung der Gallenblase zwecks vorübergehender Drainage derselben. Reactionsloser Verlauf.

15. October: Incision in die Gallenblase gelingt ohne Mühe. Es werden grosse Mengen normaler Galle entleert; keine Steine gefunden. Drainage.

28. October: Drain fortgelassen, worauf sich die Fistel rasch schliesst.

14. November: geheilt entlassen. Appetit gut; Patientin hat sich rasch erholt, ist dick geworden.

7. Juli 1891: vorgestellt. Dauernd vollständig frei von Beschwerden geblieben: Aussehen dementsprechend ein gutes. Narbe klein und fest; keine Hernie.

Diese Kranke interessirte mich ungemein, weshalb ich sie mir kommen liess; sie war kaum wieder zu erkennen; ihr altes Körpergewicht war wieder da; sie konnte jede Arbeit verrichten. Welche Ursache lag ihrem Leiden zu Grunde? In irgend einem Zusammen-

* Berl. Kl. Woch. 1888.

hange mit der Gallenblase muss dasselbe gestanden haben, da Patientin gesund wurde durch die vorübergehende Drainage ihrer Gallenblase; ich meine, dass nichts übrig bleibt, als ein spontaner zur Dilatation der Gallenblase führender entzündlicher Process.

Noch unsicherer sind die beiden Patientinnen mit Leberfixation aus unbekannten Ursachen. No. 58 (früher mitgetheilt B. K. W.) ist zu meiner Freude ganz gesund geworden. No. 61, die nur ein von der Leber nach abwärts, wahrscheinlich ans Col. transv. gehendes Pseudoligament hatte, ist hysterisch geblieben:

Bertha Ziegengeist, 28 Jahre, aufg. 5. Januar 1890 (No. 61). Die hysterische an Schrumpfung der lig. lata in Folge älterer entzündlicher Processe leidende Person wurde zunächst wegen Neuralgie in der Umgebung des mall. lat. behandelt; die Schmerzen verschwanden nach Incision auf den Calcaneus, obwohl nichts pathologisches gefunden wurde.

Desgl. klagte Patientin über beständige Magenschmerzen, zuckte zusammen bei Druck aufs Epigastrium; Appetit fehlt vollständig, beständig Neigung zum Erbrechen, ohne dass es recht dazu kommt.

Diagnosis dubia; nach Monate langem Abwarten Probeincision 31. März 1890: Magen normal, Gallenblase desgl.; Vom unteren Rande der Leber geht ein pseudoligamentöser Strang, ähnlich einer Bauchfellduplicatur nach unten; er lässt sich von der kleinen Wunde aus nicht vollständig nach abwärts verfolgen, scheint ans Colon transvers. zu gehen, doch ist letzteres nicht sicher. Abtragung des Stranges von der Leber. Schluss der Bauchwunde.

Dieselbe heilt per primam; Patientin will weder Schmerzen am Beine noch am Magen mehr haben, so dass sie am 10. Mai 1890 wieder entlassen wird. Bald zeigen sich aber anderweitige Schmerzen, Klagen über kleine Brüche u. s. w.; Pat. ist dauernd hysterisch geblieben.

Mehr Interesse beansprucht der Fall von circumscripter Tuberculose des Pylorus, der erst nach zwiefacher Operation klar gestellt wurde:

Caroline Becker, 45 Jahre, Weimar, aufg. 5. Mai, entl. 24. Juli 1889: Patientin ist immer gesund gewesen, abgesehen von Nervenfieber im 8. Lebensjahre. Vor 3 Jahren begannen leichte Schmerzen im Leibe, die vom rechten Rippenbogenrande quer nach links zogen. Der hauptsächlichste Schmerzpunkt lag immer im Epigastrium, mehr weniger links von der Mittellinie. Zu den Schmerzen trat dann Auftreibung des Leibes und Erbrechen. Alle diese Erscheinungen nahmen im Laufe der Zeit an Intensität zu und sind augenblicklich sehr stark. Icterus ist nie aufgetreten.

St. pr.: Frau von mittelkräftigem Knochenbau, geringem Fettpolster aber ziemlich guter Musculatur, blass und leidend aussehend. Organe des Thorax gesund, Lebergrenzen normal. Unterer Leberrand nicht zu palpiren. Im Epigastrium eine quer verlaufende Resistenz undeutlich zu fühlen. Abdomen im Uebrigen gut abzutasten; pathologisches nicht zu fühlen, immerhin besteht ein erheblicher Schmerz bei Druck auf die Gallenblasengegend, so dass eine Probeincision angezeigt ist in der Annahme, dass ein Gallenblasen- oder Magenleiden aufgedeckt werden würde.

10. Mai 1889: Gallenblasenschnitt, nachdem auch die Untersuchung in Narkose nichts pathologisches ergeben hatte. Leberkapsel etwas verdickt, keine Verwachsungen. An der Gallenblase nichts abnormes zu sehen; sie ist dünnwandig, enthält keine Steine, ist nur auffallend stark gefüllt. Naht der Gallenblase gelingt leicht.

16. Mai: Incision in die Gallenblase; ihre Wand ist leicht verdickt; sie enthält nur normal aussehende Galle, keine Steine. Drain bleibt 4 Wochen liegen. Fistel schliesst sich schnell.

Die Beschwerden waren mehrere Wochen lang post. op. geschwunden, traten dann allmählich wieder auf: Schmerzen im Leibe und im Kreuze, in manchen Tagen Erbrechen.

Beschwerden, die theilweise als hysterischer Natur betrachtet wurden, seit 10 Tagen nur noch gering, desshalb entlassen 24. Juli 1889.

Wieder aufg. 1. September 1889: Gleich nach der Entlassung kehrten die Schmerzen wieder, in den letzten Wochen waren sie fast beständig vorhanden, gleichgültig, was Pat. ass. Jetzt fühlt man 2 Finger breit über dem Nabel eine kleine etwa schlehengrosse Geschwulst, sehr verschieblich und empfindlich, mit der Respiration auf- und abgehend; Gallenblasenschnittnarbe vorgestülpt.

18. September: Schnitt in der Mittellinie oberhalb des Nabels. Magen klein, vordere Wand mit zahlreichen hirsekorngrossen grauen transparenten Knötchen bedeckt, die sich wesentlich an die Blutgefässe halten, andere ohne Zusammenhang mit ihnen.

Pylorus fest und klein, ohne Zweifel der gefühlte Tumor. Keine vergrösserte Drüsen nachweisbar.

Da unzweifelhaft Tuberculose des Magens vorliegt, wird der Bauch wieder geschlossen.

26. September: Seit der Operation sind die Schmerzen wieder geschwunden. Bauchschnitt p. pr. verheilt.

5. November: Schmerzen wieder ebenso heftig als früher; auf die int. Abtheilung verlegt.

Was aus der Kranken geworden ist, liess sich nicht feststellen; wahrscheinlich ist sie zu Grunde gegangen, weil die Tuberculose augenscheinlich sehr rasch verlief. Am 10. Mai 1889 wurde noch nichts davon wahrgenommen; am 18. September 1889 hatte sie schon den Pylorus in ausgedehnter Weise ergriffen.

Die zunächst circumscript auftretende Tuberculose des Pylorus ist gewiss eine sehr seltene Krankheit, immerhin steht sie nicht ganz als Ausnahmefall da; hatte ich doch kurze Zeit nach der Operation der Frau B. abermals Gelegenheit, eine Kranke mit dieser Affection zu behandeln. Obwohl Gallenblasenleiden nicht in Frage kam, lasse ich den Fall hier folgen, weil er sowohl in Betreff der Diagnose, als mit Rücksicht auf seinen Verlauf bemerkenswerth ist. Er beweist, welche ausserordentliche Tenacität die Abdominal-Tuberculose unter Umständen hat, besonders wenn sie circumscript auftritt. Mit grossem Interesse verfolge ich beispielsweise 2 Kranke mit Tuberculose des Ileum, von denen der eine vor 3 Jahren mit Enterostomie behandelt ist, weil eine Entfernung des tuberculösen Darmes schon damals nicht möglich war. Patient hält sich, obgleich er potator strenuus ist, ganz vorzüglich, so dass ihm Niemand das schwere Leiden ansieht. Das gleiche gilt von der Patientin mit Pylorus Tuberculose; letztere existirt jetzt nachweislich $5^1/_2$ Jahre, ohne die Kranke schwer zu schädigen, nachdem durch Gastroenterostomie die Folgen der Strictur beseitigt sind:

Auguste Martin, 35 Jahre, aufg. 25. Mai 1889 (No. 60). Vor 10 Jahren wurde ein Fibrolipom aus der linken Weiche exstirpirt. Seit 3 Jahren ist eine Geschwulst in der Pylorusgegend nachweisbar; es besteht häufiges Aufstossen, die Verdauung ist ungenügend, andauernde Magenschmerzen. Körpergewicht und Kräfte nehmen ab.

St. praes.: Kaum wallnussgrosser mit der Respiration sich etwas bewegender empfindlicher Tumor im Epigastrium; Magen erheblich dilatirt.

Diogn. dubia; wahrscheinlich Magengeschwulst, entweder primäre oder metastatische, weil vor 10 Jahren eine Geschwulst operirt wurde; möglicherweise liegt Complication von Gallensteinen mit Magencatarrh resp. Dilatatio Ventriculi vor; unwahrscheinlich.

25. Mai: Incision in der Mittellinie. Pylorus ist auf einen kleinen harten Ring reducirt; Netz enthält einzelne vergrösserte Drüsen, von denen 2 exstirpirt werden; vor der Wirbelsäule liegt ein grobknolliger Tumor, der dem Auge nicht zugänglich, dem zufühlenden Finger als ein Paquet verdickter Lymphdrüsen imponirt; möglicher Weise handelt es sich aber auch um das Pankreas.

Da die Exstirpation des Pylorus wegen der Drüsenaffection contraindicirt erscheint, so wird mit Rücksicht auf die Dilatation des Magens Gastroenterostomie gemacht.

6. Juni: Wunde verheilt. Patientin klagt andauernd über Schmerzen in der Magengrube; auch das lästige Aufstossen stellt sich noch öfter ein.

29. Juni: In wenig gebessertem Zustande entlassen.

Im Juli 1891 eingezogene Erkundigungen ergaben, dass Patientin zwar anfangs noch gekränkelt hatte, seit Jahresfrist aber sich dauernd wohl fühle, ihre häuslichen Arbeiten ohne jede Schwierigkeit verrichte und sich für völlig gesund halte. Laut Brief vom 1. Januar 1892 seit September 1891 wieder krank.

Schliesslich muss noch eine Anomalie erwähnt werden, die ich oben schon angedeutet habe, nämlich die Hernia lineae albae im nicht ausgebildeten Zustande. So lange die kleine Geschwulst nicht fühlbar ist, macht die Diagnose grosse Schwierigkeiten; ich erinnere mich eines kräftigen Mannes, der schon drei Monate im Bette gelegen hatte wegen permanenter Leibschmerzen, oft wiederholten Erbrechens u. s. w.; er machte sehr wenig praecise Angaben in Betreff des Schmerzpunktes, so dass man absolut nicht ins Klare kommen konnte über die Ursache seiner Beschwerden. Erst 6 Wochen später, als Patient inzwischen sehr stark abgemagert war, liess sich ein erbsengrosses Knötchen oberhalb des Nabels entdecken, nach dessen Beseitigung alle Beschwerden verschwanden. Wenn eine derartige Hernia sich in der Mitte zwischen Proc. ensiformis und Nabel entwickelt, so kann sie recht wohl die gleichen Beschwerden machen, wie Gallensteine in einer weichen Gallenblase. Immerhin wird nach einiger Zeit, wenn der Tumor deutlicher zum Vorscheine kommt, die Sache klar werden. Nun giebt es aber auch eine Hernia properitonealis lineae albae, die gar nicht durch die Fascia transversa hindurchwächst; diese macht ganz besonders grosse diagnostische Schwierigkeiten, weil man selbstverständlich einen Tumor überhaupt nicht fühlt; die Kranken klagen nur über Magenbeschwerden und Schmerz sowohl bei Druck auf die betreffende Stelle, als auch über spontane Empfindlichkeit. Findet sich nun gleichzeitig ein Schnürlappen an der Leber, der sich bis an die Mittellinie erstreckt, so kann man in der That an Gallensteine denken:

Frl. K., 45 Jahre alt, aufg. 22. October 1891 (No. 64), ist zuerst 1874 magenleidend gewesen; damals bestand Verdacht auf Ulcus Ventriculi 1 Jahr lang, dann ging es ihr relativ gut, doch musste sie sich sehr mit dem Essen in Acht nehmen. Nach einem Diätfehler trat im März 1885 Aufstossen, Uebelkeit und Erbrechen ein; seitdem fast jeden Tag 1/2 Stunde nach dem Essen Schmerzen, die etwa eine Stunde dauern, dabei selten Aufstossen, kein Erbrechen; Magen etwas aufgetrieben. Mehrere Wochen lang Schmerzen in der linken Seite, die nach dem Schenkel hin ausstrahlen. Am 30. Nov. 1885 wurde sie von einer hiesigen Autorität untersucht; derselbe fand folgendes: Bleiches Aussehen bei guter Ernährung. Magen etwas dilatirt, Empfindlichkeit bei Druck oberhalb des Nabels in der Mittellinie. Linke Nierengegend sehr empfindlich bei Druck von vorne nach hinten, kein Tumor oder die Niere zu fühlen.

In Folge der vorgeschriebenen Diät ging es der Patientin zuerst leidlich gut, später kehrten die Magenbeschwerden zurück und verliessen sie nicht wieder bis Anfang 1891. Damals wurde der Appetit besser, aber die Schmerzen oberhalb des Nabels zeigten sich höchstens noch intensiver, so dass jetzt ihr Bruder, ein sehr tüchtiger Arzt, eine Hernia lineae albae für wahrscheinlich erklärte; er schickte die Kranke mit dem Bemerken, dass eine solche Hernia wahrscheinlich, aber nicht sicher zu finden sei.

Die Untersuchung der blassen aber sonst sehr gut conservirten Dame ergab eine ganz leichte flache Prominenz 2 Fingerbreit oberhalb des Nabels, die spontan wie auf Druck sehr empfindlich war; eine Geschwulst war nicht zu fühlen; man sah mehr, als man fühlte. Unterer Leberrand nicht sicher fühlbar, vermehrte Resistenz rechterseits von der Prominenz.

23. October: Inc. auf dieselbe; das ziemlich derbe Fettpolster wird durchschnitten, die Fascie freigelegt, keine Spur von einer Geschwulst. Nach Verlängerung des Schnittes nach oben sah man endlich ein minimales Fetttr äubchen, das etwas dunkler gefärbt war, wie das subcutane Fettgewebe; es trat aus einem Spalte in der Fascie hervor und 1 cm höher fand sich ein gleiches Fetttr äubchen. Nachdem die zwischen beiden Löchelchen gelegene Fascie gespalten war, traf man auf ein taubeneigrosses Lipom, das sich zwischen Fascie und Peritoneum entwickelt hatte; es beherbergte einen 2—3 cm langen Bruchsack, der in eine Peritoneallücke von 3/4 cm Durchmesser führte; durch diese Lücke hindurch sah man die einen Schnürlappen nach unten schickende Leber. Entfernung des Lipomes samt dem Bruchsacke; der abgebundene Stiel repräsentirt noch immer einen kleinen Tumor, der also zwischen Peritoneum und Fascia transversa liegen bleibt.

Reactionsloser Verlauf, doch werden zuerst noch wiederholt Leibschmerzen geklagt, die aber vom 10. November an aufzuhören scheinen; sie sind vielleicht auf die Existenz des meist aus Catgut bestehenden Tumors zurückzuführen. 15. Novbr. geheilt entlassen; 2. Januar 1892 gesund vorgestellt.

Während also die schleichend verlaufenden Fälle sehr erhebliche diagnostische Schwierigkeiten bieten, so dass sogar eine Verwechselung mit der Metastase eines früher entfernten Ovarialkystoms vorkam (No. 50), hellt sich das Dunkel etwas auf, wenn Kolikanfälle vorhanden waren ohne Icterus; doch ist auch hier in der Majorität der Fälle die Diagnose nicht gestellt worden von Seiten der behandelnden Aerzte. Von 19 Kranken kamen 7 mit der richtigen Diagnose in Behandlung, 12 nicht, und zwar wurde sie gestellt: 1. auf Ileus (1 mal), 2. auf Typhlitis (1 mal), 3. auf Ruptur resp. Zerrung der Bauchmuskulatur (2 mal), 4. auf Pyelitis calculosa dextra (2 mal), 5. auf Wanderniere (4 mal); ganz ohne Diagnose kamen 2 Fälle. Es ist selbstverständlich, dass nicht alle Kranken dauernd von ihren Aerzten behandelt wurden; die einen kamen zur Consultation, wenn eben ein Anfall stattfand, die anderen, wenn sie kürzere oder längere Zeit nach dem Anfalle noch Beschwerden fühlten. Dadurch erklärt sich die grosse Verschiedenheit der Diagnosen. Stand der Arzt vor einer Kranken, die anscheinend acut unter schwerem Erbrechen mit Auftreibung des Bauches erkrankt war, die 6 Tage lang keinen Stuhlgang mehr hatte, so musste er nothwendig an Ileus denken (No. 4); berichtete eine andere, dass sie eben eine schwere Kiste aufgehoben und danach sofort Erbrechen und Tympanie bekommen hätte, so konnte der Arzt kaum anders, als eine Ruptur der Bauchmuskeln diagnosticiren mit nachfolgendem Blutergusse, zumal er einen grossen, bis unter den Nabel hinabreichenden Tumor im Bauche fühlte (No. 6). Selbst eine Typhlitis zu diagnosticiren, ist möglich, wenn der Tumor relativ hoch sitzt, was ich allerdings bis jetzt immer nur bei Tuberculose des Typhlon gesehen habe; immerhin hat man bei Typhlitis Zeit, sich den Fall genau zu überlegen, während bei Ileus und Bauchmuskelriss die Diagnose gleich gestellt werden soll; alles „rasche“ Diagnosticiren hat aber bekanntlich seine grossen Schattenseiten.

Die Pyelitis dextra calculosa ist, wenn sie subacut auftritt, eine der schlimmsten Fehlerquellen, die ich kenne, besonders, wenn durch einen Stein der rechte Ureter mehr oder weniger verlegt ist und der Kranke nicht an Harndrang leidet, was bekanntlich auch vorkommt (No. 57). Ebenso führt Pyelonephritis acuta sine calculo gelegentlich zu schweren Täuschungen, wenn die Patienten sehr indifferent sind und zunächst wenig Eiweiss und Eiter im Urine haben. Der akute Nierentumor drängt bei Frauen die Leber zuweilen ganz enorm nach abwärts; sie gleitet an der vorderen Fläche des Bauches hinab bis zur Interspinallinie, schwillt auch wohl durch Blutüberfüllung an, was hernach bei der Section nicht mehr nachzuweisen ist. Man fühlt den bis in die Nierengegend sich erstreckenden Tumor überlagert von Leber, weist event. den unteren scharfen Rand derselben nach und glaubt nun, eine direct unter der Leber liegende Geschwulst vor sich zu haben, die beim Mangel an ausgesprochenen Erscheinungen seitens der Niere mit Wahrscheinlichkeit als Gallenblase aufgefasst werden muss. Ich bin in der letzten Zeit 2 mal derartigen Fällen gegenübergestellt worden, habe mich einmal mehr für Gallenblasengeschwulst entschieden und deshalb vorne zuerst eingeschnitten:

Frau Völker aus Isserstedt, 56 Jahre alt, aufg. 29. September 1891 (No. 62). Patientin litt seit Jahren an Prolapsus Uteri et Vaginae mit entsprechendem Descensus der Blase, ohne durch diese Anomalie in erheblichem Grade belästigt zu werden. Vor 10 Tagen begann sie zu fiebern, ohne zu wissen warum; Schmerzen hatte sie nicht, abgesehen von Kopfschmerzen.

Am 5. Tage ihrer Erkrankung begab sie sich mit Rücksicht auf ihren Prolapsus in die hiesige gynaekologische Klinik; hier fand man im rechten Hypochondrium eine etwas schmerzhafte Schwellung, die nicht in Zusammenhang mit dem Genitalleiden gebracht werden konnte; wegen des hohen Fiebers überwies man sie der internen Klinik. Dort constatirte man ebenfalls die erwähnte Geschwulst. Weil Patientin am 28. September, morgens, nach heftigem Schüttelfroste 42,0 Temperatur zeigte, wurde sie schleunigst auf die chirurgische Abtheilung translocirt.

Die Untersuchung ergab im rechten Hypochondrium eine gewaltige Geschwulst, die aber complicirter Natur sein musste. Sie hatte, weit den Nabel überschreitend, unten einen stumpfen Rand, der wahrscheinlich als unterer Rand der extrem vergrösserten Leber aufzufassen war, während die Leberdämpfung oben an der sechsten Rippe begann; auch linkerseits vom Nabel fühlte man eine grössere Resistenz. Von der rechten Weiche her liess sich der Tumor undeutlich gegen die vordere Bauchwand treiben; der Raum oberhalb des Lig. Poup. resp. der Spina ant. war leer, man konnte dort überall tief die Hand eindrücken. Urin enthielt etwas Eiter und eine entsprechende Menge von Eiweiss. Lungen und Herz normal. Patientin, augenscheinlich somnolent, klagte über Kopfschmerzen; bei Druck aufs rechte Hypochondrium zuckte sie lebhaft zusammen; spontan wollte sie dort Schmerzen nicht haben. Ab. Temp. 39,0, nächsten Morgen 36,5 bei gleichem Allgemeinbefinden.

Eine sichere Diagnose war nicht möglich; man musste annehmen, dass im rechten Hypochondrium ein entzündlicher Process spiele, doch war der Ausgangspunkt desselben völlig unklar. Die geringfügigen Veränderungen im Urin konnten eben so wohl durch einen alten Blasencatarrh, als durch eine frische Pyelitis dextra erklärt werden; letztere war unwahrscheinlich, weil gar keine Beschwerden von Seiten des Harnapparates geklagt wurden. Gegen Gallensteinleiden resp. acute Cholecystitis sprach der Umstand, dass niemals Symptome von Cholelithiasis vorhanden gewesen waren. Man dachte an acute Vereiterung eines Leber- oder Nierenechinococcus und dergl., doch war alles gleichmässig unbestimmt.

Da der Fall aber vorwärts drängte, so wurde die Probelaparotomie beschlossen und am 29. September rechts neben dem Nabel eingegangen. Der Schnitt legte die dunkelblaurothe Leber frei; sie war auffallend weich, weshalb man den unteren Rand derselben auch nur undeutlich hatte fühlen können. Auch der Form nach wich die Leber bedeutend von der Norm ab. Circa handbreit nach rechts vom Nabel fand sich eine derbe Incisur, begrenzt von atrophischer, grauweisser Lebersubstanz, ganz analog einer Incisura vesicalis. Hier lag auch circa 2 Finger breit von der vorderen Bauchwand entfernt ein Tumor, der im ersten Augenblicke wirklich als prall gespannte, 2 Faust grosse Gallenblase imponirte; es zog sich aber über die mediale Seite dieses auffallend beweglichen Tumors das Colon ascendens hin, auch war er retroperitoneal fixirt, lag schliesslich zu weit von der vorderen Bauchwand ab, als dass man ihn hätte mit Sicherheit als Gallenblase auffassen können.

Es galt jetzt, letztere zu finden; dies gelang erst, nachdem man weit nach links über die Mittellinie hinübergegangen war und dabei einen weit nach unten über den Nabel hinausragenden Leberlappen umgangen hatte. Jetzt wurde so viel klar, dass die Leber extrem vergrössert und gleichzeitig mit ihrem rechten Lappen über die Mittellinie hinaus nach links verschoben war; die oben erwähnte Incisur mit der atrophischen Lebersubstanz entsprach dem rechtsseitigen Rande eines gewaltigen Schnürlappens.

Jetzt wurde sofort die Bauchdeckenwunde geschlossen, Patientin auf die linke Seite gedreht und auf die rechte Niere eingeschnitten. Sie bewegte sich auffallend stark bei der Athmung, als die Fettkapsel freigelegt war. Fibröse Kapsel erschien sehr wenig verändert, nur leicht verdickt und grau verfärbt, nirgends eine Andeutung von Eiter. Niere selbst dunkelblauroth, zeigte hier und da kleine, graue Knötchen. Punction an den verschiedensten Stellen ohne Erfolg, nirgends der erwartete Abscess. Weil aber graue Knötchen vorhanden waren, weil man jetzt unbedingt die Niere als die Ursache des Fiebers betrachten musste, wurde sie entfernt in der Annahme, dass es sich entweder um eine acute Tuberculose oder, wahrscheinlicher, um eine Invasion von Staphylo- und Streptococcen in die Harnkanälchen handle. Der Querschnitt durch die circa ums doppelte vergrösserte Niere zeigte dieselbe massenhaft von kleinen Knötchen durchsetzt, die hier und da in Reihen geordnet resp. fast zusammengeflossen waren, entsprechend dem Verlaufe der geraden Harnkanälchen durch die Rindensubstanz. Die mikroskopische Untersuchung ergab Staphylococcen. Der Verlauf war zunächst ein günstiger: Patientin wurde fieberfrei, klagte nicht mehr, doch blieb der entleerte Urin eiterhaltig. Nach einigen Tagen wurde sie apathisch, entleerte den Urin ins Bett, ohne dass Erscheinungen von Seiten des Bauches aufgetreten wären. Unter zunehmender Somnolenz ging sie am 7. October zu Grunde.

Die Section ergab analoge Veränderungen in der linken Niere, wie sie in der rechten bei der Operation gefunden wurden; dazu bestand sog. Diphtherie der Blase. Die Leber zeigte einen ziemlich erheblichen Schnürlappen, war aber sonst nicht besonders vergrössert.

Im Allgemeinen gilt als Grundsatz in der Chirurgie, dass man dem Feinde direct zu Leibe geht; hier lag der schmerzhafte Tumor vorne, aus der somnolenten Patientin war nichts herauszubringen; deshalb erschien der vordere Schnitt indicirt, zumal die Leber so weit nach abwärts gewandert war. Durch mechanischen Druck von Seiten des Nierentumors kann ich das nicht allein erklären; die Leberdämpfnng fing an der sechsten Rippe an, die Leber war entschieden vergrössert, und weil dies bei der Section sich nicht mehr nachweisen liess, nehme ich an, dass die Vergrösserung der Leber durch übermässige Blutzufuhr bedingt wurde. Durchsichtiger war der zweite Fall:

Frl. Vökel, 23 Jahre alt, aufg. 13. October 1891, (No. 63). Das aus gesunder Familie stammende Mädchen klagt seit 4—5 Jahren über inconstante Schmerzen in der rechten Seite des Bauches, handbreit oberhalb der Fossa iliaca. Mehrfach litt sie dabei an vermehrtem Urindrange, so dass sie alle 5 Minuten Urin lassen musste; das Uriniren selbst war schmerzlos, der Urin immer klar. Ostern 1891 traten unter vermehrtem Urindrange zuerst Schmerzen in der rechten Lendengegend auf; Patientin war 4 Wochen bettlägerig, fieberte hoch; eine bestimmte Diagnose wurde nicht gestellt, der Urin soll nur Salze enthalten haben. Von Pfingsten bis Anfang August fühlte sie sich leidlich wohl, machte grössere Touren, wobei sie erhitzt kaltes Bier trank. Es folgte Schüttelfrost, Fieber und stärkerer Urindrang. Dies veranlasste ihren Arzt, sie der hiesigen gynaekologischen Klinik zu überweisen; man constatirte dort Blasencatarrh und rechtsseitige Pyelitis, beobachtete die Kranke kurze Zeit, worauf sie entfloh, weil sie sich besser fühlte. Kaum zu Hause angekommen, begann der Schüttelfrost von Neuem; langsam bildete sich eine Geschwulst in der rechten Seite unter hohem Fieber. Endlich gelang es ihrem Arzte, sie in die ch. Kl. zu translociren. Die Untersuchung des im höchsten Grade abgemagerten Mädchens konnte nur in Rückenlage vorgenommen werden; jeder Versuch, sie emporzurichten, scheiterte wegen der Schmerzhaftigkeit rechterseits. Man sah in der rechten Bauchseite einen Tumor, 3 Finger breit nach rechts vom Nabel und bis zur I. sp. l. hinabreichend; derselbe bewegte sich bei der sehr oberflächlichen Athmung fast gar nicht, untere Grenze desselben unsicher. Urin enthielt ziemlich viel Eiter und eine entsprechende Menge Eiweiss; Cylinder fehlten. Nachdem Abends die Temp. in Folge des Transportes sogar subnormal gewesen war, stieg sie am nächsten Morgen auf 39,2, so dass schleunige Incision indicirt erschien nach weiterer Untersuchung in Narkose. Leider kam man auch jetzt zu keinem sicheren Resultate. Der rechterseits im Abdomen gelegene Tumor liess sich durch Druck von der Lendengegend her bewegen; von der Leber, die bis zur fünften Rippe hinaufreichte, liess er sich nicht abgrenzen; deutlich sah man das Colon transversum unterhalb der Geschwulst, nicht auf derselben sich füllen, als Luft ins Rectum geblasen wurde; dies schien mehr für Leber-, resp. Gallenblasengeschwulst zu sprechen, als für Nierentumor — und doch liessen die Schmerzen in der Nierengegend, der Harndrang, der Eiter im Urine nur an Nierenaffection denken; es wurde beschlossen, auf die Nierengegend einzuschneiden. Die tiefe Musculatur zeigte sich leicht infiltrirt, aber als die Fettkapsel der Niere durchschnitten war, bewegte sich das darunter liegende Organ relativ stark, und die Spaltung der Kapsel legte eine anscheinend ganz normale Niere frei. Die Sache begann precär zu werden; vorne der Tumor, hinten nichts gefunden. Bis jetzt war nur die untere Hälfte der Niere, so weit sie unter dem Zwerchfelle hervorschaute, freigelegt; sie war in keiner Weise nach abwärts gedrängt, auch nicht vergrössert. Weil die tiefe Rückenmuskulatur etwas infiltrirt erschien, gab ich die Hoffnung nicht auf, Eiter zu finden; die obere, unter der Zwerchfellkuppel gelegene Hälfte der Niere wurde ebenfalls frei gelegt, dort zeigte sie sich etwas verwachsen; beim Lösen quollen einige Tropfen Eiter hervor; noch eine mehr zufällige Bewegung und massenhaft stürzte stinkender Eiter hervor; ich hatte einen subphrenischen, oberhalb der Niere gelegenen Abscess geöffnet. Das Zwerchfell war augenscheinlich hinten mit der Thoraxwand verklebt; man konnte den Zeigefinger bis zum siebenten Intercostalraume in die Höhe führen. Er schien unmittelbar unter den Intercostalmuskeln zu liegen, so dass man Lust bekam, hier sofort zu incidiren und directen Abfluss nach hinten zu schaffen, was aber natürlich unterblieb, weil die Verwachsungen nicht sicher waren. Drainage der Wunde. Das Fieber fiel zunächst ab, doch klagte Patientin weiter über Urindrang. Der Urin behielt seinen Eitergehalt. Da derselbe Anfang November noch stärker wurde, die Temperatur wieder höher ging, so wurde am 9. Nov. 91 die nunmehr etwas gekräftigte Patientin zum zweiten Male narkotisirt. Nach Resection der 12ten Rippe konnte man den Finger hoch unter die Zwerchfellskuppel bringen; dort drang er durch die auf einer Stelle morsche Nierensubstanz ins Nierenbecken ein, das mit Steintrümmern gefüllt war.

Weil sich jetzt kleine Eiterpunkte an der Oberfläche der Nierensubstanz zeigten, wurde sie in toto entfernt, was keinerlei Schwierigkeiten machte. Es restirte ein sehr grosser, bis zur 7. Rippe hinaufgehender subphrenischer Hohlraum, nach vorne begrenzt von der Leber, welch letztere mit ihrem vorderen Rande noch immer etwas oberhalb der Sp. umb. l. stand.

Das Fieber fiel sofort ab, aber Patientin entleerte bis zum 14. Nov. kaum 50,0 kcm fast reinen Eiters; Urin fehlte, dafür traten Erbrechen, Unruhe, Delirien, d. h. alle Zeichen der Uraemie ein. Patientin wurde zum dritten Male narkotisirt; man fand auch linkerseits einen Tumor, der incidirt wurde; wahrhaftig! trotz vollständig fehlender Symptome linkerseits viel ausgebreitetere Tuberculose linker- als rechterseits. † am gleichen Tage. Die Obduction klärte den Fall auf, wie es scheint: links war nur die Niere erkrankt, nicht der Ureter, rechts Niere und Ureter. Die Erkrankung des rechten Ureters und der paranephritische Abscess bedingten die Schmerzhaftigkeit rechts; Erkrankung einer Niere allein an Tuberculose scheint also gelegentlich keine Schmerzen zu machen.

Also auch hier die Vergrösserung der Leber und ihre Wanderung nach abwärts, verursacht durch den subphrenischen Abscess, nach dessen Entleerung die Leber langsam nach oben rückte; erst nach Entfernung der Niere mit Abfall der Temperatur verkleinerte sie sich rascher, dabei immer weiter aufwärts rückend. Die Symptome von Seiten der rechten Niere waren so praedominirend, dass man selbstverständlich immer hinten eingehen musste; wäre Patientin aber in somnolentem Zustande eingebracht worden, so hätte dieser Fall ebenso viel diagnostische Schwierigkeiten gemacht, als der vorige.

Ganz verwickelte Situationen entstehen, wenn sich rechtsseitiges Nieren- zu Gallenblasenleiden hinzugesellt. Die Attaquen der Pyelitis calculosa können gewiss viel Aehnlichkeit mit leisen Gallensteinkoliken haben, wenn wir diejenigen Schmerzanfälle ins Auge fassen, die bei Steinen vorkommen, welche relativ ruhig im Nierenbecken liegen, also nicht wandern resp. in den Ureter eingekeilt werden. Es sind das ja ebenfalls meist grosse Concremente, die gar nicht in den Ureter hineingehen; wir haben genau die gleichen Verhältnisse, wie bei der Entzündung der mit grossen Steinen gefüllten Gallenblase. Es wird zuweilen schon schwer halten, beide Zustände, wenn sie isolirt vorkommen, scharf auseinander zu halten. Die Schwierigkeit wird fast unüberwindbar, wenn beide gleichzeitig bes. gleich stark vorhanden sind. In dem ersten der beiden nachfolgenden Fälle (No. 34) praevalirten die Symptome von Gallensteinleiden mehr und mehr, so dass die Diagnose mit Wahrscheinlichkeit gestellt werden konnte; im zweiten (No. 20) schwankte man bis zum letzten Augenblicke:

Frau H., 45 Jahre alt, aufgenommen 26./2. 91 (No. 34). Die blühend und kräftig aussehende Frau leidet seit vielen Jahren an Magenschmerzen, die meist in der Mittellinie ihren Sitz haben, von dort direct nach hinten in den Rücken und weiter in die linke Schulter ausstrahlen. Sie traten meist nur kurze Zeit auf, dauerten oft nur 5 oder 10 Minuten, kamen unvermittelt z. B. in Gesellschaft, waren zuweilen, aber selten, von Erbrechen begleitet. Jede Anstrengung, jeder Gang auf eine Anhöhe, wurde durch einen Schmerzanfall geahndet; einmal hatte man 2 Tage lang Icterus Sclerae beobachtet; Stuhlgang immer gefärbt. Da Patientin gleichzeitig an Retroflexio Uteri litt, da sie gelegentlich Urin entleerte, der viel Salze enthielt, so hatte die Diagnose beständig geschwankt; meist war Magencatarrh angenommen worden, zumal Patientin manche Speisen nicht vertragen konnte, doch hatte man auch an Concrementbildung in der rechten Niere gedacht. Auffallend war, dass die Kranke stets blühend aussah und sich eines mehr als erwünschten Panniculus adiposus erfreute. Zu Beginn des Jahres 1891 traten heftigere Schmerzen auf; im Februar litt sie 2 mal 5 Tage lang an permanentem Erbrechen mit ganz extremen Leibschmerzen, so dass sie auf jeden Fall von ihrem Leiden befreit werden wollte.

Die Untersuchung ergab völlig negative Resultate; bei dem gewaltigen Fettreichthum der Frau liess sich weder der untere Leberrand, noch ein Gallenblasentumor durchfühlen. Die Symptome waren auch recht unsicher; typische Anfälle von Gallensteinkolik waren nur selten dagewesen; der Schmerzpunkt lag in der Mittellinie des Körpers; der Schmerz strahlte in die linke, nicht in die rechte Schulter aus; trotzdem kam man per exclusionem immer wieder auf Gallensteine zurück, so dass am 21./2. 91 die Bauchhöhle geöffnet wurde. Schnitt länger als gewöhnlich, weil Fettschicht circa 5 cm dick ist. Asphyxia in Narkose, weite Pupillen, Puls kaum fühlbar; nach Beseitigung des beängstigenden Zustandes vorsichtiges Chloroformiren, was durch beständiges Pressen seitens der Patientin beantwortet wird.

Nachdem das Peritoneum durchtrennt ist, präsentirt sich eine gewaltige, von derben Knollen durchsetzte Netzmasse, die sich nach oben zwischen Leber und Zwerchfell schiebt, mit dem Magen und der Gallenblase verwachsen ist, endlich in dicken Massen das Colon transversum umhüllt; es ist kaum möglich, sich in diesem Wirrwarre zu orientiren. Nach Ablösung des Netzes hier und da kommt der circa 2 cm oberhalb des Rippenbogens gelegene untere Leberrand zum Vorscheine; darunter fühlt man deutlich die Steine enthaltende Gallenblase, mit Netz verwachsen. Dasselbe wird abgelöst und nun constatirt, dass in der Adhaesionsstelle ein grosser Stein steckt, bedeckt von einer sehr verdünnten Gallenblasenwand, während weiter hinauf die nunmehr freigelegte Gallenblase dickwandig zu sein und flüssigen Inhalt zu beherbergen scheint. Die dem Steine entsprechende Partie der Gallenblase wird mit grosser Mühe — man arbeitete in erheblicher Tiefe — mit dem Perit. par. vereinigt. Ausstopfung der Wunde.

Der Verlauf war zunächst ein recht ungemüthlicher, das Erbrechen sehr stark; einmal erhob sich auch die Temperatur auf 38,2, der Puls war Tage lang kaum zu fühlen. Die Grösse der Wunde, die Unsicherheit erforderte länger dauernde Tamponade. Doch zwang ein am 5. März auftretender leiser Anfall von Gallensteinkolik zur zweiten Operation. 6. März 1891: Incision auf den grossen Stein; die Wand der Gallenblase ist stärker, als angenommen wurde; es entleert sich zunächst gallig gefärbte Flüssigkeit; der circa taubeneigrosse, grünschwarze Stein wird leicht zertrümmert und extrahirt; ihm folgt ein kuppelartig aufsitzender, ebenfalls ziemlich grosser Stein, und nun geräth man durch ein enges, kaum $^3/_4$ cm im Durchmesser haltendes Loch in die dahinter gelegene eigentliche Gallenblase, während man bisher in einem Divertikel sich bewegte. Aus dieser stark verdickten, mit galliger Flüssigkeit gefüllten Blase werden circa ein Dutzend grössere, facettirte, bis 2 cm dicke und zahlreiche kleinere gelbliche △ Steine extrahirt (vergl. Fig. II p. 5).

Reactionsloser Verlauf; Gallensecretion vom ersten Tage an sehr stark, doch wird auch viel Eiter abgesondert; am 12. März musste das in der Gallenblase liegende Drainrohr schon entfernt werden, weil die Kranke über kolikartige Schmerzen klagte; danach dauerte der Ausfluss der Galle nur noch wenige Tage.

Die grosse Wunde zog sich rasch zusammen; doch wurde in den ersten

14 Tagen das Allgemeinbefinden durch Appetitlosigkeit, Mattigkeit und allerlei nervöse Beschwerden geschädigt. Dann trat vollständige Euphorie auf, so dass die Kranke mit granulirender Wunde am 13. April 1891 entlassen werden konnte. Definitive Heilung Ende April; alle Beschwerden waren vorüber.

Ende October 1891 vollständiges Wohlbefinden; Patientin verträgt alle Speisen wieder, macht Touren u. s. w., ist in Folge dessen viel schlanker und jugendlicher geworden. Glück und Zufriedenheit wohnen wieder in der Jahre lang vom Schicksale verfolgten Familie.

Frau A. R., 27 Jahre, aufgenommen 6. Juni 1891 (No. 20). Das Begleitschreiben ihres Arztes lautete folgendermassen: „Vom 17. Lebensjahre litt Frau. R. an Abgang von trübem Harne und Schmerzen in der r. Nierengegend, während ihrer ersten (Zwillings-) Schwangerschaft vor 8 Jahren bis mehrere Monate nach der Niederkunft an Albuminurie, dazu bestand Parametritis exsud. dextra im Puerperium. Während der zweiten Schwangerschaft und lange nachher wieder Albuminurie; darauf längere Zeit Eiter und Blut in dem stark sedimentirenden Harne, in welchem sich gleichzeitig Schleim und Ephitelien aus dem Nierenbecken und den Bellini'schen Röhrchen fanden; zu Grunde gegangenes Nierengewebe ist nicht nachgewiesen worden. Der Harn sedimentirte auch in der Folge stets sehr stark; die Niederschläge füllten oft über die Hälfte des Harnglases. Um die Zeit der Niereneiterung war im rechten Hypochondrium wiederholt ein circa faustgrosser Tumor gefühlt worden, der mit dem Nachlasse der heftigen pyelitischen Erscheinungen verschwand. Nach einer Karlsbader Kur im vorigen Jahre ist der Harn meist frei von Sedimenten, nur ab und zu wird er wieder rückfällig; zuweilen bestehen Blasenschmerzen, Strang- und Ischurie. Concremente sind nicht abgegangen, auch keine in der Blase gefunden.

Gefiebert hat die Kranke nur 14 Tage in der parametritischen Periode. Sie hat fast constant seit Beginn ihrer Krankheit mehr oder weniger heftige Schmerzen gehabt, die, von der rechten Niere ausgehend, dem Laufe des r. Ureters folgend, in die Blase und zuweilen in den rechten Oberschenkel ausstrahlten. Diese Reizerscheinungen pflegten bei vermehrtem Griesabgange zu exacerbiren und waren ganz besonders heftig zur Zeit, als Blut, Eiter und Schleim im Harne sich fand. Icterus war nie vorhanden.

Der Befund bei der Untersuchung war sehr wechselnd. Constant war nur die Druckempfindlichkeit in der rechten Nierengegend und im rechten Parametrium, während das linke nur einige Male empfindlich gefunden wurde. Die Gegend vom rechten Hypochondrium abwärts bis zum Darmbeinkamme wurde öfters resistenter gefunden (ausgiebige Darmentleerungen waren vorausgeschickt). Meteorismus bei der Parametritis, nie intermittirend. Einige Male glaubte ich im rechten Parametrium Fluctuation, wenn auch nur andeutungsweise, zu fühlen; zu anderen Zeiten war der Befund negativ. Jetzt fühlt man in der rechten Bauchseite garnichts, im rechten Parametrium sehr unbedeutende Exsudatreste, im linken ein durchaus schmerzloses, anscheinend in altes Exsudat eingebettetes Ovarium. Augenblicklich hat die Kranke sehr heftige Blasenschmerzen mit Strangurie.

Nach alledem scheint es sich um chronische, zeitweise exacerbirende, eitrige rechtsseitige Pyelitis und Pyelonephritis zu handeln. Ob Concremente im Nierenbecken liegen, lasse ich dahingestellt, ebenso, ob Sackniere vorhanden ist. Der Wechsel der Erscheinungen und des Befundes machen letztere wahrscheinlich.

Dass die Frau fast constante, zeitweise sehr heftige Schmerzen hat, die sich nach jeder stärkeren Bewegung in das ungemessene steigern, ist zweifellos. Gegen hysterische Hyperalgesie spricht, dass hysterische Paroxysmen und sonstige hysterische Symptome fehlen. Die Frau ist im Ganzen eine fröhliche und heitere Natur, neigt gar nicht zur Uebertreibung, und ist, wenn sie nicht gerade heftige Schmerzen hat, zu allen Schandthaten bereit; jedenfalls waren die Harnniederschläge eine Zeit lang constant und völlig unabhängig von etwaigen hysterischen Attaquen. Ich habe die Idee, dass durch einen Einschnitt auf die Niere die Sache klar gelegt werden könnte; unter Umständen könnte gleich die Operation sich daran anschliessen."

Die Untersuchung der ziemlich wohl genährten Frau ergab betreffs der Leber und der Gallenblase ganz negative Resultate; der untere Leberrand war bei dem starken Panniculus adiposus nicht durchzufühlen. Circa 5 cm nach rechts und unten vom Nabel war tiefer Druck am empfindlichsten; weiter nach oben zu wollte Patientin weniger empfindlich sein; dort sollte allerdings bei den Anfällen Schwellung und Schmerz am stärksten sein. Druck auf die Niere war nicht empfindlich. Die Exploration per vaginam ergab rechterseits einzelne Narbenstränge, wohl die Reste des einstigen parametritischen Exsudates, während linkerseits ein derber, kleinapfelgrosser Tumor dicht neben dem Uterus lag, auf Druck sehr empfindlich, wahrscheinlich das in entzündliche Massen eingebettete Ovarium. Urin normal.

Am 9. Juni 1891 Incision auf die schmerzhafte Partie rechts vom Nabel; dort fand sich nur ein anscheinend ganz normales Colon transversum, so dass der Schnitt nach oben verlängert wurde bis zum Rippenbogen. Nun zeigte sich die Portio pylorica des Magens mit der Gallenblase so verwachsen, dass nur der Fundus der letzteren in Gestalt eines kleinen Pürzels unter der etwas atrophischen Leber hervorragte; letztere endete mit dem Rippenbogen; Gallenblase und Magen waren auffallend weit nach rechts hinübergeschoben. Die Ablösung des Magens von der Gallenblase gelang relativ leicht, weil die Adhaesionen nur zart waren. Gallenblase dickwandig, aber sehr klein und atrophisch, liess sich jetzt weit nach oben hin abfühlen; sie enthielt nur einzelne Steine und ganz minimale Mengen von Flüssigkeit. Annähung des untersten Endes der Gallenblase gelang leicht.

Der Verlauf war durch accidentelle Erkrankung der Lungen sehr gsstört. Eine fieberhafte Bronchitis quälte Patientin Tag und Nacht; dazu gerieth das Herz in ganz enorme Aufregung; in schwerer Dyspnoe lag die Kranke mit 150 kaum fühlbaren Pulsschlägen da, über excessive Schmerzen in der linken Brustseite klagend. Die Untersuchung des Herzens durch Herrn Kollegen Stintzing ergab völlig negative Resultate; die Lungen konnten wegen des Verbandes hinten nicht untersucht werden, doch bewies der abundante Auswurf, dass alle hinteren Bronchien mit Flüssigkeit gefüllt sein mussten; es schien, als ob Bronchiectasien vorhanden seien. Ganz langsam erholte sich die Kranke von dem schweren Leiden, so dass die zweite Operation erst am 25. Juni 1891 stattfinden konnte.

Dabei stellte sich heraus, dass der Leitefaden durchgeschnitten hatte, weil 16 Tage seit der Einnähung desselben verflossen waren. Vorsichtig und zögernd wurde mit Hülfe der nach der ersten Operation angefertigten Skizze die Lage der Gallenblase in dem oberen Theile der Wunde festgestellt und präparatorisch die Incision vollendet. Es entleerte sich dickflüssige, theerfarbige Galle; darin fanden sich zwei kaum erbsengrosse, schwarze, rauhe Steine.

Der weitere Verlauf war weniger gestört; zunächst fand sich allerdings immer nur schwarze Galle im Verbande, doch wurde sie am vierten Tag dünnflüssiger und hellgrünlich; zeitweise klagte Patientin noch über Uebelkeit und Schmerzen, die an die alten Qualen erinnerten, doch war wohl etwas Sehnsucht nach Morphium dabei, das früher in grossen Dosen gebraucht, ihr jetzt langsam entzogen wurde. Am 8. Juli sistirte der Ausfluss von Galle vollständig; sofort traten wieder Gallensteinkoliken auf, die wieder aufhörten, als am 11. Juli abermals Galle im Verbande sich zeigte. Von da an besserte sich unter starkem Ausflusse von Galle das Befinden zusehends, bis am 3. August abermals dieselben Störungen sich zeigten, die aber nur vorübergehender Natur waren. Am 8. August schloss sich die Gallenfistel; am 15. August mit granulirender Wunde entlassen. Am 28. September stellte sich Patientin in blühendem Zustande vor; sie hatte 13 Pfund an Gewicht gewonnen, konnte wieder alle Speisen vertragen, während sie seit Jahr und Tag sich mit strenger Diät hatte abquälen müssen.

Der Arzt hatte Jahre lang die Erscheinungen von Seiten der rechten Niere beobachtet; kein Wunder also, dass er an Nierenbecken-Erkrankung festhielt. Der Zufall wollte, dass die früher unzweifelhaft bestehende Pyelitis gerade ihr Ende erreicht hatte, als Patientin in meine Behandlung kam; sie entleerte ohne Beschwerde klaren Urin. Fast hätte mich die Angabe, „dass während der Zeit der Niereneiterung im rechten Hypochondrium wiederholt ein circa faustgrosser Tumor gefühlt worden sei, der mit dem Nachlasse der heftigen pyelitischen Erscheinungen verschwand", auf einen falschen Weg gebracht. Dieser Tumor war aber natürlich nicht die Niere, sondern die damals schon Steine haltende Gallenblase, in der vielleicht ein entzündlicher Process sich etablirte, angeregt durch die Pyelitis. Die Gallenblase der Patientin war als solche wenig disponirt zur Entzündung; der Ductus cysticus war nicht vollständig verlegt, es fand sich theerartige eingedickte Galle in der Gallenblase neben zwei kleinen Steinen. Das Vorhandensein von den letzteren spricht dafür, dass jene Koliken rein entzündlichen Characters waren, nicht Symptome einer Einklemmung; wären diese kleinen Steine überhaupt in den Ductus cysticus hineingelangt, so wären sie auch hindurchgetrieben worden; sie kamen aber augenscheinlich gar nicht hinein. Das Krankheitsbild wurde noch weiter komplicirt durch die Parametritis dextra, wodurch wiederum Druck auf den Ureter entstanden sein konnte mit nachfolgenden Veränderungen des Urines. Da nun der behandelnde Arzt mir als ein besonders tüchtiger Beobachter bekannt war, da er ausschliesslich eine Incision auf die Niere empfohlen hatte, da vorne in der Gallenblasengegend zur Zeit nichts Abnormes zu fühlen war, so gab nur die feste Ueberzeugung, dass unbedingt die hauptsächlichsten Beschwerden von der Gallenblase herrühren mussten, mir den Muth zur Incision, die von so schönem Erfolge gekrönt war; behaglich war mir dabei nicht zu Muthe.

Am häufigsten ist das Leiden mit Wanderniere verwechselt worden; daran war zum Theil die Verwechselung mit dem von mir beschriebenen zungenförmigen Fortsatze Schuld, der sich ja, wenn der Hydrops vesicae felleae im Ruhezustande sich befindet, bequem samt der Gallenblase in die Tiefe der Bauchhöhle treiben lässt, zum Theil handelte es sich um directe Verwechselung mit einer frei unter der Leber hervorragenden Gallenblase, nachdem sich letztere in Folge einer Anstrengung entzündet hatte (No. 14). In zwei Fällen von zungenförmigem Fortsatz (No. 13 und 17) haben die Aerzte gar nichts aus der Sache zu machen gewusst, die Patienten ohne Diagnose geschickt. Ueber die Entstehung des zungenförmigen Fortsatzes habe ich mich schon früher ausgesprochen; meine Annahme, dass die der Gallenblase aufliegende Leberparthie, speciell wenn sie in Gestalt eines Schnürlappens praedisponirt ist, leicht nach unten dem Zuge der Gallenblase folgt, halte ich für ganz sicher, nachdem ein analoges Ausziehen der Lebersubstanz durch einen Echinococcus beschrieben worden ist. Ich kenne recht wohl die gegen diese Annahme gemachten Einwürfe; vielleicht war es besser, der Autor wartete mit seinen Einwürfen, bis ihm der Zufall einen solchen Fortsatz in die Hände spielte. Ueber die Schnelligkeit, mit der ein solcher Fortsatz sich bilden kann, glaube ich, giebt vielleicht eine freilich nicht von mir, sondern von einem als zuverlässig bekannten Arzte gemachte Beobachtung Aufschluss:

Frau Sanno, 38 Jahre alt, ging der Klinik am 14. April 1891 zu mit folgendem Begleitschreiben ihres Arztes: „Aus der Vorgeschichte ist erwähnenswerth, dass Patientin schon seit mehreren Jahren alle paar Wochen einmal 1—2 Tage „Magenkrämpfe" gehabt hat. Seit Anfang März klagte sie auch wieder über plötzlich eingetretene Schmerzen in der Gegend des Magens und der Leber, über Kopfschmerz und heftiges Erbrechen. Seit dieser Zeit ist fast jeden Tag, später jeden zweiten Tag, ein Kolikanfall aufgetreten, sehr häufig mit heftigem Erbrechen. Objectiv war Anfangs März der Befund ein wesentlich anderer als jetzt; ein Tumor war nicht zu fühlen, nur war entlang der unteren Lebergrenze in der Gegend der Gallenblase starker Druckschmerz vorhanden. Die jetzige Geschwulst muss plötzlich entstanden sein; ich habe sie seit etwa 4 Wochen entdeckt; 2 Tage vor ihrer Auffindung war sie noch nicht zu fühlen. Ob sie durch den Brechact erst dem Gefühle zugänglicher geworden ist, wäre wohl denkbar. Die Geschwulst war von Anfang an in strangförmigem Zusammenhange mit der unteren Lebergrenze zu fühlen; Anfangs war ihr tiefster Punkt einige Querfinger breit oberhalb des Nabels, im weiteren Verlaufe sank sie immer tiefer, so dass sie zuletzt unterhalb des Nabels zu palpiren war. Auch nach rechts und links hat sie sich mehrfach verschoben; sie lag Anfangs mehr in der Mittellinie, jetzt nach rechts. Beim Umgreifen der Geschwulst mit den Fingern habe ich mehrmals ein knirschendes, crepitirendes Gefühl gehabt, als wenn eine grössere Anzahl Steine sich an einander verschöbe. Fieber ist nie vorhanden gewesen, desgl. fehlten Icterus und galliger Harn. Der Stuhlgang ist mehrere Male Tage lang mehr grau als braun gewesen; obwohl oft darauf untersucht, sind nie Steine in demselben gefunden worden; ein vollkommenes Fehlen der Gallenfarbstoffe im Stuhl ist nie beobachtet. Es macht den Eindruck, als ob bei vorhandener Durchgängigkeit des Choledochus sich Steine in einem divertikelartig nach unten ausgezogenen Theile der Gallenblase angesammelt hätten. Die Behandlung war im Ganzen eine symptomatische (schmerzstillende Mittel und Bekämpfung des Erbrechens). Gegen die Krankheit selbst habe ich zweimal eine Oelkur (je 150,0) durchmachen lassen ohne Resultat; Salicyl ebenfalls wirkungslos."

Das genauere Examen der Frau ergab, dass das „Magenleiden" schon 15 Jahre bestand; es begann mit halbstündigem Erbrechen, das sich nach einigen Tagen wiederholte, dann aber schon 24 Stunden dauerte unter heftigen Schmerzen. Diese Attaquen wiederholten sich seitdem alle 4 Wochen, waren am schlimmsten während der Lactationsperioden, während Patientin im Laufe der verschiedenen Schwangerschaften nicht sonderlich dadurch belästigt wurde. Vor der Krankheit blühend und kräftig, vielleicht 130 Pfd. wiegend, nahm sie mehr und mehr ab, wog vor 2 Jahren noch 111, vor 1 Jahre 101, in letzter Zeit aber nur 86 Pfd. Patientin giebt ebenso bestimmt als ihr Arzt an, dass 4 Wochen nach Beginn der letzten schweren, gehäuften Anfälle ganz plötzlich der Tumor im Bauch entstanden sei; sie habe Nachts ganz besonders heftige Schmerzen gehabt und dann am nächsten Morgen die Geschwulst wahrgenommen.

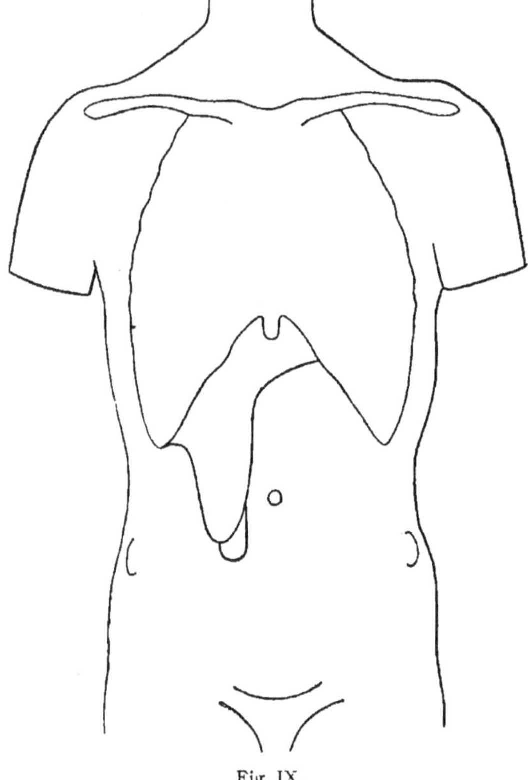

Fig. IX.

Die Untersuchung der frühzeitig gealterten, vollständig ergrauten Frau, deren aschfarbiges Gesicht die Spuren langen Leidens zeigte, ergab deutlich einen langen, breiten Leberfortsatz, der circa 2 cm unter die Sp. U. Linie hinabreicht. Der Rand desselben ist überall als ein scharfer durch die dünnen Bauchdecken hindurchzufühlen, nur unten rechterseits wird derselbe undeutlich. Dort befindet sich, nur in bestimmter Lage im Bette fühlbar, eine anscheinend weiche, schlaffe, kleinapfelgrosse Geschwulst, in der man deutlich an einander reibende Steine fühlt. Sie ist auf Druck nicht sonderlich schmerzhaft; der typische Schmerzpunkt befindet sich circa handbreit weiter oben am Innenrande des Fortsatzes.

Die Incision an der zuletzt erwähnten Stelle (17. April 1891) durch den Rectus abd. gestattet eine genaue Orientirung. Ziemlich breitbasig zieht sich ein dünner Fortsatz von der Leber nach unten, scharf beilförmig sich zuspitzend. Dahinter liegt, nach unten links den Leberfortsatz noch um circa 2—3 cm überragend, die weiche, mit Steinen gefüllte Gallenblase. Um sie in der relativ hoch oben gelegenen Wunde fixiren zu können, wurde sie samt dem Leberfortsatze nach oben umgekippt, was wegen der Dünnheit des letzteren in sagittaler Richtung sehr leicht gelang; er bekam allerdings bei dieser Manipulation in querer Richtung eine starke Runzelung. Nach Fixation der Gallenblase lag oben in dem Schnitte ein Theil der Leber frei, weshalb die Wunde in gewohnter Weise ausgestopft wurde. Reactionsloser Verlauf. 27. April Incision durch eine circa 4 mm dicke Wand; Schleimhaut roth, gewulstet; eine ziemlich erhebliche Menge völlig klarer Flüssigkeit fliesst ab. Darauf werden mit leichter Mühe circa 1 Dutzend grössere und kleinere Steine entleert, erstere meist in zertrümmertem Zustande, circa 2 cm im Durchmesser haltend, letztere dreieckig, kaum 1 cm dick. Zuletzt entdeckt der palpirende kleine Finger noch einen mächtigen Stein, der mit seiner Kuppe in das Cavum der Gallenblase hineinragt. Er sitzt augenscheinlich mit seinem grössten Durchmesser im Anfangstheile des stark dilatirten Ductus cysticus und hat letzteren wiederum mit seinem untersten Ende in den Hohlraum hineingezogen (Fig. V). Das Verhältnis war durchaus so, als wenn ein Fibrom eben mit seiner stumpfen Spitze aus der Portio vaginalis hervorragt, mit seinem grössten Durchmesser aber noch im Cervix sitzt. Wie die Portio in die Vagina hineinragt, so hatte sich das durch den Stein beschwerte untere Ende des Cysticus in das Cavum Vesicae felleae hineingesenkt. Statt des derben Uterus — und in so fern hinkt der Vergleich — hatten wir hier aber einen dünnwandigen, ungemein beweglichen Gang vor uns, den man sich nicht etwa so fixiren konnte, wie einen Uterus von den Bauchdecken aus; er liess sich natürlich gar nicht durch Druck von oben fixiren, weil er hinter der Leber verschwand; fortwährend entwischte der Stein samt umgestülptem Cysticus; ihn daraus zu befreien, war ganz unmöglich, weil man die umgestülpte Partie des Cysticus nicht nach oben, d. h. vom Steine abschieben konnte. Endlich glückte es unter der Führung des Zeigefingers die Spitze des Steines mit der Kornzange zu packen und zu zertrümmern; der Kern des Steines war freigelegt, und nun gelang es leicht, denselben mittelst des Fingernagels auszuhöhlen, bis auch die derberen Wände desselben zusammenfielen.

Trotz der vielfachen Manipulationen erwies sich die Verwachsung der Gallenblase mit dem Peritoneum als durchaus solide, sie gab nirgends nach; dementsprechend war der Verlauf ein durchaus ungestörter. Schon am 24. April floss Galle beim ersten Verbandwechsel, um sich von nun an in erheblicher Menge zu ergiessen. Bald verliess Patientin das Bett; am 7. Mai wurde das Rohr entfernt, da ganz normale Galle abfloss.

Nach einiger Zeit wurde constatirt, dass eine Lippenfistel entstanden war zwischen äusserer Haut und Gallenblasenschleimhaut; letztere hatte sich, weil die Gallenblase sehr gross und sehr schlaff war, leicht nach aussen hinausstülpen, und weil die Bauchdecken bis auf wenige mm verdünnt waren, mit der äusseren Haut in Verbindung treten können. Sie wurde am 27. Mai ringsum von letzterer abgelöst, worauf es leicht gelang, die Fistel zu vernähen, ohne das Bauchfell zu eröffnen; von peritonealen Schwarten umgeben, sank die zugenähte Gallenblase rasch in die Tiefe; die Hautwunde blieb offen. Die Heilungsbedingungen für dieselbe waren sehr ungünstig, da überall Narbengewebe sich befand. Patientin hatte als kleines Kind ausgedehnte ulcerative Processe auf der vorderen Bauch- und Brustwand durchgemacht, die zu grossen Substanzverlusten in der Haut geführt hatten; handgrosse, derbe Narben fanden sich in nächster Nähe der Bauchwunde und zerrten an derselben. Trotzdem hielt die Kranke es nicht mehr lange in der Klinik aus; sie reiste Mitte Juni mit ungeheilter Wunde ab, sonst sich wohl fühlend; ihr Gewicht betrug bald nach der Entlassung 102 Pfund; sie hatte also wenigstens 10 Pfund gewonnen. Zu Hause musste sie gleich wieder arbeiten, so dass die Wunde vielfach gezerrt wurde; sie heilte in Folge dessen erst recht nicht. Deshalb wurde die Kranke am 10. October wieder aufgenommen und Tags darauf das circa 20 Pfennigstück grosse Ulcus samt der übrigen Narbe exstirpirt.

Bei dieser Gelegenheit wurde die unterliegende Gallenblase verletzt, es entstand ein stecknadelkopfgrosses Loch, aus dem reine, klare Galle abfloss; die Sondirung der Gallenblase ergab ein negatives Resultat. Durch quere Verziehung der Längswunde gelang die Naht derselben; wegen der narbigen Beschaffenheit der Bauchdecken liess sich leider der Umfang des zungenförmigen Fortsatzes nicht mit Sicherheit bestimmen; er war bei der Operation in die Höhe gekippt, also dadurch schon verkleinert worden; jetzt schien er noch viel kleiner geworden zu sein.

Die Beobachtungen des sehr tüchtigen Kollegen sind ebenso richtig als interessant, wenn man ihre Deutung versucht. Das plötzliche Entstehen der Geschwulst lässt sich darauf zurückführen, dass vor 4 Wochen der grosse Stein in den Duct. cyst. getrieben wurde; bis dahin war die Blase nur mässig gefüllt; jetzt schwoll sie praller an. Sie war, wie er schreibt, von Anfang an in „strangförmigem" Zusammenhange mit der unteren Lebergrenze; dieser „Strang" war der zungenförmige Fortsatz, den der Kollege gar nicht kannte, trotzdem aber sehr treffend beschrieb; er konnte eben an diesem „Strange" die Geschwulst hin- und herbewegen. Er entdeckte ihn erst, als die „Geschwulst" plötzlich entstanden war; hätte er die Patientin vorher auf einem bequemen Tische untersucht, statt in ihrem Bette, so würde er diesen „Strang" vielleicht trotz der narbigen Beschaffenheit der Bauchdecken gefunden und ihn samt der anhängenden Gallenblase wahrscheinlich als Wanderniere gedeutet haben, da ihm ja der zungenförmige Fortsatz unbekannt war. Ich hätte mich über diese Diagnose durchaus nicht gewundert, hätte sie in früherer Zeit wahrscheinlich selbst gestellt, denn der hier vorliegende zungenförmige Fortsatz war in der Richtung von vorne nach hinten so dünn, dass er unbedingt, dem Zuge der mit Steinen gefüllten Gallenblase folgend, nach hinten in die Tiefe sinken musste, so lange letztere noch nicht prall geschwollen war. Diese durch Einklemmung des Steines bewirkte Schwellung brachte sie nach vorne, und dadurch wurde von einem durchaus objectiven Beobachter der Strang entdeckt; er hatte in der That gewiss schon Jahr und Tag bestanden.

Für die Frage der Raschheit seiner Entwickelung ist bis dahin die Beobachtung des Kollegen irrelevant, aber er bringt gleich weiteres schätzbares Material: er beschreibt, dass die Geschwulst im Verlaufe von 4 Wochen immer tiefer gesunken sei; zuerst war sie ober-, dann unterhalb des Nabels zu fühlen. Re vera fühlte man oberflächlich überhaupt nur den zungenförmigen Fortsatz; erst bei gekrümmter Lage im Bette resp. bei tiefem Umgreifen der Geschwulst palpirte man die Gallenblase mit ihren knirschenden Steinen; sie wird natürlich im Laufe der 4 Wochen auch gewachsen sein, mit ihr aber, wie es scheint, auch der zungenförmige Fortsatz, der, wie die Operation ergab, nur 2 bis 3 cm nach unten und links von der Gallenblase überragt wurde; wir würden also die Möglichkeit des relativ raschen Ausgezogenwerdens der Leber hierdurch constatirt haben.

Aus vorstehenden Zeilen ersieht man, wie grossen Werth die Beobachtungen eines einzelnen, in einem kleinen Orte practicirenden Arztes haben, wenn sie ruhig und objectiv angestellt werden, wie wir durch derartige Beobachtungen gefördert werden in unseren Kenntnissen und ohne dieselben still stehen, weil wir vielfach fertige Zustände vor uns haben, während die Kollegen in der Praxis die „Entwickelung des Leidens" zu studiren Gelegenheit haben. Ich benutze die Gelegenheit, meinem guten Beobachter den besten Dank auszusprechen.

Dass der zungenförmige Fortsatz allein nicht zur Diagnose ausreicht, habe ich wiederholt*) hervorgehoben; er muss mit einem Gallensteinkolikanfall ohne Icterus zusammen vorkommen, um eine pathognostische Bedeutung zu gewinnnen; ob dieser Anfall 1 oder 10 Jahre zuvor stattfand, das ist gleichgültig, wenn er nur überhaupt vorhanden war; fehlt er, so wird man bei kleinem Fortsatze an Schnürlappen, bei grossem event. an rechtsseitige Wanderniere denken. Selbstverständlich schwankt die Grösse desselben, auch wenn eine Gallenblase dahinter steckt, in weiten Grenzen, sowohl was Länge, wie Breite und Dicke angeht. Ich hatte das Glück, gleich zum Entrée einen sehr schmalen, langen, dünnen, beilförmig endenden Fortsatz zu treffen, daher mein Interesse für denselben, zumal der Fall „zwecks Anlegung einer Bandage wegen Wanderniere" dem Hospitale überwiesen worden war (No. 3). Immerhin gebe ich zu, wie schon oben bemerkt, dass ich gelegentlich da noch einen isolirten Fortsatz annahm, wo der rechte Leberlappen in toto nach unten vergrössert war. Weitere Fälle von Verwechselung des zungenförmigen Fortsatzes mit Wanderniere sind folgende:

Frau Johanna Schmidt, 66 Jahre, Rudolstadt, aufg. 25. Juni 1889. (No. 11.)

Unter der Diagnose „Wanderniere" geht die magere, sonst gesunde Frau, die vor drei Jahren ein einziges Mal einen Schmerzanfall von zwölfstündiger Dauer gehabt hat, der Klinik zu. Ohne Narkose sieht und fühlt man deutlich einen grossen zungenförmigen Leberfortsatz mit wenig scharfem Rande, dessen unterste Spitze die Verbindungslinie von Nabel und Spina ant. sup. um circa zwei cm überragt. Dieser Fortsatz lässt sich sehr leicht weit nach hinten drücken, ähnlich

*) Berl. K. Woch. 1888.

einer Wanderniere, verschwindet aber nicht, wie diese, hinten im Bauchraume, sondern nimmt bei nachlassendem Drucke sofort die alte Stelle wieder ein. An der medialen Seite des Fortsatzes fühlt man einen hinter demselben hervorkommenden, etwa wallnussgrossen Tumor, der die Bewegungen desselben mitmacht, sich von demselben nicht erheblich abdrängen lässt. Bei Palpation desselben fühlt man ein leises Knirschen.

29. Juni. Schnitt durch den Rectus abdominis. Gallenblase mit vielen kleinen Steinen gefüllt, deutlich zu fühlen. Der scharfe mediale Rand des Leberlappens wird nach aussen gedrängt, die Gallenblasenwand ringsum in die Wunde eingenäht. Tamponade.

6. Juli. Incision der Gallenblase ohne Narkose. Wand circa $^3/_4$ cm dick, 223 Steine extrahirt, darunter wohl 18 fast kirschengrosse, während die übrigen erbsengross sind; Form meist tetraëdrisch, Farbe dunkel; dazu viel galliger Schleim, zuletzt kommt Galle.

Im Laufe des Juli wird permanent Galle entleert, am 31. Juli Rohr entfernt. Patientin entlassen ohne jegliche Beschwerde stellt sich 15. August vollkommen geheilt, blühend vor.

Dorothea Wildschütz, 55 Jahre, aufg. 21. Februar 1890. (No. 14.)

Patientin hatte als Mädchen Nervenfieber, später Wechselfieber; vor 10—15 Jahren litt sie vielfach an Magen und Leber, hatte angeblich Leberanschwellung, so dass sie viel geschröpft wurde; sie befand sich dann leidlich, blieb aber immer blass und mager, konnte mancherlei Speisen nicht essen. Im März 1889 wollte sie ein schweres Thor ausheben, bekam dabei plötzlich einen Schmerz in der Lebergegend, musste drei Wochen lang das Bett hüten, bemerkte sofort einen Klumpen in der Gallenblasengegend, der sehr beweglich, vom Arzte für eine Wanderniere gehalten wurde, die mit der Leber verwachsen sei. Sie litt während der drei Wochen an Appetitmangel und Uebelkeit, bitterem Geschmack im Munde; Erbrechen trat nicht ein, ebenso fehlte Fieber; es bestand Verstopfung. Dann konnte sie wieder leichte Arbeit verrichten, doch blieb ein brennender Schmerz in der Lebergegend zurück. Im August 1889 musste sie $1^1/_2$ Tag lang fortwährend Galle erbrechen; sie nahm in sieben Wochen achtzehn Pfund ab. Seit vierzehn Tagen ist die Geschwulst erheblich schmerzhafter geworden. Nie Icterus.

St. p.: Sehr grosse magere Frau. Rechts vom Nabel, nach unten denselben um 1 cm überragend, eine rundliche Geschwulst durch die Bauchdecken sichtbar, mit der Athmung auf- und absteigend, leicht druckempfindlich; sie hängt mit der Leber zusammen; Grenze zwischen beiden undeutlich. Leber nicht nachweisbar vergrössert. Stuhl gallig gefärbt; kein Icterus, Urin frei von Eiweiss.

25. Februar. Incision in den Rectus neben dem Nabel. Nach Eröffnung des Bauchfelles präsentirt sich ein dünner Leberlappen, dessen linker Rand fast senkrecht nach abwärts verläuft: über den rechten Rand desselben bleibt man im Unklaren. Unter diesem Leberlappen, nach links hin ihn überragend, sieht man die prall gefüllte grosse Gallenblase, bläulich weiss, glatt. Netz leicht und oberflächlich damit verwachsen. Steine nicht zu fühlen. Naht von Blase und Peritoneum gelingt leicht in grosser Ausdehnung.

6. März. Nach reactionslosem Verlaufe heute Incision ohne Narkose. Anlöthung ist gut ringsum erfolgt. Wand nur 3—4 mm dick; wenig klare Flüssigkeit entleert sich. Steinlöffel fördert dicken Satz von honigähnlichem cholestearinreichem Sediment zu Tage. Dann fühlt man in der Tiefe der auffallend weiss glänzenden Gallenblase einen grossen Stein, der völlig unbeweglich ist; er wird zersprengt, und aus den Bruchstücken erkennt man, dass er zwerchsackartig gestaltet ist; um den mittleren dünnen Theil des Steines hatte sich die Gallenblase fest zusammengeschnürt.

Nach Entfernung des ersten ca. 3 cm langen und 2 cm dicken Steines wird noch ein zweiter extrahirt, der durch den ersten von unten her hohl geschliffen ist.

Schon am nächsten Tage fliesst viel Galle ab, die Drainage wird Ende März entfernt, Patientin am 2. April entlassen; laut Bericht ihres Arztes vom 11. April ist die definitive Heilung bald hernach eingetreten.

Im ersten Falle liess sich der zungenförmige Fortsatz genau abtasten, im zweiten konnte man über den lateralen Rand desselben nicht ganz ins Klare kommen, weshalb dieser Fall oben nicht als zungenförmiger Fortsatz (in toto 12 Fälle) mit verrechnet ist, obwohl er wahrscheinlich, wenn auch in wenig ausgebildetem Zustande, existirte. Der betreffende Arzt, ein sehr tüchtiger Diagnostiker, hätte gewiss nicht an Wanderniere gedacht, wenn nicht etwas Abnormes vorgelegen hätte; erst die in letzter Zeit zunehmende Vergrösserung der Geschwulst machte ihn betreffs der Diagnose stutzig und veranlasste ihn, die Kranke der Klinik zu überweisen.

9mal war am medialen oder unteren Rande des zungenförmigen Fortsatzes die Gallenblase fühlbar, 3mal nicht; man muss mit sehr leiser Hand palpiren, um den dünnen, scharfen, der Gallenblase aufliegenden Rand des Fortsatzes zu fühlen; oft ist dies ganz unmöglich, weil er messerartig dünn endet; in anderen Fällen kann man ihn von der Gallenblase leicht abheben, weil er dieselbe um $1/2$ bis 1 cm überragt; dann richtet man leicht den scharfen Rand nach vorne auf und fühlt ihn sehr genau.

Aber nicht bloss die Existenz dieses Fortsatzes giebt Veranlassung zur Verwechselung der Gallensteinkrankheit mit Nierenaffectionen, sondern auch der Umstand, dass in der That zuweilen der Schmerzpunkt viel zu viel nach unten und rechts hin angegeben wird. Wir haben schon oben einen Fall genauer beschrieben (No. 20), der diese Eigenthümlichkeit zeigte. Der Schmerzpunkt war 5 cm nach rechts und unten vom Nabel so ausgesprochen, fehlte weiter hinauf so vollständig, dass zuerst unten eingeschnitten und dann, als man auf normales Colon transversum kam, der Schnitt nach oben hin verlängert wurde. Hier lag allerdings eine Complication mit rechtsseitiger Parametritis vor, aber letztere war anscheinend völlig abgelaufen; nur links bestand noch Schmerz wegen chronischer Oophoritis. Nun habe ich noch eine zweite Kranke mit dem gleichen Symptome, dem Schmerze rechts unten vom Nabel; derselbe hat Jahre lang Veranlassung zur Diagnose auf Wanderniere gegeben. Diese Diagnose ist Schuld, dass trotz des zeitweise bestehenden Icterus immer die Hauptschuld an den Beschwerden der Wanderniere zugeschrieben wurde. Ich habe auch zuerst selbst an die Wanderniere geglaubt, bin aber nachträglich durch Beobachtung des weiteren Verlaufes zu der Annahme gekommen, dass ich mich event. getäuscht haben kann:

Frau B., 45 Jahre alt, aufg. 20. Juni 1891, No. 36.

Im Jahre 1872 wurde Patientin nach einem Wochenbette plötzlich von einem heftigen Krampfanfalle heimgesucht, der unter Athemnoth sich so steigerte, dass sie zu ersticken glaubte, er trat in der Magengegend auf und erstreckte sich bis in die rechte Seite. Nach einstündiger Dauer endete der Anfall mit einer starken blutigen Darmentleerung, der viel Schleim beigemischt war. Seit jener Zeit litt Patientin stets an periodischen Schmerzanfällen, die bald für lange Zeit, bis zu einem Jahre, aussetzten, bald sich oft wiederholten, besonders durch Anstrengungen, Nachtwachen u. s. w. hervorgerufen wurden.

Diese verhinderten sie aber nicht, ihren ehelichen Pflichten in tapferster Weise nachzukommen; sie schenkte 9 ausgetragenen Kindern das Leben und abortirte 3mal. Im Jahre 1887 litt Patientin in Folge eines Wochenbettes an Gebärmutterblutungen von 4monatlicher Dauer; sie wurden durch Auskratzung der Gebärmutter beseitigt. Bald nachher traten die ersten Krampfanfälle mit Gelbsucht auf, so dass Patientin nach Carlsbad geschickt wurde. Nach dem ersten ½ Glase Mühlbrunnen traten so heftige Koliken auf, dass Patientin mehrere Tage liegen musste; Sprudel half ebensowenig, so dass die inzwischen dem Morphium arg verfallene Kranke ungeheilt nach Hause zurückkehrte. Dort entwickelte sich zunächst eine Mastdarmfistel, deretwegen sie operirt wurde; später eine Mittelohreiterung, deretwegen sie wieder in Berlin operirt wurde. Vor 5 Jahren entdeckte ihr Hausarzt eine rechtsseitige Wanderniere, die aber anscheinend wenig Beschwerden machte. In den Pausen zwischen den Gallensteinkoliken war die Kranke zu allen möglichen körperlichen Strapazen geneigt; sie fuhr und ritt, stürzte sich als gute Schwimmerin ins tiefste Wasser, liess sich in keiner Weise von ihrer Krankheit unterkriegen, nur wurde der Gebrauch von Morphium immer grösser.

Seit 2 Jahren wurden die Gallensteinkoliken immer heftiger, Urin oft dunkelbraun, krampfartig während der Anfälle entleert. Im Herbste 1890 waren letztere mehrfach von 40,0 Temperatur begleitet, im Mai 1891 in Montreux von 40,4. Nach langen Fahrten, nach Anstrengungen konnte Patientin stets auf Kolikanfälle rechnen, die in der letzten Zeit immer deutlicher in der rechten Seite auftraten. „Ein schwaches Krampfen leitet sie ein, als ob man innerlich zerfleischt wird; heftige Athemnoth, Schweiss, Zittern am ganzen Körper, Röcheln; Zunge ganz trocken, brennender Durst; der Schmerz greift in den Rücken über bis unter die Schulterblätter, Aufstossen, oft ¼ Stunde lang, ganz laut, ohne jeglichen Geschmack."

Status praesens: Kräftige Frau, sehr lebhaft und aufgeregt. Unterer Rand der Leber nicht nachweisbar; Schmerzpunkt in der muthmasslichen Gegend der Gallenblase undeutlich; tiefer abwärts neben dem Nabel wird Druck schmerzhafter empfunden, undeutliche Resistenz daselbst. Uterus ohne Portio (wohl früher entfernt) augenscheinlich durch alte Stränge in den Parametrien etwas fixirt, Ovarien desgleichen.

Ohne Zweifel ein complicirter Fall: abgelaufene entzündliche Prozesse in den int. Genitalien, Wanderniere, die aber ebensogut eine extrem gefüllte nach abwärts gesunkene Gallenblase sein konnte.

23. Juni 1891. Incision hoch oben durch den rechten Rect. abd. Nach Eröffnung des Periton. zeigt sich, dass die rechte Niere vielleicht etwas beweglicher ist, als sie normaler Weise sein sollte. Leber schneidet mit dem Rippenbogen ab, darunter schaut der Fundus der grauweissen, verdickten, ziemlich stark gefüllten Gallenblase heraus; ganz in der Tiefe, im Blasenhalse einige kleine Steine fühlbar. Die Annähung der nirgends verwachsenen Gallenblase gelingt sehr leicht.

Verlauf durch vielfache „Krämpfe" gestört, excessive Rückenschmerzen; Menses treten ein, profuse, 8 Tage dauernd. Morphium bis zu 3 Centigr. pro Die verbraucht (früher bis zu 3 Decigramm); leichtes Abendfieber dabei.

Bei der starken Junihitze (26° im Schatten) riecht der Verband etwas, deshalb

30. Juni 1891: Incision. Gallenblasenwand nur wenig verdickt. Viel dunkle flüssige Galle in der Blase; es werden ohne Mühe 27 dreieckige facettirte, circa 1 cm dicke dunkelgelbe Steine extrahirt, sämtlich lose sitzend.

1. Juli 1891: Viel Galle ausgeflossen; in der Wunde liegt Stein No. 28. In den nächsten Tagen profuser Ausfluss, so dass jeden Tag Verband gewechselt werden muss.

9. Juli: Rohr entfernt, die Galle vollständig normal.

12. Juli: Ausfluss hat aufgehört.

13. Juli: Angeblich wieder Krämpfe, die wohl auf das Unterleibsleiden zurück zu führen sind.

26. Juli: Rasch fortschreitende Heilung der Wunde; Patientin schon längere Zeit ausser Bett.

1. August: Mit kleiner granulirender Wunde entlassen.

Laut Brief vom 25. September vollkommen wohl; fährt, schwimmt, reitet.

15. October 1891 vorgestellt; 26 Pfund an Gewicht zugenommen, völlig frei von Beschwerden.

Hätte die Kranke wirklich eine ausgesprochene Wanderniere gehabt, und wäre der Schmerz beim Drucke rechts vom Nabel auf letztere zu beziehen gewesen, so ist nicht einzusehen, warum dieser Schmerz jetzt vollständig verschwunden sein sollte. Das Problem von der Wanderniere ist allerdings ja noch lange nicht gelöst. Man begreift nicht, warum manche Menschen von ihrer notorischen Wanderniere wenig oder gar keine Beschwerden haben, während andere nicht einmal leise rotirende Bewegungen des gut fixirten Organes vertragen; aber unsere Kranke sollte vor der Operation der Gallensteine Schmerzen von ihrer Wanderniere gehabt haben, nach derselben nicht mehr? Das ist etwas unwahrscheinlich. Nun ist es meiner Erfahrung nach nicht leicht, sich von einer kleinen Bauchwunde aus darüber zu orientiren, ob eine Niere gut fixirt ist oder nicht, zumal diese Fixation, wie ich glaube, in ziemlich weiten, physiologischen Grenzen schwankt. Genug, es ist möglich, dass ich mich betreffs der mangelhaften Fixation der Niere irrte, und dass wir eine zweite Kranke mit Schmerzpunkt rechts unter dem Nabel vor uns haben; allerdings litt auch sie an abgelaufener Parametritis, so dass man auf perverse Empfindungen gefasst sein musste. Rein sind also beide Fälle nicht, aber sie sind ungemein wichtig, weil sie beweisen, dass mit Rücksicht auf diesen Schmerzpunkt Jahre lang das Hauptleiden, die Gallensteinkrankheit, mehr in den Hintergrund gestellt wird bei der Therapie, wenigstens nicht genügend berücksichtigt wird (vergleiche auch unten den letzten Fall von Adhaesionen).

Kehren wir, nach dieser Abschweifung ins Gebiet der schon mit Icterus verlaufenden Gallensteinkoliken, zur reinen Gallenblasensteinkolik zurück, so resultirt aus dem gegebenen Materiale, dass die Diagnose derselben viel leichter ist, als die Diagnose der Gallensteinkrankheit ohne Koliken. Letztere führte 4 mal zur Probeincision bei mehr oder weniger grossem Verdachte auf Gallensteine, jene nur 2 mal bei Verwechselung mit acut oder subacut auftretenden Niereneiterungen. In allen anderen Fällen wurden die diagnostischen Schwierigkeiten überwunden, oder es waren überhaupt keine vorhanden. Die acuten oder subacuten Schmerzattaquen mit Auftreibung des Leibes, oft mit Erbrechen, das langsame Ausklingen dieser Schmerzanfälle gegenüber der beim Durchtritte von Steinen auftretenden plötzlichen Euphorie, die oft Tage und Wochen lang sich wiederholenden Anfälle, der bald stärkere, bald weniger stark hervortretende Druck vor dem Magen in der anfallsfreien Zeit, der allerdings nicht selten ganz fehlt, dazu die objectiven Symptome von der deutlich fühlbaren Gallenblase an bis zum Versecktsein hinter dem zungenförmigen Fortsatze, alle diese Symptome, bald mehr, bald weniger hervortretend, sicherten die Diagnose; andere Male war sie mehr per Exclusionem zu stellen, ein Weg, der deshalb oft mit Glück betreten wird, weil in der That Gallensteine ungemein häufig sind; wenn Jemand wiederholt Schmerzattaquen gehabt hat im Laufe von Jahren mit relativ guten Zeiten dazwischen, in seiner Ernährung nicht allzu sehr dadurch geschädigt ist, so handelt es sich immer um die Frage: „Was kann es anders sein als Gallensteine?" Auch wenn man die Gallenblase nicht fühlt, werden die Schmerzanfälle für Gallensteine sprechen. Diese Schmerzanfälle werden ja meist als „fürchterlich, entsetzlich" beschrieben; ich glaube aber nicht, dass sie bei reiner Entzündung des Hydrops vesicae felleae — und darum handelt es sich ja zumeist — jemals denen an Intensität gleichen, welche durch Einklemmung resp. Wanderung der Steine entstehen, relativ intacte Gallenwege vorausgesetzt, während ja die Einklemmung von Steinen in stark veränderte Gallenwege augenscheinlich wenig schmerzhaft ist.

Weil der Hydrops vesicae felleae zunächst ein lokales Leiden ist, sich auf die Gallenblase selbst beschränkt, keine allgemeine Leberschwellung zur Folge hat, höchstens circumscript die Leber auszieht in Gestalt des zungenförmigen Fortsatzes, — so fühlt man in den meisten Fällen entweder die Gallenblase selbst oder wenigstens den zungenförmigen Fortsatz mit der Gallenblase dahinter mehr oder weniger deutlich. Beide Momente: Schmerzattaque und fühlbare Gallenblase, sichern die Diagnose so häufig, dass sie im Allgemeinen nicht als schwierig zu bezeichnen ist; vor allen Dingen sind die Skrupel in Betreff der Behandlung hier viel geringer, als bei der Gallensteinkolik mit Icterus.

b) Die Gallensteinkrankheit mit Icterus.

Das Auftreten des Icterus ist der Wendepunkt im Dasein der Gallensteinkranken; entweder er führt zum Guten — bei kleinen Steinen durch Abgang derselben per vias naturales — oder zum Bösen; die guten Fälle sieht der Chirurg nicht, nur die bösen, in denen entweder kleine Steine nicht durch wollen oder, was viel häufiger ist, in denen die Steine so gross sind, dass sie nicht hindurch können. Weil er nur die bösen Fälle bekommt, so sieht er fast nie das von Fürbringer gezeichnete Bild der Gallensteinkolik mit all seinen entsetzlichen Qualen und seinem „plötzlichen Ende unter unbeschreiblicher Euphorie". Dieses plötzliche Ende tritt ein, weil der Stein durch die Papille hindurch in den Darm gejagt ist; bei unseren Kranken geht er nicht hindurch, sondern wieder zurück in den dilatirten Duct. chol., nachdem er eine Zeit lang sich vergebens bemüht hat, die Papille zu passiren; so lange diese Bemühungen dauern, wird der Kranke lebhaften Schmerz empfinden; letzterer wird mehr oder weniger langsam abklingen, weil der Stein ja nur retour wandert, nicht den Gang vollständig verlässt. Der Schmerz wird aber wohl nie so intensiv sein, als bei dem von Fürbringer beschriebenen Anfalle, weil dabei kleine Steine durch enge, mit mehr oder weniger normaler Schleimhaut versehene Gänge hindurch gehen, während hier meist grössere Steine im stark dilatirten und entsprechend veränderten Ductus choledochus ihr Wesen treiben.

Neben diesem auf dem Vorhandensein von Steinen im Ductus choledochus beruhenden Icterus existirt nun, wie oben erwähnt, ein lediglich „begleitender", auf Fortsetzung der Entzündung von Gallenblasenwand auf den Duct. chol. beruhender. Er zeichnet sich dadurch aus, dass er vorübergehender Natur ist, dass er nicht bei jedem Gallensteinkolikanfalle auftritt, so dass letztere zwischendurch ohne Icterus verlaufen, weiter dadurch, dass er die Leber wenig oder gar nicht tangirt, während der auf Steinen im Duct. chol. beruhende, „reell lithogene," Icterus meist Vergrösserung der Leber in toto zur Folge hat. Diese Vergrösserung der Leber trifft oft zusammen mit Verkleinerung der Gallenblase; letztere hat ihren oder ihre Steine in den Ductus choledochus entleert und sinkt deshalb zusammen; beide Momente zusammen: Lebervergrösserung und Gallenblasenverkleinerung, bewirken, dass wir die Gallenblase meist in diesen Fällen nicht fühlen können im directen Gegensatze zur Gallensteinkolik ohne Icterus. Selbst wenn die Gallenblase Steine behält nach Expulsion anderer, pflegt sie zusammen zu schrumpfen; bei vielen Steinen bleibt sie natürlich gross (No. 37), schrumpft ausnahmsweise selbst dann nicht, wenn der Stein per vias naturales abgegangen ist (No. 23), kann aber auch zu einem kleinfingerdicken Pürzelchen entarten (No. 48). Aber selbst wenn grössere Mengen von Steinen in der Gallenblase zurückbleiben, können wir dieselben nicht fühlen, weil sie ausserhalb der Anfälle weich ist; sie communicirt eben hier mit dem Duct. choled., es sei denn, dass der Duct. cysticus obliterirt ist (No. 35 und 39).

Aus Vorstehendem folgt, dass durch das Auftreten des auf Steinbildung im Duct. choled. beruhenden Icterus die Orientirung über den lokalen Befund erschwert, ja eigentlich oft unmöglich wird. Hierdurch entsteht eine ziemlich erhebliche Fehlerquelle gegenüber allen denjenigen Affectionen, welche durch Druck anf den Ductus choledochus von aussen zur Gallenstauung führen, desgl. gegenüber denjenigen Krankheiten der Leber selbst, die zu Vergrösserung des Organes und zu Icterus Anlass geben (perniciöse Fieber, maligne Neubildungen u. s. w.). Berücksichtigen wir nun nochmals den oben erwähnten „entzündlichen" Icterus, so ist auch er im Stande, die Orientirung über den localen Befund zu erschweren. Während in den meisten Fällen auftretender Icterus das Hineinwandern von Steinen in den Duct. chol. bedeutet, ist das hier nicht der Fall; wir können zu Beginn des Icterus überhaupt gar nicht wissen, welche Art von Gelbsucht vorliegt; erst die weitere Beobachtung, das Permanentwerden des Icterus, die Leberschwellung bringt Klarheit, doch haben wir oben schon erwähnt, dass ausnahmsweise der Icterus auch bei vielen Steinen im Duct. choled. nicht permanent zu werden braucht (No. 27), Leberschwellung fehlen kann (No. 37).

So werthvoll also der Icterus für die Diagnose von Gallensteinen im Allgemeinen ist, so muss man sich doch darüber klar sein, dass mit seinem Auftreten eine ganze Anzahl neuer Fragen auftaucht, deren Beantwortung für die Therapie von mehr oder weniger grossem Interesse ist. Zu ihnen gehört auch die ungemein wichtige Frage: „Hat ein Kranker, nachdem er so und so viele Anfälle von Gallensteinkolik mit Icterus durchgemacht hat, noch Steine bei sich, oder sind sie alle durchgegangen, oder nur theilweise?" Doch diese Frage kommt zuletzt; zuerst handelt es sich darum, zu entscheiden, hat der Kranke „entzündlichen" Icterus oder „reell lithogenen"?

Die einschlägigen Fälle von „begleitendem, resp. entzündlichem Icterus"*) sind theils früher (No. 22, 24 und 30) genauer publicirt worden, theils in vorstehender Arbeit bei der Besprechung anderer Themata (No. 34 u. 36) erwähnt; es restirt noch ein beweisender Fall:

Marie Feuerbisch, 70 Jahre alt, Weimar, aufg. 1. August 1889, No. 28.

Früher stets gesund; seit zwei Jahren öfter sich wiederholender Magencatarrh. Vor sechs Wochen erkrankte sie plötzlich mit „fürchterlichen" Schmerzen in der

*) Ich bezeichne diesen Icterus bald als „entzündlichen" bald als „begleitenden".

Leber und der linken Seite, die bis zur Wirbelsäule ausstrahlten; alles Genossene wurde erbrochen; vor drei Wochen will sie im Gesichte gelb gewesen sein. Schmerzen traten für mehrere Stunden auf, sobald sie etwas genossen hatte, zuweilen auch, wenn sie nichts zu sich genommen hatte. In den letzten vierzehn Tagen liess das Erbrechen nach.

Stat. pr.: Blasse, sehr magere Frau; livide Lippen, Puls 84, regelmässig. A. rad. geschlängelt. Leichtes Emphysem, sonst Brustorgane normal. Schmerzen in der Gegend des linken Rippenbogens bis hinten zur Wirbelsäule nach jeder Aufnahme von Speisen. Bauchdecken sehr schlaff; Nabel sitzt auffallend hoch. Mit grosser Deutlichkeit fühlt man einen vier Finger breiten zungenförmigen Leberfortsatz, der 1 cm unter die beide spinae verbindende Linie hinabreicht. Derselbe ist sehr verschieblich; undeutlich fühlt man einen runden Tumor darunter. Kein Icterus.

5. September. Incision in den rechten Rectus unterhalb der Nabelhöhe. Unter einem ganz atrophischen Leberfortsatze mit papierdünnen Rändern liegt stark gefüllt die gelblich grün gefärbte Gallenblase, die in gewöhnlicher Weise fixirt wird.

15. September. Nach reactionslosem Verlaufe Incision der Gallenblase. Wand sehr dick. Goldgelbe Galle fliesst heraus. Mit der Kornzange werden grosse Mengen von Steintrümmern entleert; die Zusammensetzung derselben beweist, dass drei ca. 2 cm im Durchmesser haltende. Steine in der Blase steckten, zwei glatte und ein höckeriger; sie waren im Centrum schwarz, an der Oberfläche gelb.

28. September. Galle fliesst sehr reichlich aus. Starkes Eczem um die Fistel.

31. October. Drain seit einiger Zeit entfernt. Fistel hat sich geschlossen; die Kranke befindet sich vollkommen wohl und wird entlassen. Patientin ist dauernd gesund geblieben, bis sie im Sommer 1891 am Typhus zu Grunde ging.

Hier hatte wahrscheinlich Hydrops vesicae felleae bestanden in Folge von uralten Concrementen in der Gallenblase; dann war es zur Entzündung des Hydrops gekommen; die Entzündung hatte sich auf Ductus cysticus und choledochus fortgesetzt und hatte Icterus zur Folge gehabt. Dann war die Entzündung zurückgegangen, der Duct. cyst. sogar wieder durchgängig geworden, so dass bei der Incision in die Gallenblase statt Serum reine Galle abfloss. Die Fortsetzung der Entzündung auf den Ductus choled. hatte „vorübergehenden“ Icterus zu Stande gebracht, wie er in allen übrigen Fällen von „begleitendem Icterus“ auch vorübergehend war.

Ein derartiger vorübergehender Icterus wird gewiss nicht selten mit einem catarrhalischen verwechselt; die Erscheinungen von Seiten des Magens drängen sich so in den Vordergrund, dass man einen Gastroduodenalcatarrh mit Uebergreifen auf den Ductus choledochus diagnosticirt. Wenn ein derartiger Catarrh heftige Schmerzen verursacht, sollte man wohl immer Gallensteine mit ins Auge fassen, falls erwachsene Leute daran erkranken; Steine stecken gewiss öfter dahinter, als man im Allgemeinen annimmt; die weitere Beobachtung des Kranken, der objective Befund werden event. den Fall klar stellen.

Nicht weniger wichtig ist die Beantwortung der zweiten oben aufgeworfenen Frage: Beruht der Icterus auf Concrementen im Ductus choledochus, oder wird der Icterus durch Entzündungen resp.

Neubildungen in der Wand des Duct. chol. selbst oder auch in dessen Umgebung hervorgerufen? Wir haben oben schon der zahlreichen Affectionen gedacht, welche hier comprimirend wirken können, zum Glücke aber nur 2 derartige Kranke in Behandlung bekommen, wobei wir genugsam Gelegenheit hatten, uns von der Schwierigkeit der Diagnose zu überzeugen, zumal in dem einen Falle Complication von sehr deutlich nachweisbaren Gallensteinen mit Carcinom des Duodenum bestand: während im 2. Echinococcus hep. vorlag:

Julius W., 34 Jahre alt, aufg. 15. September 1888, No. 43.

Der früher kerngesunde kräftige Gutsbesitzer bekam am Neujahrstage 1885 plötzlich während einer Schlittenpartie heftiges Erbrechen und Schmerzen im Leibe, „als wenn derselbe auseinander springen wollte“. Die Schmerzen gingen durch Morphium vorüber, wiederholten sich aber anfallsweise 6—7 mal im Laufe der nächsten 14 Tage. Darauf war Patient wieder gesund bis zum April 1888; Mitte dieses Monats I. Anfall; am 30. Juli folgte ein neuer, an den nun zahlreiche Attaquen im Laufe der nächsten 3 Wochen sich anschlossen. Der Leib war dabei so empfindlich, dass nicht einmal die Berührung des Hemdes geduldet wurde. Ungefähr 8 Tage nach Beginn der Anfälle trat Icterus ein, die Stühle wurden farblos, Patient verlor rasch an Gewicht, weil der Appetit fehlte; alles Genossene wurde auch wieder erbrochen. Allmählich kamen die Anfälle seltener, aber die Empfindlichkeit des Leibes, der Icterus blieb. Anfang September schien ein neuer Anfall zu kommen, weshalb Patient sich nach Jena zur Operation begab.

St. praes.: Blasser icterisch gefärbter Mann von mittlerer Ernährung. Leib in der Lebergegend vorgetrieben, Leberdämpfung in der P. linie 18 cm. Unterer Rand der Leber deutlich fühlbar; er ist glatt und hart. Gallenblase nicht nachweisbar.

18. September 1888: Incision durch den rechten Rect. abd.; Leberoberfläche gefleckt, als ob entzündliche Processe darin spielten.

Gallenblase sehr gross, schmutzig-gelb verfärbt, schaut unter der Leber etwas hervor, Steine nicht zu fühlen.

Naht der Gallenblase an die Bauchdecken und sofortige Incision; zunächst entleert sich Galle, dann kommt Eiter in grosser Menge, endlich eine Echinococcenblase. Jetzt liess sich eine fluctuirende Geschwulst hinter der Gallenblase nachweisen. Punction durch die hintere Wand derselben; der Troicart fällt, nachdem eine circa 1 cm dicke Gewebsschicht durchtrennt ist, in einen grossen mit Eiter gefüllten Hohlraum; deshalb Spaltung der hinteren Wand der Gallenblase von dem Troicartstiche aus, Entleerung einer grossen Menge von Eiter und von Echinococcenblasen. Vernähung des Echinococcensackes mit der Gallenblase, Drainage beider Hohlräume.

Verlauf günstig. Eiterung profuse, so dass der Verband jeden zweiten Tag gewechselt werden muss; beständige Entleerung von Echinococcenblasen bis zum 27. October; die letzte entleert sich am 8. November. Nachdem noch vereinzelte Störungen (leichtes Abendfieber, einmal sog. Schüttelfrost) überwunden waren, schloss sich die Fistel Anfang Februar 1889. Patient gewann vierzig Pfund an Gewicht und ist dauernd gesund geblieben.

Adolph Sperber, 57 Jahre, Rudolstadt, aufg. 23. Juli 1891. No. 51.

Aus gesunder Familie stammender Mann von kräftigem Körperbau. (Vater wurde, 75 Jahre alt, vor 20 Jahren im besten Wohlsein als Chaussee-Einnehmer ermordet; der nur 40 Gulden erobernde partiell gelähmte Mörder wurde zu lebenslänglichem Zuchthaus begnadigt und lebt noch heute auf Kosten von Schwarzburg-

Rudolstadt.) Patient giebt an, vor zwanzig Jahren ein einziges Mal wenige Tage lang an heftigen Leibschmerzen gelitten zu haben; kurze Zeit sei der Stuhlgang farblos gewesen, doch habe keine Gelbsucht bestanden; ihm sei ein bestimmtes Wasser verordnet, das auch gut gewirkt habe, denn er sei, abgesehen von einzelnen leichten Attaquen von Magenschmerzen, morgendlichem Erbrechen und Verdauungsstörungen immer gesund gewesen, habe 160 Pfund gewogen und seine Thätigkeit als Bureaudiener nie auszusetzen gebraucht. Am 6. April 1891 habe er plötzlich erheblichere Schmerzen verspürt, zwei Tage später sei er gelb geworden und bis dato auch gelb geblieben; oft habe ihn Hautjucken in hohem Maasse gequält; er habe weder essen gedurft noch gekonnt, sei rapide abgemagert. Sein Arzt habe von Leberschwellung und Darmkatarrh gesprochen, Gallensteine nie erwähnt.

Die Untersuchung des tief dunkelgelb gefärbten Mannes ergab, dass der untere Rand der sehr harten Leber deutlich fühlbar schräg durch das Hypochondrium nach links und aufwärts verlief; in der Mammillarlinie ragte dieselbe circa 2—3 cm unter dem Rippenbogen hervor. Ziemlich weit nach rechts, 3 cm von der Mittellinie entfernt, fühlte man deutlich die Incisura umbilicalis; es war also die Leber erheblich nach rechts hinübergesunken. Etwas nach aussen von der Papillarlinie liess sich leicht unterhalb der Leber eine derbe knotige Geschwulst nachweisen; ihre Contouren waren sehr undeutlich, auch lag sie anscheinend sehr tief, so dass adhaerentes Netz nicht unwahrscheinlich erschien. Bauchdecken weich und schlaff, weil das Gewicht des Mannes auf 116 Pfund gesunken war.

Stuhlgang ohne Färbung, Urin ohne Eiweiss aber viel Gallenfarbstoff enthaltend.

Auffallend war eine gewisse Schläfrigkeit des Patienten; er behauptete allerdings, dass er deswegen Tags über so viel schliefe, weil ihm Nachts das Hautjucken keine Ruhe liesse.

Nachdem der Kranke energisch abgeführt hatte, erschien das Abdomen auffallend verbreitert, als ob freie Flüssigkeit in der Bauchhöhle sei, doch liess sich dieselbe nicht mit Sicherheit nachweisen. Die ziemlich erhebliche Cachexie des Mannes, die Schläfrigkeit, das tief dunkle Colorit desselben liessen an maligne Geschwulst denken, doch konnten Gallensteine im D. chol. genau den gleichen Zus and schaffen, so dass eine Probeincision angezeigt erschien.

28. Juli. Schnitt durch den lateralen Rand des M. rect. abdom. d., ziemlich starke Blutung aus den Muskelgefässen. Nach Eröffnung des Peritoneums stürzt eine grosse Menge dunkelgelben Serums hervor. Unter der stark verdickten dunkelblauen Leber schaut die Gallenblase als apfelgrosser grauweisser Tumor hervor, unten mit Netzmassen fest verwachsen. Steine deutlich durchfühlbar, anscheinend bis in die tiefen augenscheinlich stark verdickten Gänge sich erstreckend.

Der Befund von freier Flüssigkeit im Bauche sprach unbedingt für maligne Geschwulst, doch liess sich weder an der Leber noch in der Tiefe des Gallengangsystems mit Sicherheit eine Geschwulstbildung vorläufig nachweisen.

Mit Rücksicht auf die Cachexie des Mannes wurde von der sonst indicirten Choledochotomie abgesehen; es schien richtiger, erst durch Entfernung der Gallensteine aus dem Duct. cyst. resp. der Gallenblase die Galle nach aussen zu leiten, den Icterus zu vermindern, die Kräfte zu heben, als sofort auf den Ductus choled. loszugehen.

Es wurde deshalb die sehr tief gelegene Gallenblase ans Peritoneum zu nähen versucht, doch erwies sich die Wand derselben so dünn, dass sofort beim zweiten Stiche Galle hervorsickerte, um nun unaufhörlich in die Bauchhöhle zu fliessen. Da sie nicht eitrig war, so wurde die Gallenblase, deren provisorische Fixation an die Bauchdecken wegen ihrer tiefen Lage ganz unmöglich war, punctirt und dann frei eingeschnitten; drei grosse circa 2 cm im Durchmesser haltende Steine, einige hundert mittelgrosse und unzählige ganz kleine, kaum 2—3 mm dicke Steinchen wurden entfernt.

Selbstverständlich musste jetzt, da einmal die einzeitige Operation gewählt worden war, weiter operirt werden, weil sonst die Galle fort und fort in die Bauchhöhle gelaufen wäre. Der Bauchschnitt wurde entsprechend verlängert, und dadurch das Lig. hepato-duodenale frei gelegt; es präsentirte sich als circa 3 Finger dicker Strang, der einzelne undeutliche Knoten enthielt; von der Mitte her legte sich das Duodenum fest an denselben an; eine genaue Orientirung war fast unmöglich. Der in die Gallenblase eingeführte Finger gelangte mit seiner Kuppe bis in den Ductus cysticus; ein geringfügiger Druck zwecks Dilatation des Duct. cyst. sprengte seine morsche Wand, so dass also jetzt sowohl in der Gallenblase, als im Duct. cyst. Löcher vorhanden waren. Die Situation wurde peinlich; der Gedanke, dass der Duct. chol. carcinös entartet sei, trat immer stärker in den Vordergrund der Erwägungen, aber Gewissheit liess sich nicht schaffen, bevor er frei gelegt war. Sorgfältig wurde das anscheinend eisenfest verwachsene Duodenum abgelöst; Serosa und Muscularis erwiesen sich als erweicht, noch ein leichter Druck, und der Finger war im Duodenum, dessen Schleimhaut in Fetzen ging. Das Duodenum war nach dem Magen zu augenscheinlich verengt; wodurch, das liess sich nicht feststellen; aus der Schleimhaut desselben wucherte vis-à-vis der Perforationsstelle eine Art Warze hervor; sie wurde entfernt und für die mikroskopische Untersuchung reservirt, desgl. ein Stück der abgelösten Schleimhaut.

Inzwischen hatte Patient beim Ablösen des Duod. sehr viel Blut verloren, der Puls war klein geworden, so dass die Operation abgebrochen werden musste. Nothdürftige Naht des Duod., die sicherlich insufficient war, weil die Gewebe in der Tiefe starr infiltrirt, überhaupt sich nicht vernähen liessen; Ausstopfung der Wunde mit Jodoformgaze.

Die mikroskopische Untersuchung der entfernten Schleimhautpartien ergab mit Sicherheit Schleimhautcarcinom des Duodenums.

Patient befand sich am nächsten Morgen bei 90 Pulsschlägen leidlich, collabirte aber im Laufe des Tages immer mehr und starb unter den Erscheinungen der Peritonitis N.M. 5 Uhr.

Die Obduction (30. Juli) ergab neben Peritonitis, bedingt durch Ausfluss von Darminhalt aus dem Duodenum, ein Markstückgrosses Carcinom des Duodenum; von ihm aus setzten sich carcinöse Gewebe durch das ganze Lig. hepato-duodenale bis in die Leber fort; letztere selbst enthielt an ihrer unteren Fläche einen grösseren und mehrere kleinere Carcinom-Knoten.

Das Carcinom im Lig. hepato-duod. folgte augenscheinlich den Lymphbahnen; in Form eines Infiltrates, das nur hier und da carcinöse Drüsen enthielt, umgab es die Gallengänge, den Duct. choledochus zusammendrückend, ohne aber die Integrität seiner Wand zu schädigen, während der rechte Ductus hepaticus, circa 2 cm lang, fast auf 1 mm Dicke reducirt war. Hinter dieser verengten Partie bestand hochgradige Dilatation des Ganges, die sich weit in die Zweige desselben fortsetzte; zwei kleine Gallensteine lagen im Duct. choled. Der Ductus cysticus war durchgängig.

Den Fall Warnicke hat A. Nützenadel seiner vortrefflichen Dissertation zu Grunde gelegt (Ueber die Schwierigkeiten, welche die Diagnose des Leberechinococcus verursachen kann, im Anschlusse an einen unter dem Symptomencomplex der Colica hepatica verlaufenen Fall, Jena 1889). Er hat eine grosse Anzahl schwieriger Fälle aus der Litteratur gesammelt, aus denen sich ergiebt, wie oft wir diagnostisch hülflos denselben gegenüberstehen. Ich hatte von

Anfang an die Diagnose auf Echinococcus hep. als die wahrscheinlichste hingestellt, doch konnten recht gut auch Gallensteine den ganzen Symptomencomplex erklären.

Der Kranke Sperber wurde im Aerztekursus operirt; hatte ich das Jahr zuvor einen Triumph gefeiert, so erlitt ich jetzt eine bedenkliche Niederlage, obwohl ich mir durch Erwähnung des Carcinoms, das ich allerdings im Duct. choledochus selbst vermuthete, den Rücken gedeckt hatte. Das Carcinom sass im Duodenum, also an einer wenig zugänglichen Stelle. Patient hatte so gut wie gar keine Störungen von demselben gehabt; erst mit dem Icterus, der in ganz typischer Weise 2 Tage nach Beginn der Magenschmerzen auftrat, begann anscheinend sein Leiden. Da er einen grossen Sack voll Steine nachweislich bei sich hatte, so lag es sehr nahe, an Verschluss des Duct. choled. durch Steine zu denken. Schläfrigkeit und Cachexie deuteten freilich auf Carcinose hin, aber nicht mit genügender Sicherheit, um die Probeincision auszuschliessen. Patient ist rasch und relativ schmerzlos gestorben, während er sich sonst noch Monate lang hingequält hätte; sein Tod hat mir keinen Kummer verursacht, ebenso wenig die unvollständige Diagnose.

Klinisch viel wichtiger, als diese entweder doch der Operation bedürftigen (Warnicke) oder dem Tode geweihten Fälle (Sperber), sind diejenigen, bei denen entschieden werden muss, ob noch Steine im Gallengangsysteme stecken oder nicht, nachdem Anfälle von Gallensteinkolik mit Icterus vorhergegangen sind. Man sollte denken, dass die Menschen völlig gesund würden, wenn die Steine ausgestossen sind. Die Majorität ist es auch, einzelne aber leiden weiter in Folge der Verwachsungen, die so oft zwischen Gallenblase und Gallengängen mit den umliegenden Intestinis bestehen; sie behalten das Gefühl des dumpfen Druckes vor dem Magen, das sie vor der Ausstossung der Steine gequält hat; auch kommt die Gallenblase resp. das Gallengangsystem durchaus nicht so rasch wieder in Ordnung, wie man sich das gewöhnlich denkt. Die verletzten mit Narben bedeckten Schleimhäute retrahiren sich, die Gänge werden enger resp. obliteriren, genug es giebt bei lang dauernder Cholelithiasis gewiss Ursachen genug zu dauerndem Missbehagen. Weil sich die Kranken noch nicht völlig wohl fühlen, quält sie die Angst vor neuen Anfällen; sie bitten, auf operativem Wege von der Gefahr befreit zu werden, und da befindet sich der Arzt in grösster Verlegenheit, zumal ja oft die Untersuchung des Stuhlganges ungenügend ist, oder gänzlich unterlassen wurde, so dass man in der That nicht wissen kann, ob Steine abgegangen sind, oder nicht.

Fräulein H., 64 Jahre, aufg. 25. März 1891. No. 48.

Vater litt an Nierensteinen und starb an Brustfellentzündung, Mutter in hohem Alter an Lungenentzündung. Patientin war als Kind sehr scrophulös, erholte sich dann und war gesund bis zum Jahre 1882. Damals hatte sie als Vorsteherin eines grossen Instituts mancherlei Sorgen und Aufregungen; es stellten sich Magenschmerzen und zeitweilige Aufschwellungen des Magens ein, besonders nach dem Essen und bei angestrengtem Arbeiten am Schreibtische; dieser Zusand hielt sich bis 1890. Da traten plötzlich heftige Leibschmerzen auf unter Schüttelfrost und hohem Fieber; es kam zu starkem Erbrechen. Der zugezogene Arzt sprach schon damals von Gallensteinen.

Am 23. Mai 1890 kehrten die Schmerzen unter den gleichen stürmischen Erscheinungen wieder, wiederholten sich öfter, so dass Patientin Ende August 1890 nach Carlsbad geschickt wurde. Unterwegs abermals ein heftiger Anfall, so dass erst nach acht Tagen die Kur begonnen werden konnte, die fünf Wochen dauerte; bei strenger Diät wurden die Anfälle milder, um Anfang Januar 1891 in alter Stärke wiederzukehren; Patientin fieberte hoch, delirirte, hatte eines Tages einen leichten Anflug von Gelbsucht, den ihr Arzt aber nicht für wirklichen Icterus erklärte. Er schlug ihr jetzt die Operation vor, doch dauerte es lange, bis Patientin transportfähig wurde. Schwere Anfälle fehlten im Februar und März, so dass sie Ende dieses Monats die etwas beschwerliche Reise antreten konnte.

Stat. pr.: Cachectisch aussehende alte Dame von 82 Pfund Gewicht. Untersuchung des Abdomens vollständig negativ; Leber nicht nachweisbar unterhalb des Rippenbogens, Schmerzpunkt sehr undeutlich an dem muthmasslichen Sitze der Gallenblase. Urin mit Spuren von Eiweiss, aber ohne Cylinder, leichtes Oedem der Füsse, Stuhlgang gefärbt. Es wird angenommen, dass ein Stein wahrscheinlich im Ductus cysticus sitzt, und dementsprechend

28. März 1891 der rechte Rectus abd. durchschnitten. Nach Eröffnung des Bauchfelles kommen zunächst mit einander verwachsene Netzpartien zum Vorschein, die mit Mühe beseitigt werden. Von oben und links ragt ein fingerlanges Lipom des Lig. susp. hepatis in die Wunde hinein. In der Tiefe liegt ein rundlicher Tumor, der sich aber bei näherer Betrachtung als eine etwas mobile Niere erweist. Endlich wird der untere, kaum den Rippenbogen überragende Rand der Leber freigelegt, und tief darunter findet sich, in Gestalt eines kleinen weisslichen Pürzels, die Gallenblase, kaum so dick, als das Endglied eines kleinen Fingers. Dieselbe hat anscheinend ziemlich dicke Wandungen, so dass Steine nicht gefühlt werden können; die bei der tiefen Lage der Gallenblase augenscheinlich unvollständige Abtastung der Gallengänge ergiebt negative Resultate.

Durch Ablösung des Peritoneum und der Fasc. transv. gelingt es, von rechts her einen Lappen um die Leber herum in die Tiefe bis zur Gallenblase zu führen und dort zu vernähen; linkerseits wird das oben erwähnte Lipom in die Tiefe geschlagen und an der Gallenblase fixirt. Ausstopfung der Wunde.

Verlauf günstig, aber Anfangs Erbrechen und grosse Schwäche. 10. April Incision auf die Gallenblase in der Tiefe der gut granulirenden Wunde. Trotz gut liegenden Leitefadens war zunächst die Gallenblase nicht getroffen; die Sonde geräth durch den Schnitt in einen Hohlraum ohne Grenzen (Bauchhöhle). Ein zweiter dicht daneben angelegter Schnitt eröffnet die nur wenig verdickte Wand der Gallenblase, aus der sich eingedickte dunkel schwarz-braune Galle entleert; Sonde, tief eingeführt, kommt auf keinen Stein. Drainage.

Der anfangs spärliche Ausfluss von Galle wurde bald ziemlich stark, während Patientin sich langsam erholte; zeitweise traten noch Schmerzen im Kreuze und in der Lebergegend auf; alles Suchen nach Steinen umsonst.

13. Mai Rohr entfernt, worauf sich die Wunde binnen 14 Tagen vollständig schliesst. Inzwischen werden dumpfe Schmerzen in der rechten Inguinalgegend geklagt; Drüsen beiderseits in inguine geschwollen und leicht empfindlich. Es findet sich eine Hernia inguinalis dextra, deren Bruchsack anscheinend partiell cystisch entartet ist.

30. Mai. In den letzten Tagen mehrfach Erbrechen und Magenschmerzen; Wunde geschlossen. Oedem der Füsse besonders Abends noch sehr stark.

Im Laufe des Juni erholte Patientin sich zusehends, die Oedeme schwanden; solides Fettpolster bildete sich wieder, so dass sie am 8. August mit 10 Pfund Gewichtszunahme in blühendem Zustande entlassen werden konnte. Sie erholte sich bald so weit, dass sie grössere Touren machen, laut Brief vom 28. September 1891 sogar den Kyffhäuser besteigen konute. Gewicht 100 Pfund.

Frau S., 44 Jahre, aus Stollberg, aufg. 31. Juli 1891. No. 23.

Patientin war am 10. März 1888 in Aachen operirt worden (vergl. Berl. Klin. Woch. 1888); damals war nur eine prall mit Serum gefüllte Gallenblase, aber kein Stein in derselben gefunden. Schon vier Wochen nach der Operation trat ein neuer Anfall von Gallensteinkolik auf mit starkem Icterus, während die Wunde noch gar nicht verheilt war. Sie schloss sich im Laufe des Sommers 1888, ohne jemals Galle geliefert zu haben. Im Herbste 1888 erneute schwere Attaque, desgl. kleinere vom Januar bis Mai 1889, dann $1^1/_2$jährige Pause, bis im Februar 1891 ein ganz besonders schwerer Anfall erfolgte, wobei Patientin ganz unsäglich litt. Jeder Anfall verlief mit Icterus und Stuhlverfärbung; besonders der letzte führte zu länger dauernder Gelbsucht. Patientin konnte sich nur mit Mühe von demselben erholen, blieb mager und schwach.

Dies erfuhr ich bei Gelegenheit einer allgemeinen Recherche nach meinen Aachener Gallensteinkranken; ich nahm an, dass nach wie vor ein Stein im Ductus choled. stecke, und weil ich inzwischen zwei Fälle von Choledochus-Steinen durch directe Incision in den Ductus mit Glück entfernt hatte, so bat ich die Patientin, hierher zu kommen. Der Hausarzt, Herr Dr. Noack, riet etwas davon ab, weil der Stein doch bei der letzten Attaque im Februar 1891 abgegangen sein könne. (Leider war damals der Stuhlgang nicht sorgfältig untersucht worden.) Patientin wollte aber auf keinen Fall einen solchen Anfall wieder erleben wie im letzten Februar, entschloss sich deshalb zur Reise, zumal sie noch immer einen dumpfen Druck in der Herzgrube verspürte, wie vor dem letzten Anfalle.

Die Untersuchung ergab fast genau dasselbe Resultat wie im März 1888, nur erschien der zungenförmige Leberfortsatz etwas kleiner, die Gallenblase war weniger gespannt, als damals. Eigentlicher Schmerzpunkt fehlte. Patientin blass und mager. Der Fall erschien sehr zweifelhaft; fünfzehn Jahre lang hatte sie sich gequält, einen Stein per vias naturales zu entleeren; es erschien also unwahrscheinlich, dass dies bei der letzten Attaque im Februar 1891 geglückt sein sollte, aber möglich und denkbar war es; der dumpfe Schmerz liess sich vielleicht durch Adhaesionen erklären. Hätte Patientin nicht die weite Reise gemacht, so hätte ich zu weiterem Abwarten geraten; so aber war ihr Wunsch, definitiv aus der Gefahr, Koliken zu bekommen, befreit zu werden, gerechtfertigt. „Etwas" fand man unbedingt, entweder einen Stein oder Verwachsungen, deshalb

3. Aug. Schnitt durch die alte Narbe, nach oben und unten verlängert. Gallenblase liegt als prall gefüllter Sack vor, mit der Narbe partiell verwachsen. Leberfortsatz fast wie früher. Gallenblase unten mit dem Colon transversum verwachsen, Gallengänge mit Magen, Duodenum und Netz. Alle diese Adhaesionen sind aber zart und weich, so dass die Durchtrennung leicht und fast blutlos gelingt. Der Cysticus ist finger-, der Choled. circa daumendick, sehr gut sichtbar, derbe; ein Stein wird trotz

sorgfältigen Suchens darin nicht gefunden. Die Gallenblase wird jetzt incidirt, wobei sich fast normale hellgrüne Galle entleert; auch jetzt kein Stein in den Gängen zu fühlen.

Deshalb Resection des untersten überschüssigen Theiles der Gallenblase und Naht derselben mittelst feinster Seide; Versenkung in die Bauchhöhle. Naht der Bauchwunde, die nur dort offen bleibt, wo die Gallenblasennaht liegt, Tamponade mit Jodoformgaze. Reactionsloser Verlauf.

Am zehnten Tage Nähte entfernt.

Am 31. August 1891 entl. Befund an der Leber, wie vor der Operation. Allgemeinbefinden vortrefflich; dauernd gesund geblieben.

Bei Frl. H. musste unbedingt ein Stein vorausgesetzt werden; sie hatte schwere Gallensteinkoliken gehabt und so rasch vorübergehenden Icterus, dass ihr Arzt denselben überhaupt nicht anerkennen wollte; er stellte mit vollem Rechte die Diagnose auf Stein im Cysticus; trotzdem beweist der Verlauf, dass ein Stein durchgegangen ist; dass er überhaupt vorhanden war, kann Niemand leugnen, der die schweren Verwachsungen des Netzes, die auf ein Minimum reducirte Gallenblase gesehen hat, ganz abgesehen von den schweren Koliken, die sich bisher abgespielt hatten.

Der Stein muss also wohl relativ klein gewesen sein, — aber wenn das der Fall, warum blieb die Dame trotz Entfernung desselben beim letzten Anfalle (vor 3 Monaten) im höchsten Grade elend, warum konnte sie sich absolut nicht erholen, während sie nach der Operation sich, wenn auch langsam, so doch vollständig erholte? Die Gallenblase selbst war nicht fixirt durch Adhaesionen; wie es in den tiefen Gängen aussah, das weiss ich nicht sicher, gefühlt habe ich nichts abnormes, doch beweist das wenig; ich komme bei der Therapie auf die Frage zurück.

Sehr unsicher erschien von Anfang an Frau S.; ich würde sie nicht operirt haben, wenn sie nicht die weite Reise von jenseits des Rheines nach Jena gemacht gehabt hätte. Dass noch nicht Alles in Ordnung war, das sah man dem bleichen Gesichte der Frau an, deren Antlitz die Spuren des Jahre langen Leidens trug. Ich dachte selbstverständlich an Verwachsungen mit dem Magen und dem Darme, doch wären diese allein kein Grund zur Laparotomie gewesen. Die Furcht der Kranken, noch einmal Koliken zu bekommen, drängte dazu, und dass sie nicht umsonst gewesen ist, lehrte der weitere Verlauf, das rasche Aufblühen der Kranken nach Entfernung der Verwachsungen. Höchst interessant war, dass die Duct. cyst. und choled. ihre gewaltigen Dimensionen behalten hatten, desgleichen die Gallenblase, obwohl der den Stein durchtreibende Anfall schon 6 Monate vor der Operation stattgefunden hatte; so langsam bilden sich also derartige Anomalien zurück, wenn sie überhaupt vollständig rückbildungsfähig sind.

Nach Vorstehendem wird vielleicht der geehrte Leser mir Recht geben, wenn ich behaupte, dass der Icterus wohl im Allgemeinen das sicherste Symptom der Gallensteinkrankheit ist, dass aber mit dem Icterus gleichzeitig eine viel complicirtere Fragestellung beginnt, als wir sie bei der Gallensteinkrankheit ohne Icterus haben. Verläuft letztere mit Kolikanfällen, so lässt sie sich gewöhnlich so weit klar stellen, dass für die Therapie der Weg vollständig geebnet ist. Sobald Icterus dazu kommt, ist zwar meistens kein Zweifel mehr an Gallensteinen, aber nun beginnt die Frage: Wo stecken sie; sitzen sie nur noch in der Gallenblase oder im Ductus cysticus (begleitender Icterus), sind sie schon in den Duct. choled. eingewandert? alle oder nur einzelne? sind einige dort zurückgeblieben, nachdem andere per vias naturales entleert wurden? Hat der Kranke nicht bloss Magencatarrh mit Icterus? Hat er nicht andere Anomalien, welche die Wegsamkeit des Ductus chol. beeinträchtigen? Oder Magencarcinom u. s. w. mit secundärer Betheiligung der Leber, oder anderswo ein Carcinom mit metastatischer Geschwulstbildung in der Leber? Genug, der Fragen kein Ende gegenüber dem einfachen Probleme: Hat Jemand Steine in der Gallenblase oder nicht?

V. Die Behandlung der Gallensteinkrankheit.

„Da eine Auflösung der Steine durch Medicamente nicht möglich ist, so tendirt unser ganzer Arzneischatz nach „Erhöhung der gallentreibenden Kraft" behufs mechanischer Ausschwemmung der Steine, falls letztere nicht gar zu gross sind" (Fürbringer). Dass durch den Einfluss besonders von alkalischen Mineralwässern diese Ausschwemmung befördert wird, ist nicht zu läugnen, ebensowenig aber auch, dass die Einschwemmung dadurch begünstigt wird. Kleine, bis zu $^3/_4$ cm dicke Steine lassen sich unter grossen Qualen durch die Gänge bis in den Darm treiben; veranlasst man aber den Eintritt von grösseren Steinen in den Ductus cysticus, so begeht man ein schweres Unrecht gegen den Patienten. Auch wenn Patient selbst den Versuch der Ein- resp. Durchtreibung wünscht, soll der Arzt Widerstand leisten. Der Stein in der leicht zugänglichen Gallenblase ist ein rein locales, ungefährliches Leiden, der Stein in den tiefen Gängen, besonders im Duct. chol., repräsentirt immer ein schweres Allgemeinleiden; er muss entfernt werden, ehe er in die tiefen Gänge geräth, wenn er über $^3/_4$ cm dick ist.

„Wo aber trotz aller hygienischer, medicamentöser und balneologischer Massnahmen die Qual der Koliken und sonstigen Schmerzen den Träger der Gallensteine aufreibt, ihm das Leben verbittert, die Cholaemie und die Pyaemie droht, dann stehe ich nicht an, auf die

Segnungen der modernen Chirurgie mit Nachdruck zu verweisen, um der unerträglichen Qual, der schweren Gefahr ein Ende zu machen." (Fürbringer.) Nein, verehrter Herr Kollege, am Anfange der Tragödie, nicht am Ende derselben soll die moderne Chirurgie eingreifen, prophylactisch soll sie wirken, die Steine aus der Gallenblase selbst entfernen, ehe sie in die tiefen Gänge geraten sind, dann bringt sie den grössten Segen. Sie rettet auch dann noch ev. die Menschen, wenn Cholaemie und Pyaemie drohen, aber nur durch kühne, grosse Eingriffe, während sie, zu Anfang zugezogen, spielend leicht und ohne jede Gefahr fürs Leben das Concrement entfernt. Ein Vergleich zwischen der später von Fürbringer herbeigezogenen Ileus- und der Gallensteinoperation ist gar nicht möglich; beim Ileus handelt es sich von vorne herein um schwere Eingriffe, um die mehr oder weniger weite Eröffnung der Bauchhöhle unter ungünstigen Verhältnissen (aufgetriebene Intestina, beginnende Peritonitis), bei der Operation der Gallenblasensteine operiren wir Anfangs unter den denkbar günstigsten Verhältnissen (normaler Leib, kleine, kaum 5 cm lange Incision, oberflächliche Lage des anzugreifenden Organes). Tag und Nacht können sich nicht mehr unterscheiden, als der Schnitt in die Gallenblase und der Schnitt in den Ductus choledochus, und doch hat letzterer bei Weitem nicht die Gefahr, die eine Laparotomie bei Ileus auch zu relativ früher Zeit bietet.

Also **„frühzeitig"** operiren bei Gallensteinen, nicht spät, das möchte ich allen Kollegen immer und immer wieder zurufen, aber mein Ruf wird unerhört verhallen.

Was will der Einzelne, oder was wollen Einzelne gegen einen durch Jahrhunderte geheiligten Usus? An den starken Mauern von Carlsbad wird jeder Angriff zerschellen, gleichgültig, ob Tausende durch Carlsbad Leben und Gesundheit verlieren oder nicht. Und was würde Carlsbad leisten können, wenn die Indicationen zur Kur dortselbst richtig gestellt würden! Die Zahl seiner Badegäste würde allerdings etwas abnehmen, die Zahl der Erfolge aber zunehmen; sein Ruhmeskranz, der heute so viel welke Blätter aufzeigt, er würde grünen und blühen, wie noch nie.

Indicirt sind interne Medicamente, also auch alkalische Mineralwässer zwecks Durchtreibung von Steinen bei Kranken, die ohne länger dauernde Vorboten (Druck vor dem Magen, zeitweise Schmerzen daselbst, Neigung zum Erbrechen) acut an Gallensteinkolik mit alsbald folgendem Icterus erkranken. Weil Vorboten fehlen, ist anzunehmen, dass der Icterus nicht ein „begleitender" ist, ferner dass nur kleine Steine in der Gallenblase vorhanden sind, die event. rasch durchgehen. Selbstverständlich kann diese Annahme unrichtig sein; für die Majorität der Fälle wird sie zutreffen. Werden nun vollends gleich nach dem ersten Anfalle kleine Steine per vias naturales entleert, so ist, weil relativ häufig die in einer Gallenblase steckenden Steine ziemlich gleich gross sind, fortgesetzter Gebrauch von alkalischen Wässern indicirt, besonders dann, wenn Patient dauernd leichten Druck in der Gallenblasengegend verspürt. Ebensowenig sind grössere Dosen Radic. Rhei in diesen Fällen zu verachten. Wir haben oben angenommen, dass in der Majorität (?) der Fälle von Gallensteinkrankheit kleine, zum Durchgehen geeignete Steine vorhanden sind; demzufolge würde also auch der grössere Theil (?) der Kranken durch interne Mittel zu heilen sein.

Ein Theil selbst dieser Patienten wird im Laufe der Zeit sich als renitent zeigen; die Koliken werden fortdauern, ohne dass die Ausschwemmung erfolgt; man kann gewiss sehr lange Zeit, viele Monate in solchen Fällen abwarten — endlich aber wird sich die Ueberzeugung Bahn brechen, dass selbst die supponirten kleinen Steine — event. hat Patient ja auch grosse und kleine gleichzeitig — nicht durchgehen — dann ist die Operation indicirt.

Ganz anders liegt die Sache, wenn dem Kolikanfalle mit Icterus länger dauernde Störungen vorangingen; dann muss gleich der Verdacht entstehen, dass Patient an altem Hydrops vesicae felleae leidet und dass der Icterus ein „begleitender" ist. Ob Letzteres der Fall, lässt sich natürlich erst durch weitere Beobachtung feststellen; geht er bald vorüber, treten dann Gallensteinkoliken ohne Icterus auf, so haben wir ziemlich sicher „begleitenden" Icterus vor uns, die Steine stecken noch in der Blase selbst — die Operation ist so schleunig, als möglich indicirt, damit nicht die Steine aus der Blase in die Tiefe wandern.

Unbedingt indicirt ist die Operation bei Gallensteinkoliken ohne Icterus; dabei Cholagoga zu geben, ist mehr als falsch, weil die Steine aus der Gallenblase selbst leicht, aus den tiefen Gängen schwer zu entfernen sind. Weil die Steine meist gross sind, nützen die angewandten Cholagoga zum Glücke gewöhnlich nichts, der Organismus wehrt sich mit Erfolg gegen die falsche Therapie, aber sie sollte, weil sie doch gelegentlich Schaden thun kann, überhaupt nicht angewandt werden.

Indicirt ist auch die Operation bei Gallensteinen, die dauernde Beschwerden machen, ohne dass gerade Koliken vorhanden wären, also z. Th. Fälle mit offenem Ductus cysticus. Jeden Tag kann ein Anfall kommen und die Steine in die Tiefe werfen.

Indicirt ist die Operation bei dauerndem hartnäckigem Icterus weil dieser auf dauerndem Aufenthalte von Steinen im Ductus choledochus beruht. Die directe Incision in den Ductus choledochus mit nachfolgender Naht ist viel weniger gefährlich, als die Perforation eines Steines, selbst in das Duodenum, auf ulcerativem Wege, oder als der dauernde Aufenthalt des Steines im Ductus choledochus mit nachfolgender Cholaemie, Steinbildung in den dilatirten Gallenwegen der Leber u. s. w.

Indicirt ist endlich die Operation bei allen eitrigen Processen, die sich in und um die Gallenblase resp. die Gallengänge herum entwickeln, also bei den Folgen der Vernachlässigung, der verkehrten Behandlung des Gallensteinleidens. Hier wird es nicht alle Mal möglich sein, den tief in den Sumpf geschobenen Wagen wieder heraus zu ziehen; wenn Magen und Darm perforirt und die Leber degenerirt ist, wenn „Cholaemie und Pyaemie" droht, dann kommen wir gewiss oft zu spät, ebenso wie wir bei Ileus zu spät kommen, wenn schon Peritonitis besteht. Aber bei einem an sich benignen Leiden — und das ist die Gallensteinkrankheit — soll man bis zum letzten Momente versuchen, dem Tode sein Opfer zu entziehen; ein malignes, event. rasch recidivirendes Leiden muss nach ganz anderen Grundsätzen behandelt werden.

Nur wenn die Aerzte, wenn alle Aerzte über die Indicationen zur medicamentösen Behandlung auf der einen, zur operativen auf der andern Seite einig sind, wird es gelingen, die oft enorme Indifferentheit des Publikums zu überwinden.

Während des Kolikanfalles verspricht der Kranke alles zu thun, was sein Arzt ihm räth; nach demselben bleibts beim Alten, wenn es sich um eine Operation handelt. Aber nur derjenige Arzt wird richtig auf seine Patienten einwirken können, der selbst die Situation klar übersieht; nur dieser wird bei Gallensteinkolik ohne Icterus den Kranken auf die Gefahr aufmerksam machen, in den ihn dieser, oder der nächste Kolikanfall durch Tiefertreten der Steine bringen kann; auch der zweite zugezogene Arzt muss derselben Ansicht sein, muss nicht gleich mit Carlsbad kommen, sonst geht der Kranke unbedingt nach Carlsbad. Wenn man bedenkt, wie viele Menschen Jahr und Tag die Qualen eines **Harnblasensteines** erleiden, ehe sie sich zur Operation entschliessen, so kann man sich ja nicht wundern, dass viele Patienten bei ihren vorübergehenden Gallenstein-Kolikanfällen nicht recht Lust zur Operation haben; da ist es aber heilige Pflicht des Arztes, sie immer wieder auf die Gefahr des Verzuges aufmerksam zu machen. Hat der Kranke auch nur einen einzigen Anfall von Gallensteinkolik gehabt, sind auch Jahre seitdem verflossen — findet sich bei ihm eine prall gefüllte, frei unter der Leber herausragende oder unter einem zungenförmigen Fortsatze versteckte Gallenblase, so muss er operirt werden, da jeder neue Tag einen Anfall bringen kann. Entdeckt man aber gelegentlich bei einem Individuum einen Sack mit Gallensteinen, der vielleicht niemals Beschwerden gemacht hat, so möge der steinreiche Mann ihn ruhig behalten; ruhig liegende Gallensteine sind kein Object der Therapie.

A. Die Operation der in der Gallenblase und im Ductus cysticus steckenden Steine.

Könnten sich doch endlich die Chirurgen über diese so einfache Sache einigen! „Trotz des Zusammenwirkens nicht weniger erfahrener Chirurgen ist von einer einheitlichen, dem Internen für seine Indicationen nutzbaren Klärung noch keine Rede“ (Fürbringer). Ein mit vollem Rechte erhobener Vorwurf! Und warum müssen wir diesen Vorwurf als richtig anerkennen? Weil die Tendenz besteht, ein event. Jahre lang dauerndes Leiden in kürzester Frist ohne jedwede Unbequemlichkeit für Arzt und Patienten zur Heilung zu bringen; gewiss ein erstrebenswerthes Ziel, in manchen Fällen auch zu erreichen, aber lange nicht in allen möglich.

Die sämtlichen von der alten doppelzeitigen Cystotomie abweichenden Methoden setzen voraus, dass die Gallenblase gut zugänglich ist, dass sie frei vorliegt; dies ist bei reinen Gallenblasensteinen gewiss oft der Fall, aber durchaus nicht immer; die Gallenblase liegt oft genug tief hinter der Leber versteckt, oder sie ist abnorm klein u. s. w.; dazu kommt, dass bei allen directen Gallenblasenöffnungen im Bauche ein aseptischer Inhalt vorausgesetzt wird; auch dies ist richtig für die Mehrzahl der Fälle, aber nicht für alle; man kann es den Gallenblasen, besonders wenn sie, was so häufig ist, verdickt sind, vorher nicht immer ansehen, was für einen Inhalt sie beherbergen. Wenn 10, 20 und mehr Fälle hinter einander bei der idealen Cystotomie glatt verlaufen wären, und mir stürbe dann der 21. durch Einlaufen von Eiter in den Bauch, so würde ich mehr Kummer über diesen einen haben, als Freude über die geretteten 20, weil auch der 21. hätte durchkommen müssen. Dazu kommt nun noch ein zweiter schwerer wiegender Grund: wir sind, besonders bei der Anwesenheit von vielen Steinen niemals völlig sicher, dass wir alle Steine in einem Acte entfernt haben. Sie können in Divertikeln und Taschen, sie können im Ductus cysticus stecken und event. erst nach langer Zeit, wenn der Ductus cysticus langsam abgeschwollen ist, zum Vorschein kommen. Nähe ich die Gallenblase gleich wieder zu und versenke ich dieselbe, so wird weder Patient noch Arzt zunächst etwas davon merken, dass noch Steine zurückgeblieben sind, aber nach längerer Zeit werden wieder Symptome von Gallensteinen hervortreten und dann wird es heissen: „die Gallensteinoperation ist unbrauchbar, schützt nicht vor baldigen Recidiven,“ während einfach eine unvollständige Operation vorlag.

Die vorübergehende Drainage der Gallenblase giebt mir die

beste Controlle darüber, ob die Operation vollständig gelungen ist oder nicht. Ausserdem glaube ich, dass diese Drainage zur Gesundung der Gallenblase und der Gallengänge sehr dienlich ist. Sie haben lange unter abnormen Verhältnissen existirt, z. Th. unter hohem Drucke gestanden; es erscheint doch richtig, sie zeitweise gänzlich vom Drucke zu entlasten. Haben wir doch oben gesehen, dass eine Kranke mit Abgang von Steinen per vias naturales sich erst dann erholte, als die minime Gallenblase eine Zeit lang drainirt worden war (No. 48.). Die Epithelien erholen sich vielleicht besser, wenn die Galle abfliessen kann. Doch mag dies nun richtig sein oder nicht — die Hauptsache bleibt die genaue Controlle der Operation durch die Drainage, und da man nie mit Sicherheit vorhersagen kann, ob sich ein Fall einfach oder complicirt gestalten wird, da scheinbar einfache Fälle sich später als sehr schwierige herausstellen, weil „kleine" Steine zurückbleiben — die grossen findet man schon — so werde ich bei dem zweizeitigen Verfahren bleiben, falls nicht besondere Umstände zu einem anderen zwingen.

Unter 30 Fällen von zweizeitiger Operation gelang es nur 16mal, die Steine in einem Acte zu entfernen, 13mal entleerten sie sich nachträglich entweder spontan, oder sie wurden nach und nach aus den tiefen Gängen extrahirt; 1mal floss längere Zeit wenigstens theerartige Galle. Jeder Chirurg weiss, dass beim Vorhandensein von vielen Steinen in der Harnblase, selbst beim hohen Steinschnitte, gelegentlich Steine in derselben zurückbleiben; sie verstecken sich in Taschen und Ausbuchtungen der Harnblase. Hier arbeitet man aber unter viel günstigeren Verhältnissen, als bei der Extraction von Gallensteinen; in die Harnblase kann man das Licht hineinfallen lassen, in die Gallenblase meistens nicht, noch viel weniger in den Ductus cysticus. Aus letzterem entleeren sich wahrscheinlich die meisten derjenigen Steine, welche sich einige Tage oder Wochen post operationem im Verbande finden — anscheinend haben wir oben die Zahl der Fälle von Cysticussteinen noch zu gering angegeben, wir wollten nur die „sicheren" Fälle gelten lassen. — Der Ductus cysticus schwillt eben nach Entleerung der Gallenblase ab, und die in ihm steckenden Steine wandern langsam zurück in die Gallenblase, ihrer Schwere entsprechend den Weg nach unten einschlagend, zumal kein Druck seitens der Gallenblase sie mehr nach oben treiben kann. Wie wichtig die dauernde Drainage ist, das mögen besonders folgende Fälle demonstriren:

Frau Dornberger, 44 Jahre, aufg. 11. Juli 1889, No. 12.

Patientin sonst gesund, bekam am 28. Mai 1889 ganz plötzlich Schmerzen in der rechten Seite des Leibes; es entstand ganz akut eine Geschwulst, die in den nächsten Wochen noch etwas wuchs und stets verschieblich blieb. Der Arzt behandelte den Fall als Blinddarmentzündung, liess die Kranke sechs Wochen im Bette liegen. Sie litt weder an Erbrechen noch an Icterus.

Stat. pr.: Ziemlich mager und leidend aussehende Frau. Rechts neben dem Nabel eine mehr als kinderfaustgrosse, rundliche, leicht verschiebbare Geschwulst, leicht zu umgreifen, mit der Athmung deutlich auf- und absteigend. Leberrand durch flache Furche gegen den Tumor abgesetzt. Patientin ist in letzter Zeit sehr heruntergekommen durch die andauernden Schmerzen.

13. Juli. Annähung der Gallenblase gelingt leicht, Leber ohne zungenförmigen Lappen, Tamponade, Naht des Rectus.

23. Juli. Nach reactionslosem Verlaufe Eröffnung der Gallenblase; sie enthält weissen Schleim, keine Galle, zwei winzige etwas über stecknadelkopfgrosse Steine, viel Cholestearinbrei.

25. Juli. Es entleert sich spontan ein linsengrosses Steinchen.

10. September. Vorläufig entlassen. Bis jetzt nie Galle, nur glasiger Schleim entleert. Befinden besser, Schmerzen ganz geschwunden, kann gut gehen, was vor der Operation unmöglich war; seit derselben cessiren die Menses.

4. November. Wieder aufgenommen. Drei Wochen lang war das Sekret etwas gallig, doch nicht sehr intensiv gefärbt, jetzt wieder nur glasiger Schleim. In letzterer Zeit Befinden schlechter, Appetit schlechter, in grosser Tiefe fühlt man einen Stein (10 cm tief).

6. November. Laminariastift eingelegt, der bis zum 7. November stark quillt; 7. November. Nach weiterer Dilatation der Fistel sieht man ganz oberflächlich (2 cm) einen völlig runden circa $^3/_4$ cm im Durchmesser haltenden Stein liegen, der leicht mit der Pincette entfernt wird; er sitzt in einer Art von Nische.

1. December. Bald nach Extraction desselben trat Gallenausfluss aus der Fistel ein; er dauerte drei Wochen lang, war aber ziemlich spärlich. Seit einigen Tagen kommt gar keine Galle mehr. Klagen über Schmerzen im linken Mesogastrium, nichts nachzuweisen. In sehr grosser Tiefe wieder (der früher 4. Nov. constatirte?) Stein zu fühlen. Deshalb

2. December. Laminariastift eingelegt; derselbe ist Abends stark gequollen. Nach seiner Entfernung fühlt man den Stein nicht mehr; es macht vielmehr den Eindruck, als sei hinter dem Ende des Laminariastiftes der Gang erst recht zugeschwollen, so dass die Sonde nicht mehr in die frühere Tiefe kommt, deshalb

7. December. Narkose. Fistel nach oben gespalten. Nach sehr langsamer vorsichtiger Dilatation mittelst Kornzange gelingt es endlich, einen länglichen (1 cm) Stein mit dem Gallensteinfänger zu extrahiren. Nachher folgt noch ein kleines unregelmässiges Fragment.

10. December. Galle fliesst ab.

31. December. Nachdem bisher dauernd Galle abgeflossen ist, wird das Drain entfernt. Patientin vorläufig entlassen (15. Januar 1890) mit feiner Fistel, aus der sehr reichlich Galle abfliesst. Patientin hat sich sehr erholt, ist blühend und dick geworden.

16. Februar 1890 wieder aufgenommen. Aus der sehr feinen Fistel noch immer profuser Gallenausfluss. Da aber der Stuhlgang durchaus gallig gefärbt ist, wird noch weiter abgewartet (entl. 21. Februar 1890).

9. März 1890 wieder aufgenommen. Die haarfeine Fistel entleert schubweise grosse Mengen von Galle.

10. März. Narkose. Erweiterung der Fistel nach oben und unten, wodurch an letzterer Stelle sofort die Bauchhöhle geöffnet ist, die mit Catgut wieder verschlossen wird. Kein Stein nachweisbar. Dickes Drain eingelegt nach Israel und zugebunden, damit die Galle gezwungen wird, durch den Duct. chol. abzugehen.

20. März. So lange das Rohr fest in der Fistel steckt und keine Galle nach aussen sich entleert, ist der Appetit gut; in den letzten Tagen quillt aber Galle neben dem Rohre heraus, wodurch die Lust zum Essen vermindert wird.

27. März. Da Tage lang keine Galle entleert wurde, als das Rohr in der Fistel feststeckte, Patientin sich damals wohl befand, der Stuhlgang die gehörige Farbe hatte, so wird angenommen, dass kein Stein im Ductus chol. vorhanden ist, deshalb die Naht der Fistel beschlossen. Die Gallenblase wird ringsum vom Peritoneum abgelöst, der Rand der Fistel nach innen gestülpt und mit feinster Seide vernäht. Die gelöste Gallenblase rutscht mit grosser Gewalt in die Tiefe; man kann sich der Erwägung nicht verschliessen, dass durch den Zug der Gallenblase resp. des Ductus cysticus vielleicht der Choledochus eine gewisse seitliche Zerrung erlitten hat, wodurch der Abfluss der Galle in den Darm erschwert, der Weg durch die Fistel bevorzugt wurde. Die Heilung der Wunde erfolgte nach Wunsch.

Ende April stellt Patientin sich in blühendem Zustande völlig geheilt vor.

Emma Huschke, 44 Jahre, Buka a. J., aufg. 10. September 1889. No. 13.

Patientin leidet seit Jahren an Magenkrämpfen, die zwei oder drei Mal jährlich auftraten, jedes Mal unter andauerndem Erbrechen einen Tag lang. Im Juni 1889 erkrankte sie mit heftigem Kopfweh; etwas Fieber, kein Durchfall. Sie lag sechs Wochen zu Bett; der Arzt sagte ihr nicht, was es für eine Krankheit sei; sie selbst hielt es für Nervenfieber. Nachdem sie vierzehn Tage lang auf gewesen war, fingen plötzlich Schmerzen in der Magengegend an; sie erbrach 24 Stunden hintereinander und bemerkte jetzt eine grosse Geschwulst in der rechten Bauchhälfte. Nachdem sie weitere acht Tage gelegen hatte, stand sie auf, hatte aber noch immer Schmerzen in der Magengegend, konnte nichts essen. Die Geschwulst wurde allmählich kleiner und unempfindlicher, so dass sie jetzt die Berührung derselben erträgt, während früher der leiseste Druck höchst peinvoll war. Kein Icterus.

Stat. pr.: Blasse magere Frau; Herz und Lungen normal. In der rechten regio umbilicalis fühlt man durch die schlaffen Bauchdecken hindurch einen kinderfaustgrossen mit der Leber zusammenhängenden rundlichen etwas verschiebbaren Tumor, dessen linker Rand etwa 2 cm vom Nabel entfernt bleibt. Für einen zungenförmigen Fortsatz ist der Tumor zu rundlich, auch fehlt ihm der scharfe Rand; ob unter demselben noch ein zweiter Tumor liegt, lässt sich nicht entscheiden.

15. September 1889. Schnitt durch den rechten Rectus. Nach Eröffnung des Bauchfelles sieht man die prall gefüllte, fest anzufühlende Gallenblase von grünlich blauer Farbe; über sie hinweg legt sich ein ganz verdünnter Leberfortsatz, dessen Rand so zugeschärft ist, dass man ihn unmöglich durch die Bauchdecken fühlen konnte. Die Gallenblase ist ringsum sowohl mit der vorderen Bauchwand als mit dem Netze verwachsen, nur gerade in der Wunde liegt eine grössere Partie der Gallenblase anscheinend frei, nach oben überragt von Leber. Mit einiger Mühe wird die augenscheinlich sehr verdickte Blase hufeisenförmig angenäht, im oberen Theile der Wunde liegt die Leber frei, so dass auch in diesem sonst zur einzeitigen Operation sehr auffordernden Falle das gewöhnliche Verfahren festgehalten werden musste.

23. November. Versuch der Incision misslingt; man kommt circa 2 cm tief durch derbe Gewebe und fällt dann in Netzmassen, resp. in die freie Bauchhöhle. Die Wunde wird deshalb wieder ausgestopft.

28. November. Neuer Versuch der Incision; auch heute findet sich keine Gallenblase, sondern ein schmaler 3 mm dicker 2 cm langer Hohlraum ohne Schleimhaut, den zufällig das Messer trifft; von dort aus geht aber unter spitzem Winkel ein 10 cm langer, augenscheinlich praeformirter Kanal tief unter die Leber nach oben; beide Kanäle sind leer.

Aus diesen Kanälen entleerte sich Wochenlang spärlicher, heller Schleim; alles Sondiren war umsonst, bis endlich am 20. November ein Stein gefühlt wurde, so dass Patientin am 23. November zum dritten Male zur Operation kam. Nach Dilatation der Fistel fiel man weiter nach abwärts zu in einen grossen Sack mit Steinen (160), von denen zehn circa haselnussgross waren, die übrigen kleiner. Ein gewaltiger, mit Schleimhaut ausgekleideter Hohlraum lag jetzt frei, unbedingt die Gallenblase. Man musste annehmen, dass diese sich spitzwinklig gegen den Ductus, in den ich bei der zweiten Operation, auf dem Wege einer Perforationsöffnung nach vorne, gerathen war, abgeknickt hatte und zwar in der Richtung nach hinten. Am Uebergange von Gallenblase in den Ductus hatte sich die Perforation nach vorne vorbereitet und schon zur Verwachsung der Gallenblase mit der vorderen Bauchwand resp. dem Netze Anlass gegeben. (Vergl. Fig. III p. 5.)

6. December. Es ist noch immer keine Galle gekommen. In sehr grosser Tiefe fühlt man einen Stein, der im Ductus cysticus sitzen muss. Laminariastift eingelegt.

7. December. Narkose. Fistel nach oben gespalten. Nach langer mühsamer Dilatation des Ganges mittelst der Kornzange gelingt es mit dem Gallensteinfänger, einen Stein der Fistelmündung bis auf 5 cm zu nähern. Hier lässt er sich mit einer starken Kornzange fassen und zerdrücken; er muss ungefähr haselnussgross sein; dann folgt ein zweiter kleinerer mit polyedrischen Flächen.

14. December. Unmittelbar nach Extraction des letzten Steines fand Ausfluss von Galle für mehrere Tage statt, wenn auch nur mässig reichlich. Heute nur noch seröses Sekret; im Drainrohre stecken zwei kleine facettirte Steine.

16. December. Galle fliesst wieder.

8. Januar 1890. Galle fliesst gut; kein Stein mehr zu fühlen. Drain wird fortgelassen.

15. Januar 1891. Vorläufig entlassen. Fistel hat sich sofort nach Entfernung des Drain fast ganz geschlossen. Patientin hat keine Schmerzen mehr, hat sich bedeutend erholt, ist dick und rund geworden. Appetit gut. Dauernd geheilt geblieben.

Frau Th. Braune, 37 Jahre, aufg. 13. October 1889. No. 29.

Vor vier Jahren wurde die kräftige Frau während der Heuernte vom Boden auf ein vollbeladenes Fuder gezogen, wodurch ihr Bauch sehr erheblich gedehnt wurde. Alsbald fühlte sie heftige Schmerzen im Leibe, war Monate lang arbeitsunfähig, meist bettlägerig. Nach der letzten Entbindung vor drei Jahren traten sehr häufig Anfälle von quer über den Leib ziehenden Schmerzen auf, die bis zum Rücken ausstrahlten; sie zogen sich gegen Ende des Anfalles immer nach einer bestimmten Stelle rechts im Leibe hin; sie waren „fürchterlich, nicht zum Aushalten". Vor einem Jahre bemerkte Patientin selbst dort einen unter dem Rippenbogen vorragenden Knoten, der zuerst anfallsweise heftige, später continuirlich weniger starke Schmerzen verursachte. Icterus war nie vorhanden.

Die Untersuchung der gut aussehenden Frau ergab ein weiches auf Druck nicht schmerzhaftes Abdomen. Die Leber ragte überall rechterseits um circa 2—4 cm unter dem Rippenbogen vor; der untere, deutlich fühlbare Leberrand verlief ziemlich parallel demselben; die Incisura vesicalis war auffallend tief. Hinter dem nicht sicher palpabelen Lobulus quadratus bemerkte man eine harte, auf Druck empfindliche, unsicher umgrenzte circa apfelgrosse Geschwulst.

Abgesehen von einer Retroflexio uteri war nichts abnormes weiter nachzuweisen.

16. October 1889. Incision durch den Rectus abd. Ein derber prall gespannter Tumor ragte circa 2 cm weit unter dem etwas atrophischen Lobulus quadratus heraus; nach unten war er fest mit dem Netze verwachsen. Weiter nach oben erschien

der Magen mit Leber und Gallenblase so fest verwachsen, dass eine Trennung unmöglich war. Die dem Tumor aufliegende Lebersubstanz war so dünn, dass man denselben weithin durchfühlen konnte. Naht der Gallenblase ans Perit. parietale; im oberen Wundwinkel liegt die atrophische Leber frei.

Nach reactionslosem Verlauf am 23. April Incision ohne Narkose; Entleerung von geringen Mengen schleimigen Eiters; Gallenblasenwand circa $^1/_2$ cm dick; man gerät sofort zwischen kleinere Steine, nach deren Entleerung aus einer relativ kleinen Höhle nach hinten ein Schleimhautstreifen sichtbar wird; beiderseits von diesem Schleimhautstreifen gelangt man zwischen weitere Steine, deren in toto 230 entleert werden. Allmählich wird klar, dass der erwähnte Schleimhautstreifen frei durch das Cavum der Gallenblase in der Richtung von vorne nach hinten verläuft, und weiter wird klar, dass dieser Schleimhautstreifen durch Divertikelbildung zu Stande gekommen ist. Dieses nach vorne hin entwickelte Divertikel hatte zwei Eingänge, communicirte an zwei Stellen mit der Gallenblase; das zwischen beiden Communicationsöffnungen gelegene Gewebe repräsentirte den erwähnten, anscheinend frei durch das Cavum der Gallenblase ziehenden Schleimhautstreifen. Nach Entfernung der Steine fliesst keine Galle, sondern nur Schleim einen ganzen Monat lang. (Vergl. Fig. I p. 5.)

Am 23. November wird ein Stein in der Tiefe gefühlt und extrahirt, doch fliesst keine Galle.

10. Januar 1890. Einlegung eines Laminariastiftes, worauf am nächsten Tage ein Stein gefühlt, mit vieler Mühe in grosser Tiefe zertrümmert und extrahirt wird.

2. Februar 1890. Zwei kleine Steinchen von Linsengrösse haben sich spontan entleert.

26. Februar 1890. In Narkose abermals ein erbsengrosser Stein entfernt.

13. März 1890 mit wenig secernirender Schleimfistel vorläufig entlassen, um sich von Zeit zu Zeit wieder vorzustellen.

19. Juli 1890. Gestern plötzlich heftige Schmerzen in der Gallenblasengegend; leiser Icterus.

26. Juli 1890. Icterus hat zugenommen; Schmerzen sind heftig.

Unter Anwendung von Pulv. Rad. Rhei, 1,0 täglich 5 mal, geht am 30. Juli ein mehr als erbsengrosser facettirter Stein mit dem Stuhlgange ab, während die Fistel sich schon am 19. Juli geschlossen hatte.

5. August 1890. Icterus verschwunden, Schmerzen desgl. Entlassen und definitiv geheilt geblieben.

Heinriette Gerhardt, 36 Jahre, aufg. 12. Juni 1890. No. 17.
Patientin stammt aus einer Familie, in der oft Steine vorgekommen sind. Bei der Section der Grossmutter fanden sich 200 Steine in der Gallenblase. Auch die Mutter leidet an Steinen; bei einer Kur gingen einmal 18, später noch weitere Steine ab; dieselbe lebt noch. Patientin hat 3 mal geboren, einmal 3 Wochen lang Gebärmutterentzündung gehabt. 1885 bildeten sich in der rechten Seite des Unterleibes plötzlich 2 Knoten; mit dem Stuhlgang wurde Blut und Eiter entleert, keine Steine; Patientin musste dabei aber viel erbrechen, war nach vier Wochen wieder gesund; Knoten waren fort.

Seit letztem Herbste viel Druck vor dem Magen, heimlicher Schmerz, dauernd, so dass Patientin weder sitzen noch gehen konnte; kein Erbrechen. Nach 2monatlicher Krankheit Besserung durch Bitterklee. Im März 1890 wieder heftige Schmerzen, Mitte Mai heftiges Erbrechen, einen Tag lang etwas Blut dabei; seitdem dauernd schlechtes Befinden, Appetitmangel; unfähig, ihrem Berufe als Hebamme nachzugehen.

Stat. praes. Magere, blasse Frau von fahler Gesichtsfarbe; kein Icterus. Puls regelmässig, 72.

Unterer Leberrand nicht deutlich fühlbar; rechts neben dem Nabel findet sich, von der Lebergegend ausgehend, ein an seiner Basis 3, weiterhin 2 Finger breiter Tumor mit ziemlich scharfen, seitlichen Rändern; er ragt bis 2 Querfinger unter die Nabel und Spina ant. sup. verbindende Linie hinab, lässt sich nach oben nicht sicher in die Leber verfolgen. Der Tumor ist seitlich etwas verschiebbar, bewegt sich mit der Athmung auf und ab, ist sowohl spontan, als auf Druck sehr empfindlich.

16. Juni. Die Incision durch den Rect. abd. dext. ergiebt, dass der erwähnte Tumor ein mächtiger zungenförmiger Fortsatz der Leber ist, unter dessen unterem und medialem Rande die etwa mannsfaustgrosse Gallenblase herausragt; der untere Rand des Leberfortsatzes endet papierdünn, deshalb unfühlbar, auf der prall gespannten Gallenblase. Auf derselben liegt Netz, das sich auch in grossen Massen zwischen Leber und vordere Bauchwand resp. Zwerchfell in die Höhe schiebt. Weil es hoch oben so fest angewachsen ist, dass es nicht gelöst werden kann, wird es doppelt unterbunden und durchschnitten, so dass also relativ grosse Mengen von Netz oben vor der Leber liegen bleiben.

Die hoch oben an der Basis des Leberfortsatzes versuchte Vernähung von Gallenblase und Peritoneum gelingt nicht, weil erstere dort schon zu tief liegt; die Wunde muss nach unten erweitert werden, wodurch der freier liegende Theil der Gallenblase sich einstellt.

Verlauf nicht so reactionslos wie gewöhnlich, wahrscheinlich wegen der Netzverletzungen; Uebelkeit, Appetitmangel, einmal 38,0 Abendtemperatur.

26. Juni Incision ohne Narkose; Gallenblasenwand etwa 3 mm dick; klares Serum fliesst ab in ziemlich grosser Menge; kein Stein nachweisbar. Sonde dringt circa 12 cm nach oben, 3 cm nach unten, so dass die Blase in toto 15 cm lang ist.

Kein Tropfen Galle floss in den nächsten Wochen ab; trotz wiederholten Sondirens wurde erst am 24. Juli in grosser Tiefe ein Stein gefühlt, deshalb am 2. August Erweiterung der Fistel in Narkose nach oben. In verhältnismässig geringer Tiefe wird ein Stein zertrümmert und extrahirt; dann folgen 2 schlehengrosse, intacte Steine; sie sind annähernd cylindrisch, haben eine obere und untere glatt geschliffene Fläche, stammen also ohne Zweifel aus dem Ductus cysticus, in dem sie hinter einander gelegen haben. Da der zuletzt extrahirte Stein auch oben abgeschliffen ist, so muss unzweifelhaft hinter demselben noch einer stecken, doch ist derselbe nicht aufzufinden. Vergl. Fig. IV p. 7.

Patientin wurde am 8. September entlassen zur ambulanten Behandlung; sie stellte sich gelegentlich wieder vor; ihre Fistel lieferte immer nur Schleim, niemals Galle; sie schloss sich definitiv im November 1890.

Am 26. April 1891 stellte Patientin sich geheilt und wohl genährt vor; ihre Beschwerden waren geschwunden, doch behauptet sie, dass bei grossem Aerger — die sehr unzufriedene, bissige Person sucht und findet viel Grund, sich zu ärgern — die Gallenblase wieder anschwillt, und dass sie dann einen erbsengrossen, eckigen Stein medianwärts von der Narbe in der Gallenblase fühlt. Sie wurde geärgert, um event. diese feine Diagnose zu verificiren; man fühlte nichts; wahrscheinlich kam der Aerger doch nicht recht von Herzen, so dass der Versuch demnächst wiederholt werden soll; 20. October 1891 noch immer kein Stein gefühlt, doch ist es sehr wohl möglich, dass noch einer in der Tiefe steckt.

Alle vier Fälle erschienen vor der Operation sehr einfach; selbst nach der Eröffnung der Bauchhöhle schienen die Verhältnisse günstig zu liegen, Niemand konnte ahnen, dass alle 4 Frauen Steine im Duct. cysticus hatten, da ihre Beschwerden nicht grösser gewesen waren, als die der anderen Kranken mit reinem Hydrops ves. fell. inflamm.

Alle luden zur idealen Cystotomie ein, und in allen 4 Fällen wäre diese falsch gewesen. Ich zweifle nicht, dass die Naht geglückt wäre, da der Inhalt der Gallenblase ein seröser war, aber die Steine im Duct. cyst. hätten die Kranken weiter gequält. Hier war Drainage der Gallenblase vor allem am Platze; es gelang mittelst derselben nach und nach die Diagnose auf Cysticussteine zu stellen; hätte man dieselbe gleich feststellen wollen, so wäre ein sehr grosser Schnitt nötig gewesen; aber auch dann wären kleine Steine bei den prall gespannten Gallenblasen in der Tiefe mit dem Finger schwer zu fühlen gewesen; nur in dem zuletzt beschriebenen Falle (No. 17) hätte man event. gleich Klarheit bekommen. Ein grosser Schnitt in den Bauch ist aber immer zu verwerfen, wenn man mit einem kleineren event. das Ziel erreicht; dort besteht die Gefahr der Hernienbildung, hier nicht oder doch in viel geringerem Masse, ganz abgesehen davon, dass die Gefahr der acuten Infection sofort bei der Operation ja auch wächst entsprechend der Grösse der Wunde, dem Vorfall der Därme u. s. w. Die Hauptsache bei allen Gallensteinoperationen muss die bleiben, dass keine Menschen dabei zu Grunde gehen. Das Publikum wird immer darauf hinweisen, dass so und so viel Gallensteinkranke durch interne Mittel geheilt werden; es hat ja nicht die Möglichkeit der Kritik des einzelnen Falles, es weiss ja nicht, dass die operationsbedürftigen Patienten mit grossen Gallensteinen nie und nimmermehr durch interne Mittel geheilt werden können, dass nur die kleinen durch dieselben zum Abgange gezwungen werden. Fürs Publikum sind Gallensteine eben Gallensteine, um die Grösse derselben kümmert sich kein Mensch.

Nun ist in der That die zweizeitige Cystotomie bei richtiger Ausführung eine absolut ungefährliche Operation; ich habe keinen einzigen Kranken infolge der Operation selbst verloren; die wenigen Todesfälle, die ich überhaupt erlebt habe, sind durch Complicationen herbeigeführt worden, die mit der zweizeitigen Operation als solcher gar nichts zu thun haben. Deshalb lasse ich mich durch glänzende Resultate anderer Chirurgen, durch die raschen Heilungen nicht verführen, von dem Verfahren abzugehen — bei der Operation von Steinen in Gallenblase und Ductus cysticus, während Steine im Ductus choledochus unbedingt einzeitig operirt werden müssen (s. u.), falls nicht die Steine reihenweise von der Gallenblase an bis zum Duodenum hinter einander liegen, so dass man sie von der Gallenblase aus extrahiren kann (No. 31 Fig. VI). Das sind aber Ausnahmefälle, für gewöhnlich sind Gallenblasen- und Choledochussteine getrennt von einander, und dann bringt nur die directe Incision in den Ductus choledochus Erfolg. Ich behaupte nicht, dass man nicht vielfach einzeitig die Gallenblase annähen und sofort eröffnen könnte.

Das geht gewiss in einer Anzahl von Fällen, ebenso wie die ideale Cystotomie ja vielfach gelingt; aber auch dabei handelt es sich immer um gut zugängliche, freiliegende Gallenblasen. In manchen Fällen sind aber die Gallenblasen nicht gut zugänglich; sie liegen in der Tiefe unter der Leber, lassen sich gar nicht der vorderen Bauchwand nähern. Da kommt es darauf an, einen Kanal von der vorderen Bauchwand nach der Gallenblase zu schaffen, in den sich der Inhalt derselben entleeren kann nach der Oeffnung, ohne Schaden zu thun, ohne in die Bauchhöhle zu fliessen.

Im oberen Winkel der Wunde liegt regelmässig die Leber frei; die hintere Fläche des überdeckenden Leberlappens soll die obere Wand des zukünftigen Kanales liefern, sie muss also mit Granulationen bekleidet werden, damit die Galle nicht an der Leber entlang in den Bauch läuft. Diesen Kanal erzwingt man dadurch, dass man seitlich das Peritoneum samt Fascia transversa event. mehrere Centimeter weit ablöst und die so entstandenen Lappen in die Tiefe schlägt und dort 1—2 cm von einander entfernt mit der Gallenblase vernäht; dann werden nach unten, d. h. nach dem Nabel zu, die abgelösten Peritonealblätter ebenfalls mit einander vernäht, wobei natürlich auch der untere Pol der Gallenblase mit berücksichtigt wird. Nun haben wir einen Raum geschaffen, der nach oben von der hinteren Fläche der Leber (gleich hinter ihrem scharfen Rande) begrenzt wird; ganz zu unterst liegt in einer Ausdehnug von circa 2 qcm die Gallenblase frei; seitlich und unten liegen die in die Tiefe gestülpten Peritoneallappen. An der zukünftigen Einstichstelle wird ein schwarzer Seidenfaden in die Wand der Gallenblase eingenäht, und nun der so geschaffene Raum durch 4 frisch ausgekochte kleine Jodoformgazebäusche, die rings um den schwarzen Faden, oben und unten gleich dick, sorgfältig eingelegt werden, austamponirt. Damit diefe Tampons richtig liegen bleiben, einen von oben bis unten gleichmässig weiten Canal schaffen, werden die Schnittränder des Rectus — nicht der Haut — durch einige Catgutnähte darüber so vereinigt, dass nur noch der schwarze Leitungsfaden und einige Büschel von der Gaze durch den Muskelspalt hindurchschauen — was ich nebenbei bemerkt bei jeder Fixation einer Gallenblase, auch einer freiliegenden, thue — dann wird die Hautwunde ausgestopft und nun der Verband angelegt, der 12 Tage liegen bleibt. Entfernt man dann in Narkose die Tampons, so sieht man in einen mit schönen Granulationen ausgekleideten Kanal, in dessen Tiefe der schwarze Leitungsfaden die Stelle andeutet, wo der Einstich in die Gallenblase erfolgen muss und jetzt unbedenklich erfolgen kann.

Nachdem ein Referent über meine Gallenblasenarbeit in der Berl. Kl. Wochenschr. 1888 die Bemerkung hat einfliessen lassen, die von mir beschriebene Technik der Operation enthielte nichts neues, genire ich mich eigentlich, hier nochmals auf den Gegenstand zurückzukommen; ich bitte diejenigen um Entschuldigung, die dies alles so oder noch besser machen, ich muss aber auch auf diejenigen Rücksicht nehmen, welche so schwierige Fälle noch nicht operirt haben; vielleicht dass diese mir Dank wissen, jene mögen den Passus überschlagen.

Man hat der zweizeitigen Operation mancherlei Nachtheile vorgeworfen, ein neuerer Autor hat ein wahres Sündenregister aufgestellt. Auf alle diese unbegründeten Vorwürfe kann ich nicht eingehen, nur einen will ich berücksichtigen, weil er immer und immer wieder auftaucht, das ist die der zweizeitigen Operation vorgeworfene Gefahr der permanenten Fistelbildung. Würde man die Aetiologie dieser Fisteln etwas genauer berücksichtigen, so würde man diese Fistelbildung gerade als **Vortheil** der Operation, nicht als einen Nachtheil derselben betrachten. Diese Fisteln haben ihre guten Gründe; sie beruhen meist auf unvollständiger, z. Th. sogar unrichtiger Ausführung der Operation, theils auf dem Vorhandensein unüberwindlicher Hindernisse — in letzterem Falle heilen sie aber gewöhnlich nach einiger Zeit von selbst.

Die Fisteln nach der zweizeitigen Operation und ihre Behandlung.

Wir müssen Schleim- und Gallenfisteln unterscheiden. Erstere entstehen, wenn der Ductus cysticus obliterirt oder durch Steine verstopft ist, letztere bei den gleichen Hindernissen im Ductus choledochus und bei Zerrungen und Verwachsungen desselben. Ist der Ductus cysticus obliterirt und die Gallenblase intact, so kann es event. zu einer dauernden, geringe Mengen von Schleim producirenden Fistel kommen — nach meiner Ansicht die einzige noch existirende Indication für die totale Exstirpation der Gallenblase, alle übrigen verwerfe ich unbedingt, selbst die Gefahr des Recidives lasse ich nicht gelten; wenn die Gallenblase eine Zeit lang richtig drainirt ist, so dass sie wieder gesund werden kann, giebts Recidive gewiss nicht rasch, da noch kein einziger von meinen Kranken bis jetzt ein Recidiv bekommen hat. Wenn Jemand durch eine solche Fistel arg belästigt werden sollte, was ich nicht glaube, so muss er sich eben seine Gallenblase exstirpiren lassen. Die Erfahrung scheint nun aber zu lehren, dass, wenn der Duct. cyst. obliterirt, die Gallenblase meist auch so stark geschädigt ist, dass sie entweder auch obliterirt oder wenigstens nur minime Mengen von Schleim producirt; letztere verhindern nicht die Heilung der Fisteln. Wir haben schon oben einen derartigen Fall angeführt (No. 29), wo erst die Steine aus dem Duct. cyst. entfernt wurden; dann obliterirte der Duct. cyst. und die mit Septum versehene Gallenblase, die niemals Galle entleert hatte, verheilte ohne Störung und zwar definitiv. Weiter unten wird ein zweiter und ein dritter Fall mitgetheilt werden (No. 35 u. 39), hier mögen zwei weitere Platz finden:

Frau Franke aus Eisenberg, 50 Jahre alt, aufg. 22. Juni 1889. No. 10. Seit circa $1^1/_2$ Jahren leidet Patientin an heftigen Kolikanfällen mit Erbrechen; die Folgen davon sind nervöse Aufregung, Schlaflosigkeit und starke Abmagerung. Icterus ist nie vorhanden gewesen. Während der Anfälle erscheint ein gewaltiger Tumor in der Höhe des Nabels; derselbe wurde von einem Arzte punctirt; man entleerte ziemlich klare Flüssigkeit.

Zur Zeit ist von diesem prall gespannten Tumor nichts zu fühlen, dagegen präsentirt sich ein derber, die Spin. Umb. linie um 2 cm nach unten überragender Leberfortsatz, an dessen medialer Seite Druck schmerzhaft empfunden wird.

25. Juni 1889: Incision durch den rechten Rectus abdominis legt den schlaffen, grauen, gerunzelten Leberfortsatz frei; medianwärts und dahinter, nach abwärts noch circa 2 cm den Fortsatz überragend, liegt ein schlaffer, mit der Leber verwachsener Sack, der zwar äusserlich vom Darm nicht zu unterscheiden, der Lage nach die extrem in die Länge gezogene Gallenblase sein muss.

Der Leberfortsatz wird nach rechts gedrängt, worauf es gelingt, wenigstens den linken Rand der Gallenblase mit dem linksseitigen Peritoneum zu vereinigen, rechts legt sich die Leber immer wieder vor; es wird deshalb ein besonders derber Tampon bis auf die Gallenblase geschoben und in der Muskelwunde fixirt.

Nach reactionslosem Verlaufe 3. Juli 1889 Incision ohne Narkose. Dieselbe kostet etwas mehr Zeit wie gewöhnlich, weil die Gallenblasenwand circa $^1/_2$ cm dick ist; endlich entleert sich völlig klare, seröse, fadenziehende Flüssigkeit; es werden 5 bis zu 3 cm im Durchmesser haltende und ein kleinerer Stein entleert. Die Gallenblase ist an ihrem oberen Theile eröffnet; man kann den ganzen Finger nach unten hin einführen; nach oben hin ist keine Andeutung von einem austretenden Cysticus wahrzunehmen; zum Schluss entleert sich grünlich-schleimige Flüssigkeit. Drainage.

Anfangs starke Sekretion schleimiger Flüssigkeit; am 7. Juli liegen noch zwei weitere kirschengrosse, facettirte grünschwarze Steine im Verbande. Der Ausfluss wird bald geringer, ist aber nie gallig gefärbt; Fistel verengt sich langsam, so dass Patientin am 28. Juli nach Hause reist; dort schliesst sich alsbald die Fistel, ohne dass ein Tropfen Galle geflossen ist.

Ende September 1889 stellt sie sich in blühendem Zustande wieder vor: alle Beschwerden sind vorüber; Gewichtszunahme sehr beträchtlich. Laut Brief ihres Arztes vom October 1891 dauernd gesund und frei von Beschwerden geblieben.

Frau Kiel, 66 Jahre alt, aus Eisenberg, aufg. 9. Juni 1891. No. 21. Patientin leidet seit circa 15 bis 20 Jahren — Genaueres weiss sie nicht anzugeben — an Magenschmerzen, die wahrscheinlich immer Gallensteinkoliken waren; in der letzten Zeit sind die Beschwerden ganz excessiv geworden, so dass sie endlich dem Drängen ihres Arztes nachgegeben und sich zur Operation entschlossen hat; Gelbsucht nie vorhanden.

Stat. praes. Abgemagerte, cachectische alte Frau. Rechter Leberlappen reicht als derber Tumor bis gut 2 cm unter die Sp. U. linie hinab; an der medialen Seite desselben, hoch oben, fast in der Mittellinie gelegen, ein derber, höckeriger, auf Druck sehr empfindlicher Tumor, deutlich palpabel.

13. Juni 1891 Incision durch den medialen Rand des rechten Rect. abd. Zunächst findet sich derb verwachsenes Netz, das hier und da in Vereiterung begriffenes

Fett zu enthalten scheint. Weiter abwärts findet sich das Colon transversum an der Gallenblase adhaerent. Dasselbe ist spitzwinkelig nach oben verzogen, so dass es in erheblichem Grade abgeknickt erscheint. Es wird nur partiell abgelöst, weil die Adhaesionen ebenfalls verdächtig erscheinen betreffs beginnender Eiterung. Leber blauroth, dick und derbe, nicht zungenförmig ausgezogen, weil Gallenblase hoch oben liegt. Vernähung des der Gallenblase aufliegenden Netzes mit dem Parietalperitoneum. Reactionsloser Verlauf.

24. Juni. Incision, viel Eiter in der Wunde unter der Gaze. Gallenblasenwand und aufgelagertes Netz zusammen $^3/_4$ cm dick. Inhalt der Gallenblase höchst putride; schmierige, käsige Masse, in dieselbe eingebettet ein einziger vierkantiger, auf der einen Seite platter, auf der anderen mit vier dreieckigen Flächen versehener Stein; Höhle circa wallnussgross, mit weichen, schwammigen Granulationen ausgekleidet. Drainage.

15. Juli. Bis jetzt keine Spur von Galle geflossen; Drain entfernt, weil Höhle sich rapide schliesst. Ende Juli geheilt entlassen und dauernd gesund geblieben.

Bei Frau Franke war die Gallenblase sehr gross; es ist kaum anzunehmen, dass sie in toto obliterirt ist, aber die Fistel ist zugeheilt und nunmehr über zwei Jahre geschlossen geblieben; man wird bei dem guten Befinden der Patientin kaum zu fürchten brauchen, dass sich wieder Sekret ansammelt und die Narbe sprengt. Bei Frau Kiel existirte Schleimhaut überhaupt nicht mehr; die Innenwand der Blase glich einer gewöhnlichen Granulationsfläche, die Gallenblase ist unzweifelhaft total obliterirt. Patientin ist noch dadurch interessant, dass bei ihr vielleicht eine partielle Auflösung von Steinen durch den putriden Eiter stattgefunden hatte. Der Eiter war stinkend geworden durch die Verwachsung der Gallenblase mit dem Colon transversum; er hatte, wie es schien, einzelne Steine aufgelöst und in einen schmierigen, käsigen Brei verwandelt; weil nämlich der einzige restirende Stein dreieckige Flächen hatte, muss man annehmen, dass früher mehrere Steine in der Gallenblase gelegen haben, da isolirte Steine wohl immer rund sind; die eckige Form kommt bekanntlich durch das Aneinanderliegen der Steine zu Stande. Wir würden also vielleicht im faulen Eiter ein Mittel zur Auflösung von Steinen in der Gallenblase gefunden haben; schade, dass es im Leben nicht anwendbar ist.

In diesen 5 Fällen hat sich also die Schleimfistel der Gallenblase nach Obliteration des Ductus cysticus spontan geschlossen. Daraufhin aber eine Operationsmethode, die Ligatur des Ductus cysticus mit Erhaltung der Gallenblase zu gründen, erscheint völlig ungerechtfertigt. Die Gallenblase braucht nur normale Schleimhaut zu haben, so wird sie wieder Schleim secerniren, und die Fistel wird sich nicht schliessen. Ich sehe auch gar keinen Grund ein, warum man einem Menschen mit Vorbedacht die Gallenblase ausser Function setzen will, wenn man ihn mit Erhaltung derselben heilen kann, und zwar leicht und gefahrlos, während die Unterbindung des Ductus cysticus immer einen grösseren Eingriff repräsentirt. Wenn solche Vorschläge von den Chirurgen gemacht und theilweise acceptirt werden, so kann man sich nicht wundern, dass die internen Kliniker ihre Kranken zu solchen Künsteleien nicht hergeben wollen.

Schleimfisteln entstehen weiter durch Steine im Ductus cysticus (vergl. die oben beschriebenen 4 Fälle); sie beweisen, dass die Operation nicht vollendet ist, dass man eben die Steine hat stecken lassen. Es besteht die Aufgabe, dieselben herauszuschaffen. Diese Aufgabe ist nicht leicht; Arzt und Patient müssen Geduld und Ausdauer haben, um das Ziel zu erreichen. Möglich ist ja, dass event. bei sehr grossem Steine im Ductus cysticus der Schnitt in denselben indicirt sein kann — ich würde ihn sehr ungerne machen wegen der Lage des Ductus cysticus unter der Leber, der Ductus choledochus eignet sich viel besser zur Incision — für gewöhnlich bedarf es eines solchen Schnittes nicht mit vorhergehender grosser Incision durch die Bauchdecken; es gelingt, von der Gallenblasenfistel aus die Steine langsam zu extrahiren, oder sie kommen von selbst zum Vorscheine, nachdem der Ductus abgeschwollen ist. Sind sie so gross, dass sie nicht herausfallen können, so richtet sich das Verfahren nach dem Verhalten des Ductus unterhalb des Steines. Ist er nur wenig verengt, so dass die Spitze des eingeführten Zeigefingers den Stein noch berührt, so ist der Nagel dieses Fingers das beste Instrument zur Beseitigung desselben. Es kommt darauf an, die harte Schale des unteren Poles von dem Steine zu zerreiben; hat man diese Schale zertrümmert, so gelingt es leicht, den weicheren Kern auszuhöhlen, worauf der Stein mehr oder weniger leicht zusammenfällt. Diese Arbeit ist oft sehr sauer; der Finger ermüdet total, der Stein entweicht immer wieder nach oben; 1 Stunde und mehr habe ich mich schon gequält, um einen solchen Stein herauszubringen; endlich ist es gelungen (No. 9, No. 19).

Sitzt der Stein so tief im Ductus cysticus, dass man ihn mit dem Finger nicht erreichen kann, so empfiehlt sich der nach bekannten Principien construirte „Gallensteinfänger" (vergl. Fig. X), ein langes, mit einer schmalen, biegsamen Oese versehenes Instrument, das sich gelegentlich zwischen Ductuswand und Stein hinter letzteren führen lässt. Nicht selten ist vorgängige Dilatation des Duct. cyst. mittelst Laminaria nothwendig; letztere ist in solchen schwierigen Fällen ganz unentbehrlich, wenn ihre Anwendung für den Patienten auch nicht gerade angenehm ist; zuweilen rutschen kleinere Steine direct in dem dilatirten Gange herunter. Statt des „Gallensteinfängers" bedient man sich auch gelegentlich schlanker Zangen mit doppeltem Schlosse, von denen das eine ganz weit nach vorne, das andere hinten gelegen ist, wie sie für die Extraction von

Fremdkörpern aus der Urethra, dem Oesophagus u. s. w. angewandt werden. Zuweilen wird das ganze Instrumentarium durchprobirt, bis es endlich vielleicht mit Hülfe eines scharfen Löffels gelingt, den Stein zu zerschaben und dann die Trümmer zu extrahiren. Gallensteine sind ja weich, wenn sie auch hell klingen bei Berührung mit

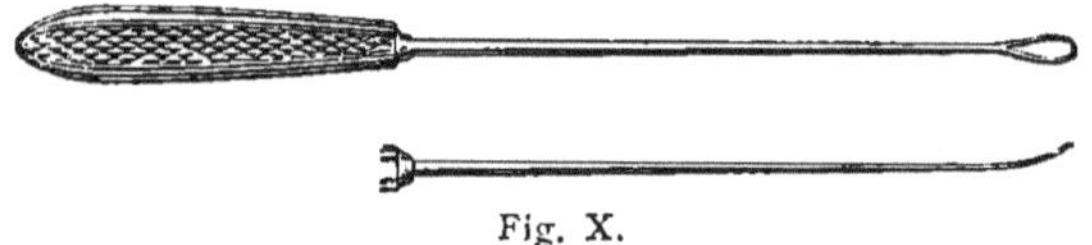

Fig. X.

der Sonde; man darf nicht zu früh verzagen; oft steht allerdings die Kleinheit des Objectes in starkem Gegensatze zur Grösse der aufgewandten Mühe; man ärgert sich, dass man eine Stunde Zeit mit der Entfernung eines erbsengrossen Steines vertrödelt hat — aber für den Patienten ist dieser erbsengrosse Stein im Ductus cysticus wichtiger und gefährlicher, als ein Dutzend grosse Steine in der Gallenblase selbst; diese sind leicht zu entfernen, jener schwer.

Gallenfisteln von längerer Dauer — solche von kurzer Dauer legen wir ja immer bei der doppelzeitigen Cystotomie mit Absicht an — entstehen, wie oben erwähnt, durch Obliteration des Ductus choledochus, durch Knickungen und Zerrungen desselben, zum Theil bedingt durch Verwachsungen mit den umgebenden Intestinis, endlich am häufigsten durch Steine in demselben. Die Obliteration des Duct. chol. ist ja durch Beobachtungen festgestellt; ich glaube aber, dass sie ungemein selten ist; ich selbst habe sie nie gesehen; Vermuthungen in dieser Richtung haben sich nie bestätigt. Die Natur wird sich eben diesen wichtigen Gang nicht leicht verlegen lassen, der Druck der Galle wird jede Verwachsung wieder sprengen, während der nach Entleerung von Gallenblasensteinen druckfreie Duct. cyst. nur zu leicht obliterirt.

Zerrungen und Knickungen kommen zum Theil dadurch zu Stande, dass event. die Gallenblase zu weit unten an die Bauchdecken angenäht wird; nach Entleerung wird sie mittelst des Duct. cysticus einen Zug auf den Ductus choledochus ausüben, denselben abknicken können; in dieser Weise habe ich mir die Thatsache zu erklären gesucht, dass ausnahmsweise eine Gallenfistel sich nicht schliesst in der gewöhnlichen Zeit. Normaler Weise hört die bei jeder zweizeitigen Operation angelegte Gallenfistel nach 2—6 Wochen auf, zu secerniren; die Fistel schliesst sich ganz von selbst. Ausnahmsweise läuft die Galle profuse weiter, auch wenn keine Verwachsungen in der Tiefe existiren. Dies kommt besonders vor bei grossen Gallenblasen, die also später die Möglichkeit haben, sich stark zu retrahiren; aber auch bei kleineren wird der Ausfluss von Galle zuweilen sehr profuse, so dass man auch bei ihnen ein starkes Retractionsvermögen annehmen muss mit nachfolgender Zerrung des Ductus choledochus. Löst man derartige Gallenblasen von der vorderen Bauchwand ab, so sieht man zuweilen — nicht immer —, dass sie rasch und stark in die Tiefe sinken, als ob sie in der That zu energisch angespannt gewesen wären. Unter solchen Umständen ist die Ablösung der Gallenblase von der vorderen Bauchwand und nachfolgende Naht derselben indicirt. Ich habe sie unter 30 Fällen von doppelzeitiger Cystotomie nur 2 mal nöthig gehabt aus diesem Grunde. Die Operation ist ebenso leicht als gefahrlos; man braucht nämlich die Bauchhöhle selbst dabei nicht jedes Mal zu eröffnen. Die Gallenblase ist durch peritoneale Schwarten, rings um die Fistel herum, an die vordere Bauchwand angewachsen; es ist nicht nöthig, diese Schwarten zu verletzen. Man löst die leicht kenntliche derbe Wand der Gallenblase ringsum ab, frischt die meist etwas nach aussen umgeworfenen Ränder der Fistel gehörig an und vernäht die nun gebildeten Wundflächen mit feinster Darmseide. Während des Nähens merkt man schon, dass die Gallenblase mit grosser Energie in die Tiefe strebt, so dass man also die Fäden recht lang lassen muss, um frühzeitiges Hineinrutschen der Gallenblase in die Tiefe zu vermeiden. Ist die Naht fertig, so werden die Fäden abgeschnitten, und nun zieht sich die Gallenblase in die Tiefe, die peritonealen Schwarten in Gestalt eines Trichters hinter sich herzerrend; bei der Darmnaht erlebt man ja oft ähnliches. Von drei Gallenblasennähten (die dritte wegen Lippenfistel s. o. No. 19) sind zwei ohne Eröffnung des Bauchfelles operirt; bei der dritten dagegen wurde sie geöffnet (No. 18 s. o.). Ein noch mitzutheilender Fall ist folgender:

Frau G., 31 Jahre alt, aufg. 5. Mai 1890, No. 15.

Patientin leidet seit 7 Jahren an zeitweise auftretenden Schmerzen in der Lebergegend, die besonders stark nach Anstrengungen waren, aber niemals zu richtigen Kolikanfällen ausarteten. Appetit und Verdauung hatten gelitten. Gleichzeitig war Patientin unterleibsleidend; sie hatte 5 mal abortirt und nur ein Kind ausgetragen. Vor 5 Jahren trat heftige Entzündung in der Lebergegend auf; es bildete sich ein Abscefs, der alsbald perforirte; seitdem bestanden 2 Fisteln, die nach Angabe der Kranken bald hell-seröses, bald grünliches Sekret lieferten.

Patientin liess sich wegen dieser Fisteln schon vor zwei Jahren in die hiesige Klinik aufnehmen; die Fisteln wurden weithin durch die Bauchdecken verfolgt unter ausgiebiger Spaltung von Haut und Muskeln, doch gelang es nicht, ihren Eintritt in die Bauchhöhle festzustellen. Da die Angaben der etwas hysterischen Kranken nicht sicher erschienen, — grünes Sekret war hier nicht beobachtet — so wurde die Operation abgebrochen. Während die ausgedehnten Wunden heilten, blieb in der Höhe des Nabels in der Verlängerung der Parasternallinie eine Fistel, welche nach einiger Zeit, als Patientin schon entlassen war, Galle vorübergehend entleerte. Trotz des ihr gegebenen Rates, sich alsbald wieder vorzustellen, blieb Patientin fast zwei

Jahre aus, fortwährend an Schmerzen und Uebelkeit leidend; sie erschien erst wieder, als ihr Körpergewicht auf 40,1 Kilo gesunken war.

Die Untersuchung ergab jetzt eine undeutlich durch die narbigen Gewebe hindurch fühlbare Geschwulst zwischen Fistelöffnung und mutmasslichem unterem Leberrande; die Fistel führte 2 bis 3 cm nach oben.

Sie wurde am 11. Mai 1890 gespalten, doch konnte man sie abermals nur eine kurze Strecke weit nach oben verfolgen. Deshalb directer Schnitt auf die Geschwulst, die sich als ein ganz atrophischer Leberfortsatz erweist, der sehr stark mit peritonealen Schwarten bedeckt ist. Hinter diesem äusserst dünnen Fortsatze und medialwärts ihn überragend liegt ein harter Tumor, der unbedingt die gefüllte Gallenblase sein muss. Es gelingt, sowohl den verdickten Ueberzug des Leberfortsatzes, als auch die Gallenblase mit dem Peritoneum partiell so sicher zu vernähen, dass sofort zur Incision geschritten werden kann, die allerdings durch den Leberfortsatz selbst hindurchführt. Derselbe ist so erheblich atrophirt, dass nur ein einziges kleines Gefäfs blutet, das leicht umstochen wird. Der Schnitt eröffnet einen Hohlraum, aus dem klare, fadenziehende Flüssigkeit austritt; ganz zuletzt kommt grüngelb gefärbte. Ein einziger haselnussgrosser, oberflächlich höckeriger Stein wird leicht extrahirt; es ist ein durchscheinender, reiner Cholestearinstein von gelblichweisser Farbe und mit deutlichen viereckigen Täfelchen an seiner Peripherie; ein Kern ist darin nicht wahrzunehmen. Schon am nächsten Tage war der Verband mit Galle durchtränkt, obwohl bei der Operation keine Spur davon sichtbar war. Verlauf dauernd reactionslos; zuerst ziemlich starke Sekretion, die später geringer wurde.

Da Patientin in der Nähe von Jena wohnte, so wurde sie am 8. Juni entlassen mit dem Rate, sich nach 4 Wochen wieder aufnehmen zu lassen, wenn die Fiste bis dahin nicht geheilt sei; dies geschah nicht, deshalb wurde am 8. Juli die Gallenblase von den peritonealen Schwarten losgelöst, die Fistel ausgiebig freigelegt, in querer Richtung angefrischt und mittelst feinster Darmseide vernäht. Die Bauchhöhle wurde dabei nicht geöffnet; die Gallenblase sank sofort in die Tiefe, ringsum die peritonealen Schwarten hinter sich herziehend. Die Heilung trat in kürzester Zeit ein; Patientin stellte sich einige Monate später in erfreulichem Zustande vor und ist dauernd gesund geblieben.

Alle drei Kranke sind glatt geheilt ohne jede Störung; die Bedingungen für die Heilung waren günstig; in der Tiefe fehlte jedes Hindernis für den Abfluss der Galle, so dass die Naht keinen erhöhten Druck auszuhalten brauchte. Ganz anders liegt die Sache, wenn die Passage in der Tiefe etwas erschwert ist, wenn noch Steine unvermutet in der Tiefe stecken, so dass die Gallenblasennaht unter hohen Druck kommt, wobei gleichzeitig der Organismus sich bemüht, den Stein durch die Papille zu jagen, nachdem der Galle der Abfluss durch die Fistel verlegt ist:

Frau O., 19 Jahre alt, aufg. 28. September 1890, No. 32.

Die junge, kräftige, einmal entbundene Frau bekam vor 6 Wochen zum ersten Male einen heftigen Anfall von Erbrechen, Auftreibung des Leibes und ganz extreme Schmerzen in der Lebergegend; Icterus war nicht vorhanden. Der Anfall dauerte 5 Tage lang, um dann vollständiger Euphorie zu weichen. Geängstigt durch die ganz „entsetzlichen" Qualen, die sie ausgehalten hatte, stellte sie sich Anfang October 1890 vor, befolgte aber nicht den ihr gegebenen Rat, sich schleunigst operiren zu lassen, sondern wartete, bis sie vor 4 Tagen einen neuen, allerdings nur kurze Zeit dauernden Anfall bekam.

Die Untersuchung ergab keine objectiv nachweisbaren Anomalien; der untere Rand der Leber überhaupt nicht nachweisbar, ebensowenig ein Tumor. Druck auf die muthmassliche Gallenblasengegend sehr empfindlich; beim Gegendrucke von hinten glaubt man dort eine grössere Resistenz und ein leises Knirschen zu fühlen, doch ist der Befund ein sehr unsicherer, so dass die Diagnose sich nur auf die Anamnese und den Schmerzpunkt stützt.

1. October 1890; Schnitt durch den rechten Rectus abd.; es zeigt sich eine tiefe Furche zwischen Lob. dext. und ant. hepatis; in der Tiefe derselben liegt die Gallenblase, grauweiss, weich und glatt, vorne nirgends adhaerent, während nach dem Duct. cyst. zu Adhaesionen mit Netz vorhanden sind. Durch die Wandung der circa daumendicken, langgestreckten, wurstförmigen Gallenblase hindurch sah und fühlte man deutlich kleine Steine. Nur die unterste Kuppe der Gallenblase liess sich durch die Naht ans Peritoneum fixiren, oben blieb die Leber frei im Schnitte liegen. Ausstopfung der Wunde.

Nach reactionslosem Verlaufe Incision 10. October 1890. Wand der Blase höchstens 2 mm dick, Innenfläche derselben dunkelroth, sammetartig; Entleerung von 102 kleinen, weichen, hellen, im Centrum einen dunklen Kern enthaltenden Steinen, die zum Theil so fest an der Innenfläche der Gallenblase haften, dass sie von derselben losgekratzt werden müssen; es fliessen reichliche Mengen dunkelgrüner Galle ab. Nach langem Suchen glaubt man endlich, alle Steine entfernt zu haben. Drainage.

Secretion nach der Operation sehr stark, so dass Patientin, welche am 15. Octbr. das Bett verlassen hatte, sich wieder hinlegen musste; ein in die Fistel eingelegtes Rohr leitet binnen 48 Stunden 470,0 Galle in die neben dem Bette stehende Flasche, deshalb 22. October 1890 Ablösung der Gallenblase von der vorderen Bauchwand bis auf eine dünne Schicht peritonealer Schwarten. Gallenblase hat grosse Tendenz, in den Bauch zurück zu sinken, so dass Anfrischung und Naht der Fistelränder nur mit einigen Hindernissen gelingen; nachdem die Gallenblase losgelassen ist, rutscht sie tief unter die Leber hinein.

Statt des gewohnten reactionslosen Verlaufes in den nächsten Tagen gewaltiger Sturm, Erbrechen galliger Massen, Leibschmerzen, am 24. October Abends 38,9 Temp., 150 Pulsschläge, klein, fadenförmig; am 25. October deutlicher Icterus mittleren Grades, der bis zum 28. October unter allmählichem Abklingen der stürmischen Symptome verschwindet. Nach Inf. Rad. Rhei Stuhlgang, worauf alle Beschwerden verschwinden; ein Stein wird nicht gefunden.

16. November fast geheilt entlassen.

12. Dezember wieder vorgestellt; alle Beschwerden sind fort.

Ein Stein ist im Stuhlgange nicht gefunden worden; ich war verreist, als der Sturm tobte, und glaube, dass vielleicht nicht sorgfältig genug nach dem Steine gesucht worden ist. Die Patientin hatte lauter kleine zum Durchwandern der Gänge geeignete Steine; zum Glück fiel sie mir so frühzeitig in die Hände, dass ich dem Durchmarsche von diesen 102 Quälgeistern vorbeugen konnte. Leicht möglich aber ist, dass einer dieser sehr kleinen Gesellen beim ersten Anfalle in den Ductus choledochus gerathen ist; er bewirkte keinen Icterus, weil er allzu klein war. Als aber die Gallenfistel geschlossen war, da jagte ihn die Galle gegen die Papille, so dass Gallensteinkolik mit Icterus entstand und zwar so lange, bis der

Stein durchgedrückt war. Aber auch eine andere Erklärung ist möglich, die ich geben will im Anschluss an folgenden Fall:

Schuhmacher Wolny, 30 Jahre alt, aufg. 10. August 1891, No. 49.

Der magere, elend aussehende Mann giebt an, seit 2 Jahren „magenleidend" zu sein; Appetitmangel, Verdauungsbeschwerden quälten ihn in den ersten 12 Monaten, dann traten anscheinend typische Anfälle von Gallensteinkolik auf, aber ohne Icterus. Ein besonders heftiger Anfall um Weihnachten brachte dreitägiges Erbrechen und 48stündiges Schluchzen; Ostern dauerte eine eminent schmerzhafte Attaque fünf Tage lang. Seit 6 Wochen sind die Beschwerden fast continuirlich, so dass gerade in der letzten Zeit Patient rapide abgemagert sein will.

Die Untersuchung desselben ergiebt völlig negative Resultate; weder unterer Leberrand, noch Gallenblase sind fühlbar; Schmerzpunkt wird sehr unsicher angegeben. Mit Rücksicht auf die geschilderten Symptome wird aber die Diagnose auf Gallensteine gestellt und am

15. Juni incidirt. Es ergiebt sich, dass die Leber eben unter dem Rippenbogen hervorragt; sie ist unten mit peritonealen Schwarten bedeckt. Gallenblase nicht verwachsen, anscheinend ganz normal, mässig gefüllt; wird angenäht.

Verlauf gestört durch ungebührliches Benehmen des Patienten, der wiederholt das Bett verlässt und umherläuft, weil er Leibschmerzen habe. Es tritt hochgradige Retention von Kothmassen auf; Abführmittel, Lavements sind ohne Erfolg; ausgedehntes Eczem am Analrande quält den Kranken beständig.

29. Juni: Schnitt in die Gallenblase ist mit Schwierigkeiten verknüpft, weil der Leitefaden in Folge der Unruhe des Patienten verloren gegangen ist. Nachdem zuerst die Bauchhöhle an circumscripter Stelle geöffnet und wieder vernäht ist, gelingt die Incision in die Gallenblase, doch werden keine Steine gefunden; Galle anscheinend fast normal.

Die am nächsten Tage auf manuellem Wege herbeigeführte Kothentleerung ergab das überraschende Resultat, dass derselbe fast farblos war; einige Tage später trat bei vermindertem Abflusse von Galle aus der Fistel deutlicher Icterus auf, der mehrere Tage anhielt; Stuhlgang am 15. Juli noch farblos bei relativ geringfügigem Abflusse von Galle. Inzwischen hatte der behandelnde Arzt mitgetheilt, dass er während der letzten Anfälle deutlich die prall gespannte Gallenblase unter der Leber gefühlt habe; ausserdem sei der Kranke ein durchaus zuverlässiger Mann, dessen Angaben unbedingt der Wahrheit entsprechend seien; von der raschen Abmagerung desselben habe er sich selbst überzeugt.

Da am 22. Juli der Stuhlgang noch immer farblos war, so bekam Patient Abführmittel, um nochmals die tiefen Gänge nach Concrementen abzusuchen; am 24. Juli war nach Aussage des Kranken der Stuhlgang leicht gefärbt.

25. Juli: Ablösung der Gallenblase von der Bauchwand, Abtragung der Fistelränder, provisorische Vernähung der Blase, Erweiterung des Bauchschnittes nach oben und unten, nachdem der vorher in die Tiefe geführte Finger anscheinend kleine Prominenzen im Verlaufe des Ductus choledochus gefühlt hatte. Dieselben erwiesen sich leider als kleine, harte Partien im Pancreas; der Duct. chol. war anscheinend etwas verdickt und mit neugebildeten Schwarten bedeckt, ein Concrement konnte aber nicht in demselben entdeckt werden; auch hinter dem Duodenum in der Gegend der Papille wurde umsonst gesucht.

Nun musste angenommen werden, dass vielleicht gerade in den letzten Tagen der unzweifelhaft sehr kleine Stein mit dem Stuhlgange unbemerkt abgegangen sei, deshalb Vernähung der Gallenblase mit feinster Seide nach Entfernung der provisorischen Nähte, Versenkung derselben und Naht der Bauchwunde nach Exstirpation alles entzündlichen Gewebes in der Umgebung der alten Fistel.

Am nächsten Tage stieg die Temperatur auffallender Weise bis 38,0 bei 120 Pulsschlägen; der Kranke behauptete, eine ruhige Nacht gehabt, aber Morgens plötzlich Schmerzen im Bauche bekommen zu haben; derselbe erwies sich als leicht aufgetrieben. Als Abends 6 Uhr die Temperatur auf 39,0 stieg bei 130 kleinen Pulsschlägen, entstand der Verdacht, dass die Gallenblasennaht nicht gehalten habe; es wurde deshalb die Bauchwunde in ihrem mittleren Theile wieder geöffnet, um der Galle event. Abfluss zu verschaffen. Man fand aber nur hoch aufgetriebene Darmschlingen; zwischen ihnen und der Leber fanden sich Spuren eines rein serösen Sekretes, keine Galle. Es wurde ein Drainrohr unter die Leber geschoben, die Wunde mit frisch gekochter Gaze ausgestopft und mit dem Gedanken verbunden, dass der pathologische Anatom wohl den nächsten Verbandwechsel vornehmen würde.

Um so freudiger überraschte das Befinden des Kranken am nächsten Morgen. Er hatte während der Nacht einmal grosse Mengen grünlicher Massen per Os entleert, nachdem er unmittelbar nach Einlegung des Drains seine Schmerzen los geworden war; nach dem Erbrechen war ihm völlig wohl geworden; er hatte 37,0 Temperatur und einen ruhigen Puls von 80 Schlägen.

Das entleerte Secret aus der Bauchhöhle wurde genau mittelst Kultur untersucht; es war vollständig frei von Microorganismen.

Nach 4 Tagen konnte das Drainrohr aus dem Bauche entfernt werden; die Wunde bedurfte der Tamponade, um Vorfall von Netz zu verhüten. Der Verlauf war zunächst ein ungestörter, bis Ende August abermals ein heftiger Sturm losbrach: Schmerzen, von der linken Inguinalgegend nach dem Epigastrium ausstrahlend, permanentes Erbrechen, aufgetriebener Leib, 120 kleine Pulsschläge; dies dauerte zwei Tage lang, dann wurde der Magen ausgespült, worauf das Erbrechen sistirte.

Ende September trat eine ähnliche aber schwächere Attaque auf. Die Wunde war inzwischen längst geheilt; Patient wurde in noch ziemlich kümmerlichem Ernährungszustande 30. September entlassen, behauptete aber, ganz gesund zu sein.

Beide Fälle sind unsicher, weil keine Steine im Stuhlgange gefunden sind; in beiden habe ich die Ueberzeugung, dass Steine in den tiefen Gängen vorhanden gewesen sind, doch scheint der zuletzt erwähnte Kranke noch anderweitige Anomalien seiner Bauchorgane zu besitzen.

Sicher festgestellt worden ist aber nicht das Vorhandensein von Steinen, deshalb muss man daran denken, dass in beiden Fällen der Sturm auf die der Gallenblase resp. dem Gallengangsystem eigenthümliche Reizbarkeit zurückzuführen ist, also dieselbe Eigenschaft, die uns oben den unter hohem Fieber einhergehenden Gallensteinkolikanfall mit, z. Th. auch ohne Icterus erklärte. Dass in beiden Fällen die gewöhnliche Infection mit Staphylo- und Streptococcen fehlte, ist bewiesen; Culturen mit dem aus Wolnys Bauche entnommenen Sekrete waren gänzlich erfolglos; von der gewöhnlichen auf der Einwirkung dieser Mikroorganismen beruhenden Entzündung kann hier nicht die Rede sein, dagegen ist daran zu denken, dass in beiden Fällen relativ stark fliessende Gallenfisteln plötzlich verschlossen wurden, dass dadurch das gesamte Gallengangsystem mit Galle überschwemmt wurde, dass die Papille gar nicht recht mehr gewöhnt war, Galle in grösseren Mengen durchzulassen — lauter Momente, die sich event. vereinigten, um einen Kolikanfall hervorzurufen, der dort mit, hier ohne Icterus verlief. Ist diese Erklärung der Fälle richtig, so werde ich mich für die Zukunft noch mehr vor der idealen Cystotomie hüten, als bisher; man braucht nur zufällig auf einen besonders „empfindlichen" Patienten zu treffen, so kann es passiren, dass die Naht durch rasch sich ansammelndes seröses Sekret gesprengt wird. Dann fliesst die Galle permanent in die Bauchhöhle, der Tod des Kranken ist fast sicher (vergl. p. 102). Niemand kann aber vor der Operation wissen, ob der Patient ein übermässig empfindliches zu acut seröser Entzündung geneigtes Gallengangsystem hat oder nicht.

Wenn aber Steine bei unseren beiden Kranken im Ductus choled. steckten, so sprechen diese Fälle ebenfalls gegen die sofortige Naht, weil sie beweisen, dass ein schwerer Sturm sich entwickeln kann, sobald die Naht bei irgend welchen Hindernissen im Gebiete des Duct. chol. gemacht wird; er wird voraussichtlich frisch nach Entfernung der Steine erheblich grösser sein, als später, wenn die Gallenblase durch die Drainage wieder in bessere Verhältnisse gebracht worden ist. — Auf die Verlegung des Ductus choledochus durch Adhaesionen habe ich schon früher (Correspondenzbl. der Thüringer Aerzte) aufmerksam gemacht und dort einen schweren Fall von Steinbildung in der Gallenblase, Ductus cysticus und Ductus choledochus genauer beschrieben (No. 31, Fig. VI), der durch nachträgliche Lösung der Adhaesionen geheilt wurde, ohne dass eine Naht der Gallenfistel nöthig wurde. Letztere ist zum 5. und letzten Male ausgeführt bei No. 19, wo gänzlich abnorme Verhältnisse (grosse schlaffe Gallenblase, narbige ungemein dünne Bauchdecken) das Zustandekommen einer Lippenfistel zwischen Gallenblase und Bauchhaut ermöglicht hatten, der einzige Fall in dieser Art.

Diese wenigen Fisteloperationen werden mich nicht von der zweizeitigen Operation des Hydrops vesicae felleae infl. abbringen.

Weil event. Zerrung und Abknickung des Ductus chol. durch den straff gespannten Ductus cyst. erfolgen kann, ist es nöthig, die Gallenblase hoch oben frei zu legen und zu fixiren, resp. sie vor der Annähung an die vordere Bauchwand möglichst weit nach oben zu schieben, dementsprechend den Schnitt möglichst hoch anzulegen. Leider lässt sich die Gallenblase meist nur wenig dislociren, so dass immer in einzelnen wenigen Fällen der Schluss der Fistel durch Naht nothwendig werden wird, was bei freiem Ductus choledochus gar keine Gefahr involvirt. Zeigen sich dagegen Symptome von Steinen im Ductus choled., so wird man die Gallenfistel nicht durch die Naht schliessen, sondern dem Steine direct zu Leibe gehen. Ist er sehr klein, so werden wir unbedingt in Verlegenheit kommen, wie überhaupt „kleine" Steine die grössten Feinde der Chirurgen sind, weshalb wir sie gar zu gerne den internen Medicinern überlassen. Man kann eben kleine Steine durch die Wandung der Gallengänge zu schlecht durchfühlen, besonders wenn sie an der Papille sitzen; die physikalischen Verhältnisse sind dann eben zu ungünstig, und dieser Ungunst der Verhältnisse erliegen wir — die einzige Schattenseite der Gallensteinoperation.

B. Die Behandlung der Gallensteinkrankheit mit Icterus.

Oben ist besonders betont worden, dass circa in einem Drittel der Fälle der Icterus ein „begleitender" war, während er in 66 pCt. der Fälle auf dem Vorhandensein von Steinen im Duct. choled. beruhte; ob dies Verhältnis sich bei grösseren Zahlen ebenso gestaltet, muss ich dahingestellt sein lassen; ich habe das Gefühl, dass der „begleitende" Icterus noch häufiger ist, als oben angenommen wurde. Jedenfalls ist es für die Behandlung ungemein wichtig, beide Arten von Icterus streng zu scheiden. Dass das nicht immer möglich ist, liegt auf der Hand, doch giebt längere Beobachtung des Falles ziemlich viele Anhaltspunkte (s. o.).

Kranke mit „begleitendem" Icterus können nach der gewöhnlichen zweizeitigen Methode behandelt werden und genesen dabei sehr gut (No. 24, 28, 30, 34, 36), Kranke dagegen mit Icterus, bedingt durch Steine im Duct. choled., müssen sofort einzeitig mit directer Incision und Naht des Duct. choledochus operirt werden. Dazu gehört, dass man den Stein im Duct. choled. sicher nachweist und das kann man nur dadurch, dass die Bauchhöhle sofort durch relativ grossen Schnitt eröffnet wird; auch dieser braucht allerdings nicht länger wie 12—15 cm zu sein, ist also immer noch kleiner, als der zur Exstirpation der Gallenblase erforderliche, jedenfalls aber viel länger, als der einfache 5 cm lange zur doppelzeitigen Cystotomie nöthige; er verläuft durch den rechten Rect. abdom. senkrecht vom Rippenbogen bis zum Nabel, hat, weil er die Muskelsubstanz der Länge nach trennt, breite Wundflächen, die entsprechend gut verheilen, so dass Hernienbildung kaum zu fürchten ist. Nach Durchschneidung des Peritoneums orientirt man sich, findet gewöhnlich Verwachsungen der Gallenblase mit Magen, Netz und Colon transvers.; dieselben werden abgelöst, was oft leicht, oft aber auch sehr schwer gelingt (No. 35), aber zur Orientirung durchaus nothwendig ist, ebenso aber auch für die richtige Behandlung des Kranken, der auf jeden Fall von diesen Adhaesionen befreit werden muss. Die losgelösten Intestina werden mittelst frisch ausgekochter Gazetücher am besten durch Assistentenhände zurückgehalten, dann der Duct. choled. vollends frei präparirt, was trotz seiner anscheinend tiefen Lage keine grossen Schwierigkeiten macht. Hat der Stein eine irgendwie erhebliche Grösse, so fühlt man ihn sehr gut durch die Wandung des Ductus durch, kann ihn event. hin und her schieben; entdeckt man ihn nicht gleich, so geht man mit dem Finger unter den Ductus hindurch, denselben einerseits bis zur Leber, andererseits bis zum Duodenum verfolgend. Je dreister und entschlossener man arbeitet, desto besser für den Kranken, weil Zeit erspart wird, und Zeit ist Leben bei der Laparotomie.

Ist der Stein gefunden, so wird das weitere Verfahren verschieden sein, je nach dem Verhalten des Duct. cyst. Ist letzterer obliterirt (No. 35 u. 39), so bleibt nichts übrig, als ohne jede Rücksicht auf etwa ausfliessende Galle, den Duct. choled. so weit zu spalten, als der Stein gross ist, letzteren zu extrahiren und die gesetzte Längswunde sofort zu vernähen. Die Naht kommt allerdings dann unter relativ hohe Spannung, man sieht sofort den dilatirten Ductus prall aufschwellen, weil Galle und Blut nicht gleich durch die Papille abfliessen können. Ist die Naht — feinste Darmseide — gut, d. h. in zwiefacher Schicht angelegt, so muss sie bei den sehr günstigen Heilungsverhältnissen der Wunde (meist 1—2 mm dicke Wandung des Kanales, der rasch verklebende Peritonealüberzug, der bald hergestellte Abfluss der Sekrete durch die Papille) diesen Druck aushalten — und sie that es auch in meinen beiden einschlägigen Fällen. Nach Anlegung der Naht wird das Operationsfeld von Galle gesäubert; es ist ja zum Glück ein ziemlich abgeschlossenes Terrain — nach oben und rechts die Leber, nach links der Magen, nach unten das Colon transversum — dieser Raum lässt sich bequem übersehen und reinigen. Das einmalige Einfliessen der Galle schadet nichts, gefährlich ist nur der permanente Erguss von Galle; nur unter ganz besonders günstigen Bedingungen genesen Kranke mit dauerndem Ergusse von Galle in die Bauchhöhle; diese günstigen Verhältnisse sind: „gesunde Galle und intacte Bauchdecken". Dementsprechend können Individuen mit Gallenblasenruptur durch Stoss, Schlag, Ueberfahrenwerden nach langer Krankheit genesen. Wenn aber die Bauchhöhle geöffnet, wenn längere Zeit in derselben manipulirt worden war, so liegen die Verhältnisse gewiss anders; es gelangen wohl immer bei lang dauernden Operationen einige Coccen in die Bauchhöhle; sie werden für gewöhnlich resorbirt; wenn aber Erguss von Galle dazukommt, so dürften günstigere Verhältnisse für ihre Entwickelung, ungünstigere für ihre Resorption geschaffen sein. Es entsteht zwar keine reine Peritonitis, aber doch ein entzündlicher Zustand, dem die Kranken erliegen (No. 1 u. 27). Ein einmaliges Einfliessen von Galle in den circumscripten Raum zwischen Leber, Magen und Col. transv. schadet dagegen nichts, besonders wenn durch eingelegte Gazetücher die Galle möglichst rasch aufgesogen, durch rasches Tupfen die Anhäufung grösserer Mengen vermieden wird. Nach Reinigung dieses Raumes und Einreibung der Nahtlinie mit Jodoform wird die Bauchwunde geschlossen. Ein Drainrohr bis auf die Naht zu führen, wie das empfohlen ist, erscheint mir nicht zweckmässig; ein Drainrohr ist immer ein störender Fremdkörper; steht es, wie hier, auf einer empfindlichen Nahtlinie, so wird es höchstens die rasche Verklebung der Wundränder beeinträchtigen; es thut wahrscheinlich mehr Schaden als Nutzen; wir drainiren Darmnähte ja auch nicht.

Nach vorstehend geschilderter Methode ist folgender Fall operirt worden:

Frau Dr. W., 50 Jahre alt, aufg. 12. October 1891, No. 39 (vergl. Fig. VIII p. 10). Vater stirbt an Gallensteinen nach langer „Magenkrankheit". Im Jahre 1866 der erste Anfall von Gallensteinkolik ohne Icterus; damals zog sich das Leiden 1/4 Jahr lang hin und brachte die Kranke sehr herunter; ihr Mann, selbst Arzt, wartete vergebens auf Gelbsucht. Bis zum Mai 1891 hatte Patientin dauernd Ruhe, um dann ganz unvermuthet einen sehr heftigen Anfall, mit Icterus am nächsten Tage, zu bekommen. Seit jener Zeit verliess die Krankheit sie nicht wieder; es wiederholten sich die Anfälle 72 Mal, trotzdem dass im Laufe der Zeit zahlreiche Steine von kleinstem Kaliber abgegangen sein sollen. Die Anfälle waren zum Theil ganz extrem schmerzhaft, so dass Patientin oft ohnmächtig wurde. In den letzten drei Wochen sollen keine Steine mehr abgegangen sein; der früher thonfarbene Stuhlgang wurde wieder gefärbt, aber die Anfälle hörten nicht auf, wenn sie auch weniger heftig als früher, leichter durch Morphium zu bekämpfen waren. Das Körpergewicht war von 162 auf 130 Pfund gesunken; trotzdem lehnte Patientin jede Operation ab, bis es immer klarer wurde, dass spontan keine Steine mehr sich entleerten.

Sie stellte sich am 12. October Vormittags vor, gerade als ein neuer Anfall begann mit heftigen Leibschmerzen, aber ohne Erbrechen, das früher vielfach stattgefunden hatte. Der Anfall dauerte nur wenige Stunden, ging ohne Morphiumgebrauch vorüber; der Puls war beschleunigt und klein, die Kranke erschien wie gebrochen, war aber gleich nach dem Anfalle wieder äusserst mobil und wollte von Operation nichts mehr wissen. Am nächsten Tage ergab die Untersuchung der leicht icterischen Frau ziemlich negative Resultate; undeutlich glaubte man den unteren Leberrand circa 3 Finger breit unter dem Rippenbogen zu fühlen, doch war es eigenthümlich, dass diese Resistenz weich knollig, fast wie aus Fettgeschwülsten bestehend, sich anfühlte. Gallenblase nicht nachweisbar. Druck aufs Epigastrium wenig schmerzhaft, nachdem der Anfall vorüber war. Stuhlgang wenig gefärbt. Urin mit Gallenfarbstoff, aber ohne Eiweiss. Die Untersuchung der früher abgegangenen Concremente ergab, dass es sich um eingedickte, thonfarbige Kothmassen handelte; es wurde angenommen, dass ein oder mehrere Steine im Ductus choledochus steckten, die gelegentlich die Papille verstopften, um dann wieder zurückzuwandern.

Deshalb 15. October Incision rechts von der Mittellinie, vom Rippenbogen bis fast zur Nabelhöhe; nach Trennung des Peritoneum lag zunächst Netz in wirrem Durcheinander vor und medialwärts von der Leber, überall sowohl mit der Leber als mit dem Periton. parietale verwachsen; Leber dadurch an der vorderen Bauchwand fixirt. Nach Lösung des Netzes zeigte sich zuerst, dass der rechte Leberlappen viel weiter nach abwärts reichte, als man angenommen hatte; ob die Vergrösserung den ganzen Lappen betraf oder ob nur ein Schnürlappen resp. ein zungenförmiger Fortsatz vorlag, das liess sich nicht entscheiden. Bald wurde die von atrophischem Lebergewebe umrandete Inc. vesicalis freigelegt, endlich darunter ein wallnussgrosses, halbkugeliges Gebilde, das der Lage nach die Gallenblase sein musste. Dasselbe war seitlich mit dem Magen, nach unten mit dem Colon transversum verwachsen; die Ablösung gelang ziemlich leicht, so dass man bald darüber im Klaren war, dass in der That die Gallenblase selbst vorlag, die kaum die Grösse einer Wallnuss hatte; Steine fehlten in derselben, sie schien überhaupt keinen Inhalt zu haben. Der Ductus cysticus war auf einen circa 1 cm langen, gekrümmten Strang reducirt; von ihm aus zog ein weicher Schlauch hinüber zum Duodenum, der Lage nach der Ductus choledochus. Erst nach längeren Manipulationen, Umgreifen des mehr als daumendicken Schlauches, liess sich ein mittelgrosser Stein darin nachweisen. Da die Gallenblase selbst augenscheinlich obliterirt war, so liess sich von ihr aus keine Galle mittelst Troicarts ableiten; es wurde deshalb der Ductus choledochus selbst punctirt; es gelang, circa 30,0 reiner, guter Galle durch Aspiration zu entleeren; dann wurde incidirt und der Stein entfernt, wobei viel Galle in den wohl ausgepolsterten Raum zwischen Magen und Leber floss. Die Punction des Duct. chol. hatte relativ wenig Nutzen gebracht, aber 10 Minuten Zeitverlust bewirkt. Der Duct. chol. war so weit, dass man bequem den Zeigefinger bis zur Papilla Duodeni hinführen konnte; ebenso leicht glitt derselbe in den dilatirten Ductus hepaticus hinein; deutlich fühlte man in der Tiefe die Theilung in zwei sehr viel engere Gänge. Da weitere Steine nicht zu finden waren, folgte die Naht des Ganges mittelst Seide, dann Schlufs der Bauchwunde, weil Drainage durch die in letztere einzunähende Gallenblase nicht möglich war. Da die Papilla Duodeni unbedingt durchgängig war, so erschien das Verfahren hier noch weniger gewagt, als im Fall 35. Puls unmittelbar p. Op. 120, klein und weich.

Der entfernte Stein hatte einen Durchmesser von circa $1\frac{1}{2}$ cm; er war rund, mit kleinen Prominenzen bedeckt, die hier und da leicht abgeschliffen waren; ausgebildete Facetten fehlten.

Das Befinden der Kranken war am Operationstage selbst gut; sie schlief bis 5 Uhr, hatte Abends einen guten Puls von 104 Schlägen. Nachts trat heftiges Erbrechen auf, das gegen 4 Uhr Morgens einen collapsähnlichen Zustand herbeiführte, so dass Champagner gereicht werden musste. Das Erbrechen dauerte am 16. Octbr. Morgens noch an bei gutem, vollem Pulse (104) mit 37,5 Temp. Der Verband wurde entfernt; Bauch weich, weder empfindlich, noch aufgetrieben. Ein in den Magen eingeführtes Schlundrohr entleerte nur Spuren von klarer Flüssigkeit mit einzelnen grünlichen Bröckeln, wie sie auch vorher durch Erbrechen entleert waren. Letzteres hörte nach Application von Morphium auf. Auffallend war, dass der spontan entleerte Urin fast schwarz aussah.

Von nun an war das Befinden der Kranken ein leidliches; sie fing an zu essen, wenn auch nur wenig. Die Bauchwunde zeigte sich am 10. Tage p. op. geheilt. Ende des Monats begann die Temperatur Abends zu steigen, erreichte 3 Tage lang 39,0; Patientin behauptete, sich den Magen verdorben zu haben, doch hatte sie nichts Unerlaubtes gegessen. Sie bekam Leibschmerzen, die entfernt an die früheren Kolikanfälle erinnerten, dann trat Durchfall auf, der mehrere Tage dauerte; stark zersetzte Massen wurden entleert. Nachdem dieser Sturm vorüber war, behauptete Patientin, sich erst jetzt völlig wohl zu fühlen. In der That nahm der bis dahin wenig veränderte Icterus jetzt rasch ab; die Kranke erholte sich so rasch, dass sie schon am 14. November mit Leibbinde entlassen werden konnte. Ihr Körpergewicht hatte allerdings um 2 Pfund abgenommen, wird aber bei ihrer Tendenz zur Lipomatosis wohl bald mehr zunehmen, als ihr lieb ist.

Diese Kranke ist mein jüngster Fall; sie ist operirt worden, nachdem ich an anderen Kranken successive gelernt hatte, wie man der entgegenstehenden Schwierigkeiten Herr wird. Langsam wird ja, gestützt auf eigene, wie auf die Erfahrungen anderer, die auf diesem Gebiete vorangegangen sind, ein solches Operationsverfahren ausgebildet; jeder weitere Fall lehrt Neues kennen, bis das ganze Gebäude gesichert ist. Ich habe vorhin bei der Schilderung der Operation — immer Duct. cyst. als obliterirt vorausgesetzt — mit Absicht die Punction und Aspiration von Galle aus dem Duct. chol. übergangen, obwohl sie thatsächlich bei Frau D. W. vorgenommen wurde. Sie erschien indicirt, weil der Duct. chol. auffallend stark gespannt war; sie hat nichts genützt, nur Zeit gekostet, so dass ich sie im nächsten Falle vermeiden werde; das einmalige Einlaufen der Galle thut eben keinen Schaden — und bis jetzt haben alle, auch meine schwersten Patienten mit Choledochussteinen trotz Schüttelfrost und hohem Fieber entweder Galle oder kaum noch gallig gefärbtes Serum im Duct. cyst. gehabt.

Die zweite Kranke mit Stein im Duct. chol. und Obliteration des Duct. cyst. wurde 7 Monate vor Frau D. W. operirt. Damals hatte ich noch, gestützt auf einen früher glücklich verlaufenen Fall von Choledochussteinen (No. 31) den Gedanken, dass es gelingen würde, von der Gallenblase aus den Stein zu operiren, weshalb die zweizeitige Operation eingeleitet wurde. Es war mittelst derselben sehr leicht, einen grossen Stein aus der Gallenblase zu entfernen, aber der Duct. cyst. war und blieb verschlossen, was ich allerdings vor der Operation nicht wissen, erst längere Zeit nach derselben konstatiren konnte. Der kleine Schnitt für die zweizeitige Operation gestattete mir nicht, das Vorhandensein eines Steines im Ductus choledochus festzustellen, zumal Verwachsungen von ganz extremer Stärke der Untersuchung mit dem Finger erhebliche Hindernisse entgegenstellten. So wurde Patientin erst zweizeitig wegen ihres Gallenblasen-, dann einzeitig wegen ihres Choledochussteines operirt:

Frau M. F., 37 Jahre alt, aus K. i./S., aufg. 3. März 1891 (vergl. Fig. VII p. 9).

Vor circa 16 Jahren hatte Patientin, damals schon verheirathet und Mutter von 2 Kindern, einen 3tägigen Anfall von heftigen Magenschmerzen; sie traten ganz unvermittelt auf; die erste Attaque dauerte ½ Stunde, dann pausirten die Schmerzen mehrere Stunden, um dann von Neuem in gleicher Heftigkeit zu wüthen. Ob Erbrechen dabei war, kann die Kranke jetzt nicht mehr angeben; Gelbsucht trat nicht auf. Volle 15 Jahre blieb Patientin angeblich völlig frei von Beschwerden; sie konnte, abgesehen von einzelnen Gerichten, alle Speisen vertragen, gebar mehrere Kinder, war ihrer Stellung als Hebamme und Verkäuferin in einem kleinen Geschäfte völlig gewachsen.

Da traten im Februar 1890, Nachts 11½ Uhr, ganz unvermittelt wieder heftige Leibschmerzen auf, die zunächst bis 3 Uhr dauerten. Alsbald bemerkte Patientin in der rechten Seite des Leibes eine Geschwulst, die von dem behandelnden Arzte als prall gefüllte Gallenblase angesprochen wurde. Die Schmerzanfälle dauerten vier Wochen lang, allmählich geringer werdend; kein Icterus. Patientin stellte sich in der gynaekologischen Klinik in Leipzig vor, wo man eine grosse Leber constatirte und ihr rieth, in die chirurgische Klinik zu gehen. Sie that das nicht, blieb auch 7 Monate lang völlig gesund, bis im November 1890 abermals die Schmerzen begannen. Gleich nach dem ersten dreistündigen Anfalle trat Icterus unter starkem Hautjucken auf. Patientin magerte rapide ab, weil sie nicht mehr essen konnte; ihr früheres Gewicht von 110 Pfund sank im Laufe der nächsten Monate auf 73 Pfd., der Stuhlgang wurde vollständig farblos, während fort und fort neue Attaquen von Gallensteinkolik unter Schüttelfrösten und hohem Fieber die Kranke verfolgten; sie kam in höchst desolatem Zustande hier an.

Die Untersuchung ergab, dass der ausserordentlich derbe rechte Leberlappen sich sehr weit nach abwärts, d. h. bis auf 2 cm unter die I. sp. linie erstreckte; es war nicht ein isolirter Fortsatz, sondern die rechte Leber in toto nach abwärts ausgedehnt, hart wie Eisen durch die atrophischen Bauchdecken hindurch zu fühlen. Die Ränder desselben liessen sich leicht umgreifen; es fand sich nichts Abnormes darunter; nur ganz oben am medialen Rande des rechten Leberlappens, etwas oberhalb des Nabels, war eine undeutliche, auf Druck schmerzhafte Resistenz nachweisbar. Starker Icterus.

7. März Incision dicht neben dem Nabel; es präsentirt sich zunächst Netz, fest mit der kleinen, etwas atrophischen, aber anscheinend wenig veränderten Gallenblase verwachsen; oberflächlich sind Steine durch die dünnen Wände derselben nicht zu fühlen; in der Tiefe scheint ein Stein zu stecken. Die Gallengänge werden von der kleinen Wunde aus nach Möglichkeit abgetastet, doch bleibt die Untersuchung unvollständig und resultatlos. Naht.

Reactionsloser Verlauf; Icterus wird geringer; Stuhlgang bekommt etwas Färbung.

21. März: Incision gelingt leicht bei der oberflächlichen Lage der Blase; es wird ein einziger, circa $2^1/_2$ cm im Durchmesser haltender, runzeliger Stein ohne Mühe aus ziemlicher Tiefe extrahirt. Blase, dünnwandig und klein, enthält nur Spuren einer serösen, mit wenig Eiterflocken gemischten Flüssigkeit.

Die Freude über die glücklich gelungene Operation hielt nur kurze Zeit an; bald begannen, während die Fistel nur schleimige Flüssigkeit entleerte, leichte Anfälle von Gallensteinkolik, die sich in den Pfingstferien, als Patientin ihre Heimath wieder aufgesucht hatte, in excessiver Weise steigerten. Die Hoffnung, dass der Ductus cysticus wieder durchgängig werden würde, musste allmählich aufgegeben werden, da keine Spur von Galle floss. Es blieb nur übrig, den Stein durch directen Schnitt auf den Ductus choledochus zu entfernen.

28. Mai Incision links vom Nabel, gut 15 cm lang, provisorische Vernähung der Fistel und Eröffnung des Bauchfelles. Es findet sich zunächst das Colon transversum etwas unterhalb des Fundus der Gallenblase verwachsen; das Narbengewebe ist derb, knirscht unter dem Messer, stumpfe Trennung ist vollständig unmöglich, deshalb Schnitt durch die Narbenmasse, wobei ein erbsengrosses Loch im Colon transversum resultirt; sofortige Vernähung desselben mittelst feinster Seide. Jetzt lag der grössere Theil der Gallenblase frei, aber unten am Blasenhalse fand sich abermals ein schweres Hindernis: die pars pylorica des Magens war ebenso fest verwachsen, als das Colon transversum. Abermals Schnitt durch knirschendes Gewebe, sorgfältig zielend; Resultat: rechts ein erbsengrosses Loch im Magen, links desgl. in der Gallenblase; hier trat Serum aus, dort zum Glücke nichts; Vernähung der eingestülpten Wundränder beiderseits. Jetzt sah man den Ductus cysticus bogenförmig gewunden als circa 8 mm dicken, derben Strang in den fast fingerdicken, quer auf den Darm zu laufenden Ductus choledochus einmünden; scharf geknickt und fast rückläufig erschien das unterste Ende des Ductus cysticus; es liess sich

nicht feststellen, ob das Lumen desselben noch existirte oder ob es obliterirt war. Im Ductus choledochus liess sich ein grosser Stein hin- und hertreiben; Ductus hepat. ebenfalls erheblich verdickt. Ductus choledochus wird jetzt in der Längsrichtung gespalten unter sehr erheblicher Blutung aus der circa 2 mm dicken Wand desselben; Extraction des 2 cm langen, 1 cm breiten, $^3/_4$ cm dicken Steines; nur Spuren eines sehr dünnflüssigen Serums ohne Farbe fliessen in die Bauchhöhle. Vernähung des Schnittes durch feinste Seidennähte, wodurch gleichzeitig die Blutung gestillt wird. Letztere ist aber so erheblich, dass immer neue Ligaturen nöthig sind; Ductus quillt stark auf, augenscheinlich durch Blutergufs in sein Lumen.

Während des ganzen Verlaufes der Operation waren die umgebenden Intestina durch Bäusche von frisch ausgekochter Gaze geschützt worden; sie wurden jetzt entfernt und die Bauchwunde vernäht, ohne dass ein Drainrohr bis auf die Nahtstelle des Ductus choledochus geführt war. Patientin glich einer Sterbenden; sie musste wegen Neigung zum Erbrechen beständig in tiefster Narkose erhalten werden; mit weiten Pupillen, pulslos, lag das bis zum Skelette abgemagerte Schlachtopfer auf dem Operationstische; man meinte an einer Leiche zu operiren, zwecks Erleichterung der morgen stattfindenden Obduction. Doch das Leben dieser Frau war zähe; 2 Stunden p. Op. liess sie sich ihr künstliches Gebiss holen, das „ewig weibliche“ machte sich schon wieder geltend; mit grösstem Interesse betrachtete sie, völlig klar im Kopfe, ihren Quälgeist, den extrahirten Stein; schon am nächsten Abende war das Hautjucken, das bis dahin ihre nächtliche Ruhe gestört, das sie zu beständigem Kratzen veranlasst hatte, gemindert. Die erste ruhige Nacht seit vielen Monaten, statt Schmerzen und Qual Träume zukünftigen Lebensglückes, Freudenthränen an Stelle des Jammers und der Verzweiflung.

Bald zeigte sich, dass weitere Steine im Ductus choledochus resp. unter der Papille nicht steckten; 8 Tage p. Op. trat der erste vollständig gefärbte Stuhlgang ein, der Icterus nahm rasch ab, die Laparotomiewunde heilte per pr., die Fistel lieferte nur noch Spuren von serösem Sekrete. Mitte Juni verliess Patientin, mit elastischem Corsette versehen, das Bett und reiste am 1. Juli in die Heimath. Die Fistel gab nur noch Spuren von Sekret; sie schloss sich definitiv im September. Am 20. October stellte Patientin sich in blühendem Zustande vor; sie hatte 29 Pfd. an Gewicht gewonnen, war völlig frei von Beschwerden. Die Leber war aber noch immer erheblich vergrössert.

Hier boten die Verwachsungen die grössten technischen Schwierigkeiten; so oft ich derartige Adhaesionen auch schon gelöst hatte, solche eisenharte Narben waren mir noch nicht vorgekommen. Aber alles Ueberlegen war von Uebel; man musste absolut durch mit dem Messer auch auf die Gefahr hin, successive drei Hohlräume zu öffnen, was auch richtig passirte, aber keinen Schaden brachte.

An die Stelle der Galle im Duct. chol. war hier Serum getreten; so extrem hatte die Leber gelitten, dass sie nur noch farblose Flüssigkeit producirte, die ruhig in die Bauchhöhle laufen konnte. Viel mehr geängstigt hat mich das rapide Aufquellen des Ductus choledochus; ein minimales Hindernis an der Papille, und meine Naht wurde unzweifelhaft gesprengt; statt dieses gefürchteten Ereignisses — ein ruhiger, schmerzloser Verlauf, ungestörter, als bei Frau D. W., die gleich in der ersten Nacht post op. Collapszustände bekam und 14 Tage post op. Leibschmerzen und Fieber. Dieser an frühere

Gallensteinkoliken erinnernde Zustand schien mir darauf zu beruhen, dass geronnene Blutcoagula event. im Duct. chol. sich angesammelt hatten und jetzt mit Gewalt durch die Papille getrieben wurden; jedenfalls wurde Patientin erst nach dieser Attaque völlig frei von Beschwerden, und da sie keine Steine mehr bei sich hatte, so wird wahrscheinlich geronnenes Blut im Duct. chol. gesteckt haben.

Beide Kranke sind also geheilt, aber ich glaube, dass es doch richtiger ist, für den Abfluss von Galle zu sorgen nach der Naht des Duct. choled., wenn das möglich ist, d. h. wenn der Ductus cysticus offen ist. Wir arbeiten einmal in grosser Tiefe, müssen dort Nähte anlegen bei Personen, die wegen ihrer Cholaemie zu Blutungen neigen, in Geweben, die von Blut strotzen; der letzte Nahtstich kann vielleicht noch eine Arterie verletzen, die ihr Blut mit ziemlich erheblicher Kraft in das Lumen des Duct. choled. entleert; kommt dann noch Galle unter relativ hohem Drucke dazu, so bedarf es gewiss nur eines minimalen Hindernisses an der Papille, um die Naht zu gefährden. Deshalb erscheint es mir bei offenem Duct. cyst. richtiger, provisorisch eine Gallenfistel anzulegen, um die Choledochusnaht von Druck zu entlasten. Man wird, wenn Steine in der Gallenblase stecken, dieselbe vorziehen, wenn es möglich ist, und durch Schnitt entleeren, dann provisorisch wieder schliessen, den Stein aus dem Duct. chol. entfernen, dann die Gallenblase in die Bauchdecken einnähen und wieder öffnen. Dies ist allerdings für den Kranken in so fern fatal, als er in den ersten Tagen von Galle überschwemmt wird; aber wer die Qualen der retinirten Galle ertragen musste, der kümmert sich wenig um die Nässe; er freut sich, dass sein Blut endlich entlastet wird. Um aber doch diese Gêne fortzuschaffen, habe ich im Fall No. 38 ein Rohr in die Gallenblase genäht und die Galle in ein neben der Kranken stehendes Geschirr geleitet. Das war zunächst sehr angenehm für die Kranke, aber es rächte sich bitter. Den Gegensatz im Verlaufe bei offener Gallenfistel und bei eingenähtem Rohre demonstriren die beiden folgenden Fälle:

Herr S. aus W., 39 Jahre alt, aufg. 15. Juli 1891, No. 37.

Anfang der achtziger Jahre litt Patient an Beschwerden, welche von seinem Hausarzte für „Magenkrämpfe" gehalten wurden, zumal er schon früher an ähnlichen leichten Störungen gelitten hatte. Seit jener Zeit leidlich gesund, erkrankte Herr S. am 30. November 1889 an einer starken Gallensteinkolik ohne Icterus; seit jener Zeit ist er immer leidend geblieben, klagt beständig über unangenehmes Drücken in der Lebergegend, magerte erheblich ab. Im Frühjahr 1890 unterzog er sich einer Kur in Karlsbad, die keinen Abgang von Steinen herbeiführte. Das Jahr 1890 verging unter fortwährenden leichten Schmerzen in der Lebergegend; die Ernährung nahm immer mehr ab, ein Kolikanfall trat aber erst im Januar 1891 wieder ein, als Patient aus eigener Initiative eine Oelkur im Uebermass angewendet hatte. Dieser Anfall war ein sehr hartnäckiger und mit langdauerndem Fieber verbunden; nachdem schon die Schmerzen vorüber waren, hielt sich die Temperatur noch vier bis fünf Tage lang auf 39,0. Zum Frühjahr 1891 wurde wieder eine Karlsbader Kur geplant, doch befiel den Patienten auf der Reise bei Verwandten ein Zustand, der dem dortigen Arzte als Malaria imponirte, weil fast täglich Schüttelfröste eintraten; bald lehrte aber der jetzt einsetzende Icterus, dass Gallensteine zu Grunde lagen. Der Icterus ist seit jener Zeit nicht wieder verschwunden; er ist während der Anfälle stärker als ausserhalb derselben. In Karlsbad und auch nachher sind dann noch mehrere typische Anfälle aufgetreten; in den letzten 4 Wochen drei. Steine sind im Stuhlgange nicht gefunden worden, doch ist vom Patienten nur in den letzten Wochen mit der nöthigen Sorgfalt danach gesucht worden. Die Leber war nie wesentlich vergrössert, die Gallenblase meistens nur durch Schmerzhaftigkeit der Gallenblasengegend gekennzeichnet; beim letzten Anfalle wurde sie aber als deutlich vortretender Tumor gefühlt. — Vor 4 Wochen wurde eine Autorität auf dem Gebiete der inneren Medicin consultirt; dieselbe rieth zu Wassereingiessungen; nachdem längere Zeit umsonst 2 Liter pro die ohne Erfolg eingeführt waren — die letzten drei Anfälle fanden während dieser Kur statt — rieth man zur Operation. Patient hatte während seiner Krankheit 28 Pfund an Gewicht verloren, war von 140 auf 112 Pfd. gekommen.

St. praes.: Blasser, magerer Mann mit deutlichem Icterus; Hautjucken nur in mässigem Grade vorhanden. Bauch kahnförmig; unterer Leberrand zieht schräg durch die Oberbauchgegend, so dass er in der Mittellinie ungefähr gleich weit vom Proc. ensiform. und Nabel entfernt ist. In der Gallenblasengegend geringfügige Druckempfindlichkeit, Tumor daselbst wegen der Straffheit der Bauchdecken nicht nachweisbar. Stuhlgang ziemlich farblos; Urin frei von Eiweiss.

18. Juli: Incision auf die Gallenblase, die sich in Narkose undeutlich unter dem Leberrande fühlen lässt. Sie praesentirt sich alsbald als derber fast hühnereigrosser Tumor, der circa 3 cm unter der Leber hervorragt; oberflächlich ist das Netz mit demselben verwachsen. Durch Einführung des Fingers nach oben liessen sich deutlich zwei grosse von einander getrennte Steine nachweisen, von denen der eine der Wirbelsäule auflag; es war klar, dass derselbe im Ductus choledochus steckte.

Unter diesen Umständen konnte die gewöhnliche zweizeitige Operation nicht in Frage kommen; man musste die Gallenblase annähen und öffnen, um zu sehen, welche Beschaffenheit das in derselben befindliche Sekret habe; war es nicht eitriger Natur, so sollte sofort der Stein im Ductus chol. in Angriff genommen werden; fand sich Eiter, so würde zunächst die Gallenblase zu drainiren sein, um günstige Verhältnisse für die Incision in den Ductus choled. zu schaffen. Annähung der Gallenblase mittelst Seidenfäden ans Perit. par., Incision in die Gallenblase und Extraction von 24 gelblichen auffallend harten Steinen aus der Gallenblase; zuerst wurden kleinere, dann zwei gewaltig grosse facettirte beiderseits abgeschliffene Steine extrahirt von circa $1^1/_2$ cm Durchmesser. Ganz hoch oben fühlte man einen weiteren Stein, konnte ihn aber nicht fassen; es war klar, dass er im Ductus cysticus steckte und nur mit der Spitze in die Gallenblase hineinragte. Auffallender und erfreulicher Weise war der Inhalt der Gallenblase fast normale, wenn auch etwas eingedickte Galle, so dass gleich weiter operirt werden konnte.

Die Wunde in der nur circa 3 mm dicken Gallenblasenwand liess sich sicher durch Naht schliessen; dann wurden die früher gelegten Fixationsnähte entfernt, und nun der Bauchdeckenschnitt besonders nach oben hin erweitert. Bald übersah man, dass die pars pylorica des Magens mit der Gallenblase ausgedehnt verwachsen war; die Lösung gelang ziemlich leicht, weil die Adhaesionen nicht allzu derb waren; successive wurde die ganze Gallenblase, dann der Ductus cysticus freigelegt, endlich der Choled., der mit dem Duodenum sehr fest verwachsen war. Man arbeitete, weil die Leber hoch oben unter dem Rippenbogen stand, in sehr grosser Tiefe und in schräger Richtung nach oben, so dass nur mühsam das Oberlicht das Terrain beleuchtete; jede vorbeiziehende Wolke störte ungemein; endlich war auch dieser Theil der Arbeit beendet. Nun gelang es leicht, den im Ductus cysticus steckenden Stein in die Gallenblase zu drücken, der im Ductus choledochus sitzende Stein wich und wankte aber nicht; der Duct. choled. war unter scharfem Winkel gegen den Ductus cysticus abgeknickt, das obere (Leber-) Ende des Ductus choledochus verengt; der Stein sass fest, liess sich fast gar nicht hin- und herschieben. Da er voraussichtlich ebenso hart war, als die übrigen Steine, so konnte von Zertrümmerung desselben nicht die Rede sein; es wurde deshalb der Duct. choledochus der Länge nach gespalten und ein circa $1^1/_2$ cm dicker, facettirter Stein mit einiger Mühe extrahirt. Da die Wandung des Ductus fast 3 mm dick war, so liessen sich leicht 6 Nähte von feinster Seide anlegen, doch war viel Galle in die Bauchhöhle resp. in die Gaze geflossen, mit der das Operationsfeld austapezirt worden war.

Nach Säuberung desselben wurde die Gallenblase abermals mit Catgut ans Peritoneum genäht, der obere und der untere Theil der Wunde genau geschlossen und jetzt die Gallenblase zum zweiten Male geöffnet, nachdem durch Einlegen von Tampons die Peritonealwunde noch weiterhin vor Galleneinfluss gesichert worden war. Jetzt wurde der ebenfalls $1^1/_2$ cm dicke Cysticus-Stein extrahirt und ein Drain in die Gallenblase gelegt, Patient in anscheinend wenig angegriffenem Zustande — die Blutung war auch in der That minimal gewesen — vom Operations-Tische getragen.

Trotz der langen, tiefen Narkose (2 Stunden) und der eingreifenden Operation war das Befinden bald ein vorzügliches; es trat kein Erbrechen auf, ebenso wenig rührten sich Puls und Temperatur; Patient schwamm alsbald in Galle, doch wurde er aus Furcht vor etwaiger Verletzung der Duct. choled.-Naht erst am 21. Juli verbunden.

Der Icterus ging schon in den nächsten Tagen zurück; der erste Stuhlgang war dunkelgefärbt, als wenn Blut dabei sei, doch war er nur sehr geringfügig; die am 26. Juli entleerten grösseren Mengen von Koth waren noch fast gänzlich farblos. Dann trat rasche Besserung ein; der Stuhlgang bekam Farbe, der Icterus schwand vollständig. Anfang August hörte die Gallensekretion auf. Patient wurde am 17. August mit granulirender Wunde entlassen.

Er stellte sich am 15. November 1891 wieder vor als ganz gesunder Mann; er hatte 25 Pfund an Gewicht gewonnen, war gänzlich frei von Beschwerden, wie seit vielen Jahren nicht mehr.

Frau F., 31 Jahre alt, aus Berka a./Werra, aufg. 29. September 1891, No. 38.

Bruder des Vaters litt an Gallensteinen. Im Juni 1889 erster heftiger Anfall von Gallensteinkolik mit Erbrechen ohne Gelbsucht von 8tägiger Dauer; 4 Wochen langes Krankenlager, grosse Schwäche; Medic.: Karlsbader Wasser.

Gesund bis Ende October 1890, inzwischen entbunden, Kind 6 Monate genährt. Vom October 1890 bis Januar 1891 wiederholt Druck auf der Brust, nie länger als einen Tag, mit allgemeinem Unbehagen und öfterem Erbrechen; Mitte Januar 1891 trat letzteres stärker auf und 8 Tage später stellte sich Icterus ein, ohne dass lebhafte Schmerzen vorhanden gewesen wären. Diese traten erst 3 Wochen später auf, zogen sich von der Brust nach der rechten Seite, hatten meist auch in der linken Schulter ihren Sitz. Wochen lang lebte Patientin nur von Portwein und Bouillon. Im Monat März besserte sich das Befinden, um Anfang April durch erneute Schmerzanfälle mit stärkerem Icterus und farblosen Stuhlgängen wieder einen schlimmeren Charakter anzunehmen. Ende April ging Patientin nach Karlsbad, wo sie sich bald sehr wohl fühlte. Der bis dahin dunkle Urin wurde rasch hell, der Appetit besserte sich, nur litt Patientin während des Gebrauches von „Sprudel" vielfach an Verstopfung.

Leider erfolgte schon am Tage nach der Heimkehr sogleich wieder eine leichte Attaque; sie wiederholten sich von jetzt an alle 14 Tage bis 3 Wochen; trotzdem genoss Patientin jeden Tag saure Milch und Obst, um Stuhlgang zu erzielen, dazu wurde täglich eine Flasche Sauerbrunnen getrunken, im August wieder Mühlbrunnen; es war jetzt beabsichtigt, eine Traubenkur zu gebrauchen, als Mitte September abermals eine schwere Attaque erfolgte, die Patientin veranlasste, sich nach operativer Hülfe umzusehen. Sie war im Frühling 1891 von ihrem früheren Gewichte von 130 Pfund auf 104 Pfund gekommen, hatte aber jetzt wieder 114 Pfd. erreicht, weil sie seit der Kur in Karlsbad mehr genossen hatte als früher.

St. praes.: schlanke, magere, frühzeitig gealterte Dame mit geringem Icterus der Sclerae, stärkerem der Hautdecken; beständiges Jucken. Die Leber ragt von der sechsten Rippe bis zur Sp. U.-Linie, ist in ihrer ganzen Ausdehnung erheblich vergrössert, kein zungenförmiger Fortsatz. Gallenblase nicht zu fühlen. Urin dunkelgelb, fast schwärzlich, ohne Eiweifs. Stuhlgang Anfangs etwas gefärbt und mit etwas Blut bedeckt, wird nach einigen Tagen unter Zunahme des Icterus ganz farblos. Temperatur normal, Puls 104, klein und weich. Nach mehrtägigem Abführen

2. October 1891 Incision in der Mittellinie, weil der rechte geschwollene Leberlappen bis dorthin reicht; Schnitt gleichweit ober-, wie unterhalb des Nabels, circa 12—15 cm lang. Es präsentirt sich eine derbe, dunkelrothe Leber mit ausgesprochener Incis. vesical.; unter ihr schaut, von Netz bedeckt und mit der vorderen Bauchwand leicht verwachsen, der wallnussgrosse Fundus der Gallenblase eben heraus.

Die weitere Untersuchung ergab zunächst Verwachsung mit dem Colon transversum und dem Netze, sehr derb, so dass das Gewebe unter dem Messer knirscht. Nach Lösung dieser Adhaesionen fand sich der Magen weithin adhaerent; auch dieser wurde so weit als möglich abgetrennt, was weniger Schwierigkeiten machte. Jetzt lag in der Tiefe ein etwas unklares Gebilde frei, das deutlich fühlbare Steine enthielt, wärend die stark verdickte, aber relativ kleine Gallenblase keine Concremente durchfühlen liess. Es gelang, den Ductus choledochus vom Cysticus aus circa 2 cm lang sicher frei zu präpariren; dann kam man anscheinend auf das Duodenum, das mit der vorderen Wand des Ductus verwachsen, sich nicht lösen liess; es blieben also nur 2 cm für die Incision übrig.

Weil die Gallenblase sehr klein war trotz der Stauung der Galle, trotz Vergrösserung der Leber, entstand der Verdacht, dass der Ductus cysticus vielleicht obliterirt sei; es wurde deshalb die Gallenblase nicht angeschnitten, wie im vorigen Falle, sondern direct das Messer auf den Ductus choledochus bei seinem Abgange vom Ductus cysticus gerichtet. Sofort quoll helle Galle in grossen Mengen in den mit Gazebäuschen austapezirten Raum zwischen Leber und Magen; man sah und fühlte einen Stein, doch musste die Wunde nach dem Duodenum zu verlängert werden, weil der Stein zu gross war; eine ziemlich heftige Blutung aus einem Duodenalgefässe musste gestillt werden. Endlich gelang es zuerst einen, dann einen zweiten gewaltigen Stein aus der Wunde herauszubefördern; 2 kleine folgten nach.

Nachdem man durch Einführung des Fingers in den daumendicken Duct. chol., durch Sonden u. s. w. sich überzeugt hatte, dass kein Stein mehr vorhanden war, wurde die Wunde mittelst feinster Seidennähte geschlossen, so dass keine Galle mehr zwischen den Wundrändern hervorquoll. Dann folgte Säuberung des Operationsterrains zwischen Leber und Magen, Naht der Bauchwunde, doch wurde oben in dieselbe die Gallenblase hineingenäht, geöffnet und mit langem Rohre versehen, damit vorläufig die Galle nach aussen abfliessen konnte; der genähte Ductus choled. sollte von Druck entlastet werden. In der Gallenblase keine Concremente.

Die entfernten Steine waren ganz besonders interessant: nach der Leber zu lag ein rundlicher $1^1/_2$ cm im Durchmesser haltender Stein mit einer einzigen grossen Facette, den ganzen Durchmesser des Steines einnehmend; die Facette war nach dem Duodenum zu gerichtet; der zweite ebenso grosse Stein hatte vis-à-vis dem ersten ebenfalls eine grosse Facette, dazu kamen aber noch 4 kleinere, nicht den ganzen Durchmesser des Steines einnehmende Facetten. Diese waren wahrscheinlich durch Reibung an den beiden kleineren ebenfalls facettirten Steinen entstanden, da man nicht wohl annehmen kann, dass der 2. grosse (nach dem Duodenum zu gelegene) Stein sich gedreht und seine Oberfläche an der Facette des Steines No. I abgeschliffen hat.

Der Verlauf war zunächst ein ganz ungestörter; bis zum nächsten Morgen flossen 450,0 Galle aus dem Rohre in eine neben der Kranken stehende Flasche, in den folgenden 24 Stunden nur 50,0. Am 4. October begann Patientin über Völle im Abdomen zu klagen, aber nur wenig; weil am 5. October wieder Galle aus dem Rohre abfloss, wurde dasselbe nicht, wie eigentlich beabsichtigt war entfernt; dies geschah erst am 6. October, weil sich eine Spur von Blut in dem beide Gummiröhren verbindenden Glasrohre (circa 15 cm von der Wunde entfernt) zeigte. Der Verbandwechsel war überraschend: Bauch hoch aufgetrieben, Darmschlingen deutlich sichtbar, im Gegensatze dazu ruhiger Puls von 92, kein Fieber. Das Rohr war durch Blutcoagula verstopft und aus der Tiefe der Gallenblase quoll helles Blut in ziemlich erheblicher Menge. Diese Blutung stand nach einiger Zeit, so dass Patientin verbunden werden konnte. Abends 10 Uhr fühlte sie plötzlich, dass Flüssigkeit aus der bis dahin trockenen Wunde austrat; es war ein gewaltiger Austritt von Galle erfolgt, die bis dahin augenscheinlich durch die in der Gallenblase befindlichen Blutcoagula zurückgehalten worden war. Trotz dieser Entleerung stieg die Temperatur am nächsten Morgen auf 38,8 bei 104 Pulsschlägen und trockener Zunge. Nach Entfernung des von Galle durchtränkten Verbandes zeigte sich aber, dass der Bauch weniger aufgetrieben war. Schon Abends fiel die Temperatur auf 38,2, um am 8. October nach ruhiger Nacht auf 36,8 zu sinken; Leib noch mehr eingefallen, Puls völlig ruhig, Gallenausfluss weniger copiös.

Von jetzt an war das Befinden ein ganz normales; der Gallenausfluss hörte bald auf, doch erholte sich die aufs äusserste geschwächte Kranke nur sehr langsam; die Wundheilung machte auch entsprechend geringe Fortschritte.

Anfang November nahm das früher greisenhafte Gesicht einen jugendlicheren Ausdruck an, der Icterus war verschwunden, doch konnte Patientin erst am 21. Novbr. geheilt mit 2 Pfd. Gewichtszunahme entlassen werden.

Januar 1892 mit 15 Pfd. Gewichtzunahme vorgestellt.

Ein Rohr nähe ich in meinem Leben nicht wieder bei frisch operirten Patienten mit Choledochussteinen in die Gallenblase, so gut dasselbe auch in älteren Fällen von Gallensteinen ohne Icterus vertragen wird. Die Cholaemie macht die Gewebe zu empfindlich; es kommt zu Blutungen aus der Gallenblasenschleimhaut; die Coagula verstopfen dieselbe, und dann können gallensteinkolikähnliche Zufälle auftreten, wie sie unsere Patientin darbot. Dass bei ihr die Anlegung einer Gallenfistel indicirt war, scheint daraus hervorzugehen, dass sich plötzlich grosse Mengen von Galle aus der Fistel entleerten, als das Blutcoagulum geschmolzen war; die Passage durch die Papille war damals augenscheinlich nicht frei. Freilich mag dieselbe erst durch den Reiz, den das eingelegte Rohr ausübte, verschwollen sein.

Im Fall 37 schien es Anfangs, als liesse sich der im Duct. chol. steckende Stein manuell in den Duct. cyst. und weiter in die Gallenblase treiben; das war, wie sich bald herausstellte, nicht möglich. Ich dachte an Zertrümmern des Steines nach Lawson Tait, freue mich aber, dass ich diesen Versuch nicht gemacht habe. Nach einer solchen eingreifenden Operation dem armen Teufel noch event. kleine Steinfragmente im Duct. chol. zurückzulassen, erscheint mir zu hart, ganz abgesehen davon, dass die Wandung des Duct. chol. doch auch erheblich leiden kann durch die Zertrümmerung. Wer will garantiren, dass die Steinfragmente sämtlich entweder unter Qualen vorwärts gehen oder sich nach rückwärts hinaus schaffen lassen? Bleibt aber nur ein kleines, für die Passage durch die Papille ungünstig geformtes Fragment zurück, so bildet dasselbe die Grundlage zu einem neuen Steine. Zum zweiten Male lässt sich aber Niemand wegen Stein im Duct. chol. operiren. Selbstverständlich wird man, wenn der Duct. cyst. offen und der Stein im Duct. chol. klein ist, immer versuchen, denselben zurück in die Gallenblase zu drücken, also die Incision in den Duct. chol. zu vermeiden; weil die Kanäle sich gewöhnlich wieder verengen, nachdem ein Stein sie passirt hat, wird dieses Zurückdrücken wohl selten gelingen.

Nachdem bewiesen ist, dass der Schnitt in den dilatirten starkwandigen Duct. chol. keine Gefahr bietet, wird man immer dreister auf denselben losgehen; sobald durch das Vorhandensein von permanentem, reell lithogenem Icterus die Anwesenheit eines Steines im Duct. chol. festgestellt ist, muss der Bauch-Schnitt von vorne herein gross genug angelegt werden, um die Gallengänge abfühlen zu können; ist der Icterus vorübergehend gewesen, so kommt immer zuerst zweizeitige Cystotomie in Frage mit kleinem Schnitte.

Es sind bereits früher a. a. O. oder weiter oben die einschlägigen Fälle mitgetheilt worden, in denen es gelungen ist, selbst zum Theil bei sehr lang dauerndem aber immerhin vorübergehendem Icterus die Kranken durch zweizeitige Operation zu heilen (No. 21, 23, 28, 30, 34 u. 36); es restirt noch ein Fall (No. 26), der sich durch Complication mit Wanderniere auszeichnete, so dass sogar zwei Incisionen in das Abdomen gemacht wurden, weil die Angaben des Kranken a. op. zu Täuschungen führten. Auch dieser Patient wurde vollständig geheilt:

Herr von G., 56 Jahre alt, aufg. 6. April 1889, No. 26.

Der einst in glänzenden Verhältnissen lebende Kranke war bis zum Jahre 1884 trotz mannigfacher Excesse in Baccho ganz gesund gewesen. Damals stellte sich heftige Gallensteinkolik ein; die ersten drei Anfälle waren sehr schwer, dann wurden sie leichter; Patient hatte gleichzeitig Icterus. Im Jahre 1888 dauerte ein ganz besonders starker Anfall 8 Wochen lang; der Icterus war sehr ausgesprochen. Seitdem sind die Anfälle sehr häufig geworden, der Icterus schwindet kaum mehr. Stuhlgang in letzter Zeit immer normal gefärbt.

St. pr.: Bei dem sehr fetten Manne ist der Leberrand nicht zu fühlen, nur mühsam lässt sich durch die Percussion nachweisen, dass der rechte Leberlappen stark nach abwärts ragt. Die Angaben des Patienten über seine Schmerzen sind sehr unbestimmt: er empfindet Schmerz auf Druck in der muthmasslichen Gallenblasengegend, ebenso stark fühlt er aber auch Druck weiter lateralwärts zwischen Mammillar- und Axillarlinie handbreit unter dem Rippenbogen. Leichter Icterus.

Die Incision auf die Gallenblase durch den Rectus (10. April 1889) war zunächst erfolglos; die Wunde, wegen des enormen Fettpolsters sehr tief, erlaubte dem Finger nicht recht Spielraum; an der Stelle, wo die Gallenblase vermuthet wurde, palpirte man unterhalb der Leber eine leichte, flache Prominenz von Fingerdicke, die nicht wohl die Gallenblase sein konnte; dagegen fühlte man, weiter lateralwärts unter die Leber herabgleitend, einen rundlichen, prall gespannten Tumor, der dem früher angegebenen Schmerzpunkte entsprechend event. die gefüllte Gallenblase sein konnte. Ein Schnitt auf die Geschwulst legte eine Wanderniere frei, so dass die Wunde wieder zugenäht und der erste Schnitt erweitert wird. Jetzt endlich wird die oben erwähnte Prominenz als Gallenblase erkannt; sie liegt tief unter atrophischer Lebersubstanz, so dass sie nicht ans Peritoneum angenäht werden kann. Es wird deshalb eine circa 5-Markstück grosse Partie der überliegenden Lebersubstanz durch Catgutligaturen abgestochen und exstirpirt, die Gallenblase so weit als möglich von der Leber losgelöst, bis sie sich mit ihrer Kuppe ins Peritoneum einnähen lässt. Da sie ganz atrophisch erscheint, kaum einen Durchmesser von $1^1/_2$ cm hat, so wird sie sofort eröffnet, in der Hoffnung, dass keine Galle mehr ausfliesst. Diese Erwartung wird gründlich getäuscht; nach Entfernung von circa 15 hirsekorn- bis erbsengrossen Steinen quillt der Gallenstrom hervor. Weil der untere Theil der Wunde nur durch Netz ausgefüllt ist, wird ein Drainrohr ohne Löcher in die Blase genäht; der untere Wundwinkel wird sorgsam ausgestopft und das Drainrohr in eine Flasche geleitet.

Der Verlauf war ein günstiger, weil das in der Wunde liegende Netz sofort verklebte. Die Gallensecretion war Anfangs sehr stark; es wurden entleert:

am 1. Tage 175,0, am 2. Tage 120,0, am 3. Tage 85,0, am 4. Tage 30,0.

Weiterhin war eine Controlle nicht mehr möglich, weil das Secret neben dem Rohre abfloss. Die Gallenentleerung wurde bald geringer, das Drainrohr konnte schon Anfang Mai entfernt werden; am 19. Mai war die Heilung vollendet. Patient hat sich seitdem dauernd wohl befunden, nur einmal will er einen Schmerz verspürt haben, der entfernt an die früheren Anfälle erinnerte, doch dauerte er nur kurze Zeit; er lebt jetzt als gesunder Mann in Dresden.

Es wurde hier die angenähte Gallenblase sofort eröffnet in der Annahme, dass sie atrophirt sei und event. nur noch Serum enthalte; dies war ein grosser Irrthum; sobald die Steine entfernt waren, quoll die Galle im Strome hervor, so dass mir sehr unbehaglich zu Muthe wurde. Geschadet hat weder diesem noch 2 anderen Patienten (No. 15 und 31) dies Ausfliessen von Galle etwas; immerhin ist es besser, wenn man es vermeidet durch zweizeitige Operation; dass man bei Incision des Ductus choled., zwecks Entlastung der Naht von Druck, die sofort zu öffnende Gallenblase in die Bauchdecken nach meiner Ansicht sogar einnähen muss, ist oben erörtert worden. Dort ist die Gefahr, dass in der Tiefe die Naht platzt, grösser als diejenige, welche etwa aus der mangelhaften Vernähung der Gallenblase mit dem Periton. pariet. dem Kranken erwächst; hier aber, bei der einfachen Entfernung von Steinen aus der Gallenblase selbst, soll man, wenn nicht ganz bestimmte Gründe dagegen sprechen, immer zweizeitig operiren.

VI. Ausgang der Gallensteinoperationen.

Von 21 Kranken mit Gallensteinleiden **ohne** Icterus sind 19 definitiv geheilt, eine hat Schleimfistel behalten, weil sie sich der weiteren Behandlung entzogen hat (No. 3). Sie hatte ursprünglich ein gewaltiges Empyem der Gallenblase; der wahrscheinlich im Ductus cysticus steckende Stein wurde nicht gefunden; jetzt d. h. circa 3 Jahre p. Operationem ist er von dem behandelnden Arzte in der Gallenblase nachgewiesen; wahrscheinlich ist der Stein langsam hinabgerutscht, doch leidet die Kranke so wenig durch die Schleimfistel, dass sie sich nicht zur Extraction des Steines entschliessen kann; Ductus cystic. ist wahrscheinlich obliterirt. No. 1 ging an den Folgen der Gallenblasenexstirpation zu Grunde. 19 Kranke sind definitiv geheilt worden; ich habe fast über alle diese Patienten Nachrichten im letzten Herbste bekommen; von Recidiven ist nichts bekannt geworden.

Von 18 Kranken mit Gallensteinkrankheit **mit** Icterus sind 15 definitiv geheilt, 3 gestorben; es sind somit von 39 Kranken 34 geheilt, eine ist durch eigene Schuld ungeheilt geblieben und 4 sind gestorben; das sind, wenn No. 3, was doch richtig ist, als fast geheilt betrachtet wird, 90 % definitive Heilungen. Hätte ich doch diese 4 Kranken jetzt, mit meinen jetzigen Erfahrungen in Behandlung bekommen! So grosse Schwierigkeiten sie z. Th. boten, ich wäre derselben bei der einen sicher, bei den 3 andern vielleicht Herr geworden; das mir vorschwebende Ideal „dass Niemand mehr an Gallensteinen zu Grunde gehen soll“ wäre erreicht worden.

No. 1 durfte nicht mit Gallenblasenexstirpation behandelt werden; die Operation verlief unglücklich, weil beim Ablösen der Gallenblase von der Leber minime Gallengänge verletzt waren; sie liessen fort und fort ihr Sekret in die Bauchhöhle laufen, obwohl die betreffende Fläche nicht einmal post Operationem blutete, so gering war die Verletzung. — Patientin starb am 5. Tage. Man hätte die tief unter der Leber liegende Gallenblase an abgelöste Peritoneallappen fixiren, die Wunde ausstopfen sollen, dann gelang die zweizeitige Cystotomie. Mein erster Versuch auf dem Gebiete der Gallenblasenchirurgie endete kläglich, was ich noch heute in Erinnerung an die stattliche Frau mit den 4 kleinen Kindern herzlich bedaure.

Die zweite Kranke bot ganz ausserordentliche Schwierigkeiten, die noch dadurch vermehrt wurden, dass Patientin ungemein nervös und aufgeregt war. Man hoffte, dass ihr psychisches Leiden durch die Beseitigung der Gallensteine in günstiger Weise beeinflusst werden würde:

Frau v. B., 40 Jahre alt, aufg. 15. Juli 1888, No. 25.

Die sehr anämische Patientin giebt an, ungefähr im 20. Lebensjahre einmal heftige Schmerzen in der Gallenblasengegend gehabt zu haben, seitdem nie wieder; doch habe sie oft an Appetitmangel und Verdauungsstörungen gelitten. Vor 2 Jahren habe sie einen enorm starken Anfall von Gallensteinkolik gehabt, 24 Stunden lang unter heftigem Erbrechen; ob damals Icterus folgte, weiss sie nicht mehr. Seit jener Zeit bestehen unbestimmte Schmerzempfindungen im rechten Hypochondrium, die sich vor 5 Wochen etwas steigerten unter leichtem Icterus und heftigem Hautjucken. Fieber hat nicht bestanden.

Die Untersuchung ergiebt, dass der rechte Leberlappen bis etwas unter die Linie hinabragt, welche Nabel mit Sp. ant. sup. verbindet; sein lateraler nnd unterer Rand ist ganz deutlich zu fühlen, sein medialer nur undeutlich, selbst wenn die Leber durch Druck auf die Lendengegend von hinten nach vorne gewälzt wird; dort ist er scharf, hier stumpf und abgerundet. Schräg nach oben und rechts vom Nabel ist eine auf Druck sehr empfindliche Stelle, doch ist eine Geschwulst von der etwaigen Grösse einer Gallenblase nicht zu fühlen.

Die Incision am 23. Juli 1888 auf die schmerzhafte Stelle ergiebt zunächst nur das Vorhandensein eines kleinen Leberläppchens, das gestielt, circa 2 cm lang, 1 cm dick, dem rechten Leberlappen anhängt. Erst nach Verlängerung des Schnittes nach unten fühlt der um den medialen Rand des Leberlappens herumgeführte Finger eine etwa kleinapfelgrosse, unten mobile, prall mit Steinen gefüllte Gallenblase, die sich mit einiger Mühe unter der Leber hervorziehen lässt. Auf der Gallenblase befindet sich ein etwas verdicktes Peritoneum; da die Wand derselben so dünn ist, dass die Steine hindurchschimmern, so wird nur das verdickte Peritoneum mit der Bauchwand vernäht und die Wunde ausgestopft.

Nach fieberlosem, aber durch vielfaches Erbrechen gestörtem Verlaufe wird am 29. Juli die Patientin zum zweiten Male narkotisirt; auch jetzt erfolgt, wie bei der ersten Operation, vielfach Erbrechen, wodurch der obere Theil der Wunde gesprengt wird, so dass die Leber frei liegt. Nach nochmaliger Naht Incision in die Gallenblase, deren Wand 2 mm dick ist; es werden drei grosse, hinter einander gelegene Steine extrahirt, circa $1^1/_2$ cm lang und $1^1/_4$ cm dick, an den Enden facettenartig abgeschliffen; zwei von ihnen haben eine 4 mm dicke Umhüllung, die leicht abbröckelt; im Duct. cyst. kein Stein zu fühlen.

Alsbald trat Ausfluss von Galle ein, so dass der Fall zu den besten Hoffnungen Anlass gab; der Ausfluss dauerte im Monat August und September fort, ohne übermässig zu sein, am 28. September fiel das Rohr heraus, die Wunde war alsbald minim, es entleerte sich nur noch schleimige Flüssigkeit. Anfang October wurde mit der Sonde ein Stein in der Tiefe gefühlt, der aber später nicht mehr nachzuweisen war.

Am 12. October traten leichte Schmerzen im Leibe auf, gleichzeitig zum ersten Male farbloser Stuhlgang; letzteres wiederholte sich noch öfter, während in den Pausen der Stuhlgang ganz normal war. Man musste annehmen, dass ein Stein im oberem Ende des Ductus cysticus hin- und herwandere und zeitweise dem Ductus choledochus sich gleichzeitig nähere und ihn verstopfe. Am 18. October wurde ein 12 cm langer Laminariastift in die Fistel eingeführt; er quoll ganz beträchtlich, doch wieder war das Suchen nach einem Steine umsonst. Am 1. November wurde der Stein wieder gefühlt, und am 11. November, nach Dilatation der Fistel mittelst Uterusdilatatorien, ein kaum erbsengrosser, ziemlich weicher braungelber Stein mittelst Kornzange extrahirt; er war inzwischen augenscheinlich nach unten gewandert, lag statt 10 nur noch 4 cm tief.

Jetzt begann statt Besserung ein profuser Ausfluss von Galle, so dass täglicher Verbandwechsel nöthig war, dazu wurde gegen Ende November wieder farbloser Stuhlgang beobachtet. Am 30. November klagte Patientin über Dyspnoe und Herzklopfen; die Zahl der sehr kleinen Pulsschläge stieg auf 130. Mittelst eines in die Fistel eingeführten Rohres wird die Galle direct in eine Flasche geleitet; es entleert sich binnen 24 Stunden die ungeheure Menge von 1000 ccm.

Am 3. December fühlte Patientin sich bedeutend wohler, der Puls wurde kräftiger (84 p. M.), Gallensecretion geringer, doch trat bald wieder profuser Ausfluss auf (6. December = 750,0). Stuhlgang dauernd farblos.

Unter diesen Umständen war längeres Abwarten unmöglich; die Kranke ging durch den täglichen Verlust an Galle mehr und mehr zurück. Es musste unbedingt ein Stein im Ductus choledochus stecken, da narbige Strictur in demselben nicht anzunehmen war, weil bis vor Kurzem der Stuhlgang normale Farbe hatte. Eine Laparotomie war bei der geschwächten Kranken sehr misslich, aber sie war nicht zu umgehen, das Concrement musste unbedingt beseitigt werden, wozu die Freilegung des Ductus choled. nöthig war, um ihn zerdrücken zu können.

8. December 1888: 15 cm langer Schnitt in der Mittellinie mit Umgehung des Nabels; die in die Bauchhöhle eingeführte Hand constatirt ausgedehnte Verwachsungen der Därme mit der Leber resp. der Gallenblase; weitere Orientirung unmöglich.

Deshalb zweiter Schnitt von 10 cm Länge senkrecht auf das untere Ende des ersten nach rechts. Er verläuft dicht unter dem unteren Rande des rechten Leberlappens; in nächster Umgebung der Gallenblase finden sich zahlreiche Verwachsungen, weiter nach links breite Netzadhaesionen. Letztere werden getrennt, und nun sieht man bei weit zurückgeschlagener Bauchdeckenwunde den Pylorus, von ihm aus im Bogen nach unten ziehend das Duodenum; rechts liegt die Gallenblase theilweise frei, ferner sind Ductus cysticus und choledochus deutlich sichtbar, alle drei erweitert, besonders der Ductus choled. ist fast kleinfingerdick und prall gefüllt; er scheint etwas verdickt zu sein; ein Stein wird nicht darin gefühlt, wohl aber glaubt der tastende Finger hinter dem Duodenum eine etwa erbsengrosse Prominenz zu fühlen, die aber nicht hart sondern relativ weich erscheint. Den Inhalt des Ductus chol. auszusaugen gelingt nicht; nachdem er mittelst Pravazscher Spritze entleert war, füllte er sich sofort wieder. Man begann zu schwanken, ob eine narbige Strictur an der Papille existire oder ob dort ein Stein stecke; vielleicht hatte auch eine Abknickung des Ductus stattgefunden. Es wurde versucht, denselben bis zum Eintritte ins Duodenum zu verfolgen, doch gelang dies nicht, weil starke Blutung aus dem übergelagerten Pancreasgewebe entstand. Jetzt wurde die Situation immer bedenklicher; es musste à tout prix das Hindernis für den Einfluss der Galle in den Darm beseitigt werden; man hätte die Gallenblase trotz ihrer Verwachsungen lösen und mit dem Darme in Communication setzen können, dann wäre aber der muthmasslich vor der Papille steckende Stein für alle Zeit sitzen geblieben, wäre event. weiter gewachsen und hätte später sicher Störungen gemacht; es blieb nichts übrig, als ein nochmaliger Versuch, den Stein zu extrahiren, auch wenn der Ductus choledochus dabei eröffnet werden musste. Er wurde provisorisch abgebunden und seitlich angeschnitten; eine Sonde glitt leicht bis zur Papille trotz des gewundenen Verlaufes vom Ductus, aber ein Stein wurde nicht damit gefühlt; Gallensteine sind weich, also event. schwer, besonders mit gekrümmter Sonde zu fühlen; bewiesen war immer noch nicht, dass kein Stein existirte, deswegen konnte nicht einfach der Ductus durchtrennt und mit dem an circumscripter Stelle geöffneten

Duodenum vernäht werden, wie das Anfangs meine Absicht war, sondern es musste der Ductus nur mit einer seitlichen Oeffnung auf das Loch im Duodenum genäht werden, wie bei der Gastroenterostomie, damit das Secret, das sich in der Umgebung des Steines bilden würde, ebenfalls in den Darm gelangen könne, weil nicht sicher war, dass dieses Secret durch die Papille abfliessen könne. Die Vernähung von Ductus und Duodenum machte grosse Schwierigkeiten; er hatte sich vor der Incision als derber Canal präsentirt, dessen Wandung wenigstens etwas verdickt erschien, so dass sie event. eine Naht vertrug. Nach dem Anschneiden desselben zeigte sich diese Vorstellung als unrichtig, die Wand war elend dünn, vertrug kaum einige Nahtstiche; trotzdem schien die Naht zu halten, weil gar keine Spannung bestand, hätte wohl auch gehalten, wenn das Secret in dem Ductus nicht eben dünnflüssige Galle gewesen wäre, geneigt, sich durch jede kleinste Oeffnung hindurchzudrängen und die Verklebung zu hindern.

Die Operation hatte in toto $3^1/_2$ Stunden gedauert. Patientin war stark collabirt, Radialpuls nicht zu fühlen. Sie erholte sich im Laufe des Nachmittags ein wenig, klagte aber über heftige Schmerzen im Bauche, warf sich trotz aller Ermahnungen vielfach umher; aus der Bauchdeckengallenfistel fliesst noch immer Galle ab, wenn auch weniger als vor der Operation.

9. December: Nacht ohne Schlaf. Schmerzen im Laufe des Tages immer intensiver, Nachmittags excessiv. Gegen Abend schwindet das Bewusstsein; der Tod erfolgt $10^1/_2$ Uhr.

Die Obduction ergab eine grosse Menge trüber chocoladefarbiger Flüssigkeit im Bauchraume; Magen und Därme stark injicirt z. Th. graugelb fibrinös belegt. Gallenblase mit der Flexura hep. coli in ganzer Länge durch einen vascularisirten Bindegewebsstrang verwachsen. Gallenblase verengt, Schleimhaut derselben mässig geröthet, sehr uneben; im Innern hellchocoladen-farbiger mit Eiter gemischter Schleim; Ductus cysticus erweitert, die vorspringenden Falten abgeglättet. Ductus choledochus dicht über der Einmündungsstelle des Ductus cysticus mit einer grösseren Oeffnung versehen und frei endigend; in der Nähe der letzteren eine braungelb verfärbte Lücke im Lig. hep. duod. Der getrennte, 17 mm im Umfange haltende Duct. choled. wurde in nächster Nähe des Duodenums wieder aufgefunden und bis zur Papille verfolgt. Letztere war stark geschwollen und fast kleinfingerdick, die überliegende Schleimhaut war oedematös. Im papillären Theile des Ductus choledochus steckte ein erbsengrosser, hemdsknopfähnlicher weicher Cholestearinstein.

Das Duodenum zeigte in seiner oberen Wand circa 50 mm vom Pylorus entfernt eine scharfrandige linsenförmige, von einem Kranze feiner Nähte umgebene Perforationsstelle, in deren Tiefe ein grauweisser erbsengrosser mit höckeriger Oberfläche versehener Stein zu Tage trat.

Leber vorwiegend der Länge nach entwickelt, 180 : 240 : 184, der rechte Lappen fast quadratisch, die Gallenblase der Mitte seiner linken Kante mit ihrem Ende anliegend, die Incisura umbilicalis um 75 mm überragend. Kapsel der Leber im Ganzen glatt. Leberläppchen deutlich.

Im unteren Ileumende grauweisser zäher Inhalt. Schleimhaut blassgrau, glatt.

Linke Lunge an der Spitze umschrieben mit der Costalpleura verwachsen. Oberlappen mehrfach narbig eingezogen; in den Narbeneinziehungen einzelne erweiterte Bronchien und mehrfache graugelbe derbe Verkäsungen (Tuberculose).

Was ich oben über „kleine Steine" sagte, bezieht sich besonders auf diesen Fall; wäre Patientin frisch an Gallensteinkoliken mit Icterus erkrankt, so hätte ich sie nach Carlsbad geschickt, hier lag aber eine Complication vor, die ich bisher noch nicht erlebt hatte, nämlich uralte Steine in der Gallenblase, und frisch in den Ductus choledochus ohne irgend welche erhebliche Beschwerden, geschweige denn Koliken, eingewanderte Steine.

Damit fing die Kette der Irrthümer an, obwohl die 5 wöchentliche Dauer des letzten Icterus, das starke Hautjucken, mich hätten stutzig machen können; ich nahm „begleitenden“ Icterus an, operirte demgemäss zweizeitig, zunächst mit gutem Erfolge. Bei der Laparotomie hätte ich die hinter dem Duodenum auf der Wirbelsäule liegenden Steine zerdrücken können, wenn ich nicht für möglich gehalten hätte, dass der kleine gefühlte Tumor eine Lymphdrüse sein könne; im nächsten Falle werde ich solche Steine etwas energischer anfassen, dann muss es leicht gelingen, sie trotz des überliegenden Duodenums zu zertrümmern. Das Calcül, man müsse den Ductus choledochus seitlich ans Duodenum anheften, dann beide mit einander in Verbindung bringen, war richtig; die Section bewies, dass einer von den beiden Steinen von der Papille zurückgewandert war und in dem von mir frisch angelegten Loche im Duodenum steckte; die Choledocho-duodenostomie — sit venia verbo — war aber doch unrichtig, weil die Wand des Duct. choled. ausnahmsweise so dünn war, wie ich sie bei allen späteren Incisionen in denselben nicht wieder gesehen habe; es waren eben frische Steine in dem Duct. choled., die noch keine Verdickung seiner Wand zur Folge gehabt hatten; an dieser Dünnheit der Wand ist die erste Operation mit dem oben erwähnten unaussprechlichen Namen gescheitert; bei dicken Wandungen hätte sie gelingen müssen, und ist sie anderen Chirurgen schon gelungen. Hier war sie nicht am Platze, hier konnte nur Zerdrücken des Steines helfen, da auch die Vereinigung der Gallenblase mit dem Duodenum die Situation der Kranken wohl gebessert, aber sie nicht definitiv von ihren Beschwerden befreit hätte, weil die Steine im Duct. chol. weiter rumort, sich alsbald wohl vor den Cysticus gelegt hätten. Selbstverständlich hätte ich aber diese Operation gemacht, wenn ich den unglücklichen Ausgang des eingeschlagenen Verfahrens vorausgesehen hätte. Hinterher lässt sich das leicht sagen; hinterher kann man auch sagen, es wäre besser gewesen, die Kranke vorläufig überhaupt nicht zu operiren, erst abzuwarten, bis die kleinen Steine durchgedrückt waren, dann die grossen zu entfernen. Ich gebe dies vollkommen als richtig zu, aber hinterher, nicht vorher.

Die dritte Kranke (No. 27) bot in anderer Weise vielfache Räthsel; die Situation wurde bei der Operation derselben dadurch verschlimmert, dass damals in hiesiger Privatklinik noch kein Oberlicht existirte; der anfangs klare Himmel bedeckte sich im Laufe der

Operation mit Wolken, so dass schliesslich der Einblick in die Tiefe sehr erschwert wurde:

Frau K., 60 Jahre alt, aus Greiz, aufg. 10. Mai 1889.

Blasse, cachectisch aussehende Frau giebt an, vor 17 Jahren einmal Gallensteinkolik und Icterus gehabt zu haben; seitdem litt sie wohl häufig an Verdauungsstörungen, hatte aber keine Kolikanfälle wieder. Vor $^1/_2$ Jahre bekam sie einen Stoss gegen die rechte Bauchseite und bemerkte alsbald eine ziemlich grosse Geschwulst daselbst, die Patientin auf jene Verletzung zurückführte. Bald hernach traten wieder leichtere Anfälle von Gallensteinkoliken ohne Icterus auf, die durch warme Umschläge einigermassen gemildert wurden. Ein Wachsthum der Geschwulst war zwar im Laufe des letzten Vierteljahres nicht zu constatiren, doch wurden die Kolikanfälle so quälend, dass ihr Arzt sie nach Jena schickte mit folgendem, sehr instructivem Briefe: „Ich habe bei der Diagnose der Krankheit vier Möglichkeiten erwogen: Gallenblasenhydrops, diffuse interstitielle Hepatitis, Leberechinococcus und Hydronephrose. Auf eine Affection der Leber schien mir vorzüglich die Anamnese hinzudeuten; gegen Lues sprach die erfolglose Anwendung des Jodkali, gegen Hydrops cyst. felleae die Form der Geschwulst. Zudem erschien mir bei tiefer Palpation die letztere doch nicht gleichmässig, so dass ich den Eindruck hatte, an manchen Stellen derberes, an anderen weniger consistentes Gewebe zu tasten. Gegen die Diagnose einer Hydronephrose sträubte ich mich vorzüglich aus zwei Gründen: erstens konnte ich in keiner Körperlage der Patientin zwischen fraglichem Hydronephrosensack und Leber mit der Hand eindringen; zweitens, wenn der erstere Punkt nicht völlig beweisend war, schien mir der Tumor vorzüglich nach der Medianlinie zu beweglich, was zu der Annahme einer früher sehr beweglich gewesenen Niere führen müsste. Ausschlaggebend für die Diagnose eines Lebertumor war immer für mich die geschwollene Milz, die ich auf ein Stromhindernis in der Vena lienalis zurückführte. Das letztere glaubte ich in die Porta hepatis verlegen zu müssen; möglich, dass dort Steine in den tiefen Gallengängen angehäuft sind, am wahrscheinlichsten handelt es sich aber um Leberechinococcus."

Die Untersuchung ergab neben beträchtlich vergrösserter Milz in der rechten Bauchseite eine fast bis zum Lig. Poup. hinabreichende, kindskopfgrosse Geschwulst, die sich bei der Athmung auffallend wenig bewegte; ein scharfer Rand war an derselben ohne Narkose nicht nachweisbar. Der Tumor selbst war ziemlich unempfindlich, dagegen klagte Patientin sehr lebhaft über Schmerzen, wenn ein Druck auf den oberen medialen Rand desselben, also auf die Gallenblasengegend ausgeübt wurde. In Narkose erschien der mediale Rand der Geschwulst leicht zugeschärft, so dass eine Neubildung im engeren Sinne unwahrscheinlich war. Durch Eintreiben von Luft ins Rectum liessen sich Colon asc. und Colon transv. sinist. deutlich demonstriren, dann verschwand der charakteristisch sich aufblähende Darm; es musste also das Colon transv. dextr. **hinter** der Geschwulst liegen.

Da letztere mit der Leber in unmittelbarem Zusammenhange stand, das Colon transv. hinter derselben lag, die Anamnese für Gallensteinerkrankung sprach, so wurde die Diagnose auf Cholelithiasis gestellt mit nachfolgender Veränderung der Leber; welchen Character dieselbe aber habe, das blieb unklar; an Echinococcus erinnerte das vorhandene Krankheitsbild nur unter ganz bestimmten Voraussetzungen, (Vereiterung, wogegen das fehlende Fieber sprach u. s. w.), genug, der Fall liess sich ohne Probeincision nicht klar stellen, gegen die aber auch mancherlei Bedenken vorlagen, weil es nicht sicher war, ob die Kranke überhaupt operabel sei. Nach langem Schwanken, gedrängt durch die Furcht vor bald wieder eintretenden Gallensteinkoliken, wurde am 14. Mai auf den Tumor eingeschnitten. Derselbe war weithin mit der vorderen Bauchwand verwachsen, und als die fibrinösen Massen partiell beseitigt waren, lag eine graubraune Geschwulst vor, die ebenso gut der Niere wie der Leber angehören konnte. Auch nach Erweiterung des Schnittes wurde die Sache nicht klarer, weil die Geschwulst zunächst nicht mit dem Finger zu umgehen war. In der Verlegenheit griff ich zum Troicart, doch wurde nur Blut in beträchtlicher Menge entleert; ich ahnte nicht, dass dieser Troicartstich verhängnisvoll werden würde. Es blieb nichts übrig, als die Geschwulst vollständig loszulösen und aus der Bauchhöhle herauszuwälzen. Nun fand sich das Colon transversum hinter derselben angewachsen, so dass sie nicht von der Niere ausgehen konnte. Hinter der medialen Partie derselben fühlte man hoch oben harte Concremente in einer Art von Sack. Um letzteren freizulegen, musste eine circa 5-Markstück grosse Partie der hier $1^1/_4$ cm dicken Leber resecirt werden; auf der Schnittfläche zeigten sich erheblich dilatirte Gallengänge; Umstechungsnähte beseitigten Blutung und Gallenausfluss. Die Vernähung von Sack und Peritoneum parietale machte erhebliche Schwierigkeiten, weil ersterer in grosser Tiefe lag; endlich gelang sie; die mächtige Wunde wurde oben ausgestopft, unten vernäht, nachdem der noch immer blutende jetzt auch Galle entleerende Troicartstich vernäht war, was allerdings neue Blutung hervorrief

Nach der 2stündigen Operation war Patientin ziemlich stark collabirt, erholte sich aber Nachmittags leidlich. Abends war der Leib nicht empfindlich auf Druck; Puls klein (80—90); Temperatur normal. In der Nacht trat profuses Erbrechen auf, doch war das Befinden am nächsten Morgen leidlich; Puls 100, Temperatur normal. Wider Erwarten collabirte die Kranke Nachmittags 6 Uhr und starb.

Section 16. Mai (Herr Geh.-Rath Müller).

Bauch flach vorgewölbt, Parietalperitoneum über der vorderen Fläche der Leber blutig suffundirt, theilweise gelblich gefärbt. Milz 195 : 100 : 45, mittelfest; Pylorus und Anfang des Dünndarmes durch einen festen Strang mit dem linken Leberrande verwachsen. Gasblasen im Pfortaderblute und in den Gallengängen. Leber fast ausschliesslich in der Richtung von oben nach unten entwickelt (256:162:92), linker Lappen ganz atrophisch, 33 mm breit. Kapsel der Vorderfläche von vielfach suggillirten, zum Theil broncegelb gefärbten Bindegewebswucherungen bedeckt, Ränder der Leber uneben höckerig. Lebersubstanz sehr fest, Läppchen deutlich gesondert, ungleich gross; grünweisse Bindegewebszüge zwischen denselben; Farbe der Läppchen theils rosenroth, theils bräunlich-gelb, theils grünlich-grau. In den durchschnittenen Gallengängen fanden sich neben trüber, bräunlich-gelber Flüssigkeit stecknadelkopf- bis halblinsengrosse, rundliche, schwarzgraue Concremente. Die vordere Partie des rechten Leberlappens zeigte sehr bunt schmutziggraue bis orangegelbe Läppchen neben grauweissen Bindegewebszügen. Ein grösserer Pfortaderast enthielt einen theils grauweissen, theils chocoladefarbenen Thrombus; der Lage nach entsprach dieser Thrombus der Verwachsungsstelle zwischen Leber und vorderer Bauchwand. Der linke Lappen ungemein fest, sehr klein, blassgrau, zum Theil orangegelb. Die Gallengänge vielfach unregelmässig bis über Erbsengrösse dilatirt.

In dem an das vordere Bauchfell angenähten Sacke steckte fest ein kolossaler, hufeisenförmiger, am unteren Ende in 2 Fortsätze ausgehender, braungrün belegter, in den tieferen Schichten grauweisser Gallenstein. Sein Lager war nicht die Gallenblase selbst, wie bei der Operation, anfangs auch bei der Obduction angenommen wurde, sondern er sass in den dilatirten Gallengängen, und zwar gerade am Zusammenflusse der Ductus cysticus und hepaticus mit dem choledochus; die beiden Fortsätze ragten in den Duct. hep. und choled. hinein, der grösste Theil des Steines lag im Ductus cysticus. Weiter nach oben zu fand sich ein ganz kleiner, mit einer strahligen Schleimhautnarbe versehener Sack; dies war die Gallenblase, welche noch einige kleinere schwarzgrüne Concremente enthielt. Weiter nach dem Darme zu fanden sich hinter der Papilla Duodeni im erweiterten Duct. chol. (31 mm Umfang) drei tetraedrische, annähernd kirschengrosse Gallensteine. Schleimhaut des Ductus choledochus geglättet und grauweiss. Die übrigen Organe gesund, doch bestand allgemeine Anaemie.

Man kann die Frage aufwerfen, ob die geschilderten Veränderungen der Leber und der Gallengänge überhaupt einer Rückbildung fähig waren; ich glaube, dass diese Frage bejaht werden muss; nur blieb Patientin in Gefahr, von neuem an Steinen zu erkranken, die alsbald aus den Lebergängen in den Ductus choled. hinabgerollt wären. Der Thrombus als solcher hätte die Heilung zunächst nicht gehindert; es war ein durchaus blander aseptischer Thrombus.

Leider konnte ich wegen Verwachsung des thrombosirten Lebergebietes mit der vorderen Bauchwand zunächst absolut nicht ins Klare kommen, was für eine Geschwulst vor mir lag; immer noch in dem Gedanken, einen Echinococcus ev. einen entzündeten Echinococcus vor mir zu haben, griff ich zum Troicart; der Stich war tödlich; trotz aller Bemühungen, die Wunde durch Umstechung zu schliessen, lief die Galle permanent aus; jeder neue Nahtstich öffnete weitere dilatirte Gallengänge; endlich schien die Wunde versorgt zu sein; es war ein Irrthum, denn bei der Section fanden sich relativ grosse Mengen von Galle vor und hinter der Leber in der Bauchhöhle.

Die extreme Vergrösserung der Leber war Schuld, dass die Gallenblase samt Gallengängen zunächst völlig unsichtbar war; sie lagen tief unter der Leber; erst durch Herauswälzen des rechten Leberlappens kam man auf einen Sack, der einen grossen Stein enthielt. Weil Patientin keinen Icterus gehabt hatte, glaubte ich die Steine enthaltende Gallenblase vor mir zu haben; wieder ein Irrthum; es waren die dilatirten Duct. cyst., chol. und hep.; die Gallenblase selbst war zu einem elenden Säckchen degenerirt, das tief unter dem rechten Leberlappen liegend, bei der Operation gar nicht sichtbar gemacht werden konnte. Ganz bona fide nähte ich die dilatirten Gallengänge an die vordere Bauchwand an, hätte auch mein Ziel, die Entfernung der Steine, ohne Zweifel erreicht, wenn Patientin nicht in Folge des Einfliessens der Galle in die Bauchhöhle zu Grunde gegangen wäre. So rächt sich zuweilen die sonst als unschuldig geltende Punction; sie hat schon oft grossen Schaden gethan; dass sie hier auch Unheil stiften werde, war nicht vorauszusehen.

Frau von B., 45 Jahre alt, aufg. 5. Januar 1891, No. 33.

Erkrankte im Jahre 1883 zum ersten Male an Gallensteinkolik mit Abgang von kleinen Concrementen im Stuhlgange; seitdem keine Kolikanfälle mehr. Im Jahre 1888 traten dumpfe Schmerzen im rechten Hypochondrium auf, die sich allmählich immer mehr steigerten trotz des Gebrauches von Karlsbader Wasser. Im Sommer 1890 wurde eine Autorität in Berlin consultirt; dieselbe sprach sich sehr unbestimmt aus, nahm nicht an, dass Gallensteine vorlägen. Im August begann excessives Erbrechen, das 5 Wochen lang anhielt; gleichzeitig trat Icterus auf. Man stellte die Diagnose auf Gallensteine, rieth aber nicht zur Operation, weil Patientin inzwischen stark heruntergekommen war; die Leber war damals noch nicht vergrössert. Anfang October 1890 zog Patientin vom Rheine nach Thüringen; es hatte sich inzwischen der Icterus stärker entwickelt, der Stuhlgang war vollständig farblos geworden, Patientin erbrach weiter; trotzdem wurde hier die Diagnose auf catarrhalischen Icterus gestellt und dieselbe der beständig nach operativer Hülfe jammernden Patientin gegenüber mit eiserner Consequenz festgehalten, „weil ihr Arzt selbst einmal acht Wochen lang catarrhalischen Icterus gehabt habe." Endlich wurde Seitens einer zugezogenen Autorität die richtige Diagnose gestellt und die Kranke hierher transportirt.

Das Aussehen derselben war erschreckend: die grosse, einst 162 Pfd. wiegende Frau, deren Körpergewicht inzwischen auf 95 Pfund hinabgegangen war, erschien tief dunkel citronengelb und vollständig verfallen, so dass man im ersten Augenblicke an Lebercarcinose dachte. Puls bei der Aufnahme in Folge der kaum 50 km weiten Reise 100, sinkt schon nach einigen Stunden auf 56; Temp. normal.

Rechter Leberlappen, weit nach unten bis zur Spino-Umbilicallinie hinabragend, weich, deshalb undeutlich umgrenzbar; Gallenblase nicht fühlbar, Druck auf die muthmassliche Stelle ihres Sitzes schmerzhaft. Urin grünlich-braun mit gelb-grünem Schaum, enthält sehr viel Eiweiss und Gallenfarbstoff; mikroskopisch fanden sich sehr viel rothe, weniger weisse Blutkörperchen darin, dazu Cylinder mit Blutfarbstoff durchsetzt, endlich rundliche und längliche Zellen, icterisch gefärbt.

8. Januar: Incision vom Rippenbogen bis zum Nabel durch den rechten Rect. abd. Haut lederartig, wie gegerbt; Peritoneum icterisch verfärbt. Die freigelegte Leber ist dunkelblauroth, succulent, fester, als man durch die Palpation bei intacten Hautdecken ermitteln konnte. Tief hinter dem medialen Rande des stark vergrösserten rechten Leberlappens lag prall gespannt die ziemlich erheblich vergrösserte Gallenblase; von ihr aus liessen sich Ductus cysticus und choledochus als fingerdicke Stränge weiter bis zum Darme hin verfolgen.

Der tief versteckt liegenden Gallenblase konnte man in zwiefacher Weise beikommen: entweder musste der mediale Rand des rechten Leberlappens aus der Wunde heraus gelagert werden, um bis zur Gallenblase tamponiren zu können, oder es musste ein keilförmiges Stück aus dem erwähnten Rande resecirt werden. Gestützt auf frühere günstige Erfahrungen, wurde leider der zweite Modus gewählt, da die Lebersubstanz hinlänglich derb und resistent zu sein schien. Der erste Stich durch die Leber mittelst runder, nur an der Spitze geschärfter Nadel bewirkte profuses Hervorquellen einer fast wasserklaren Flüssigkeit; als einige 100,0 derselben abgeflossen waren, erschienen die vorher prall gespannte Gallenblase, desgl. die Duct. vollständig schlaff; es bestand also directe Communication zwischen dem angestochenen Gallengange und der Gallenblase. Der Versuch, den kaum 1 mm grossen Stichkanal in der Leber durch Umstechung zu schliessen, misslang; die Leber war so brüchig, dass jeder Catgutfaden sofort durchschnitt. Weil jetzt schon eine ziemlich grosse Wunde in der Leber entstanden war, wurde ein Keil ausgeschnitten; die Blutung war von mittlerer Stärke, der Ausfluss von Serum desto stärker. Da jede Catgutnaht, mit der sonst die Schnittfläche vernäht wird, durchschnitt, musste man sich mit der Tamponade derselben begnügen, doch wurden die Tampons immer wieder von dem Flüssigkeitsstrome fortgespült. Endlich gelang es, die circa 4 cm hinter dem vorderen Peritoneum liegende Gallenblase durch einige Stiche zu fixiren, und zwar wurde dazu das vom linken Wundrande abgelöste Peritoneum benutzt, das in die Tiefe geschlagen wurde. Linkerseits hatten wir also diesen aus Peritoneum und Fascia transversa bestehenden Lappen, rechterseits den Ausschnitt aus der Leber; nun konnte ein fester Tampon bis auf die Gallenblase geführt werden.

Es war bei der Operation ziemlich viel Serum und Blut in die Bauchhöhle geflossen; der Puls war fast verschwunden; Patientin war mehr todt als lebendig. Abends war der Verband, desgl. die Bettunterlage durchtränkt mit hellrother Flüssigkeit; Patientin erbrach fortwährend, desgl. die nächsten 48 Stunden, ohne dass der leicht aufgetriebene Bauch auf Druck empfindlich gewesen wäre. Am 11. Januar trat grosse Herzschwäche auf, während die Kranke durchaus ruhig athmete; die Versuche, durch Injectionen von Campher den Puls zu heben, waren erfolglos; sie schlief im Zustande des völligsten Collapses ruhig ein.

Obduction (Herr Geh. Rath Müller): Musc. rectus d. blutig suffundirt; ziemlich viel geronnenes Blut in der Wunde. Därme glatt und glänzend; keine Spur von Peritonitis. Quercolon sehr ausgedehnt, eine spitzwinkelige, bis fast zur Symphyse hinabreichende Schleife bildend. Leber viel kleiner als bei der Operation; der rechte Lappen nach unten den linken um 10 cm überragend, schlaff; Kapsel glatt; Läppchenzeichnung durch die Kapsel hindurch deutlich, Centra grünlich-braun, Peripherie schmutzig-gelb. Sämtliche Gallengänge beträchtlich erweitert, ihre Wand mässig verdickt; Schleimhaut glatt; die erweiterten Gallengänge zum Theil ziemlich oberflächlich gelagert. Gallenblase klein, dagegen der Ductus cysticus von 3,5, der Ductus choledochus von 2,5 cm Umfang; in ersterem ein grosser, in letzterem ein kleinerer (kirschengrosser) Stein neben zahlreichen kleineren vorhanden. Gallenblase an ihrem Fundus mit zahlreichen, zum Theil schwieligen Narben versehen; am Gallenblasenhalse Abdruck eines Steines sichtbar. Duct. hepat. hochgradig erweitert; die Erweiterung im Duct. hepat. sin. ungleichförmig; Wandung überall dünn und glatt. Im Inneren der Gallenblase und der erweiterten Gallenwege wässerig dünne röthlich-braune Galle.

Das Papillenende des Duct. chol. 2,0 cm im Umfange, mit brüchigen, citronengelben Concrementen versehen; die gleichen Steinchen finden sich auch im Jejunum-Darm hochgradig atrophisch. Der linke Eierstock und die linke Tube mit der Flexura coli in der Nähe des Promontorium lose verwachsen. Die rechte Tube mit dem Eierstocke und dem breiten Mutterbande verwachsen, das Ostium obliterirt; in der erweiterten Ampulle dünne, chocoladefarbige Flüssigkeit. Nieren klein, stark icterisch; frische Suggillationen im Nierenbecken.

Herz klein, Endocard icterisch, blutig imbibirt, Herzmuskel sehr bleich, wenig icterisch. Intima Aortae stark gewulstet, weiss gefleckt; Lungen gesund. Allgemeine hochgradige Anaemie und icterische Verfärbung aller Organe.

Hätte ich doch diese unglückliche Frau wenige Monate früher in Behandlung bekommen, als die Leber noch nicht geschwollen, der Urin noch kein Eiweiss enthielt; wie leicht wäre sie zu retten gewesen. Auch jetzt versuchte ich das noch, weil ich es für die Pflicht des Arztes halte, bei benignen Leiden dem Tode sein Opfer streitig zu machen, so lange noch ein Schimmer von Hoffnung vorhanden ist.

Patientin hatte unzweifelhaft Steine im Duct. choled., es schien aber zu gewagt, eine Laparotomie mit Incision in den Duct. choled. zu machen bei diesem Kräftezustande. Ich dachte erst die Galle nach aussen abzuleiten, das Blut von derselben zu entlasten und die

Leber wieder in Ordnung zu bringen, dann — event. vier Wochen später — die Steine aus dem Duct. choled. zu entfernen. Vielleicht war es besser, wenn ich gleich die Laparotomie machte, weil die Annähung der Gallenblase schwierig war wegen Vergrösserung der Leber. Derartige Schwierigkeiten hatte ich öfter überwunden durch Ausstopfung der Wunde mit oder ohne vorgängige Resection kleinerer Partien der Leber (No. 26, 55, u. a.); auch hier schien es leicht, einen Keil aus derselben fortzunehmen, zumal die Leber anscheinend fest, nicht brüchig wie in Fall 30, zu sein schien. Sofort aber stürzte der seröse Inhalt des verletzten Gallenganges hervor in ganz unglaublicher Menge, die Blutung war zwar an sich nicht erheblich, für diese Kranke aber doch schon beträchtlich genug. Immerhin ist sie nicht daran gestorben, sondern an unstillbarem Erbrechen, das wohl zum Theil auf ihr Nierenleiden zurückzuführen ist, wenn nicht auch die Abknickung des Colon transv. durch Verwachsung mit dem Eierstocke in der Nähe des Promontorium daran Schuld gehabt hat. Patientin litt schon vor der Operation an excessivem Erbrechen (s. o.), nun kam die Wirkung des Chloroforms und des Blutverlustes dazu, um dasselbe von neuem anzuregen. Auf die Nephritis habe ich hingedeutet, weil ich einen Kranken an unstillbarem Erbrechen verloren habe, bei dem ich nur einen grossen durch Obliteration des Ureters vollständig abgeschlossenen tuberculösen Nierenabscess spaltete, ohne die Reste der Niere irgendwie zu berühren. Die zweite Niere war ebenfalls leicht an Tuberculose erkrankt; Patient hatte aber mit ihr und dem grossen, jeden Abend Fieber erregenden Abscesse bis jetzt gelebt, warum starb er an unstillbarem Erbrechen, als der Eiter herausgelassen wurde?

Uebersehen wir die drei Fälle, so ist nicht zu leugnen, dass übermässige Vorsicht theilweise die Schuld an dem Tode der Kranken trägt; bei der ersten Kranken musste der Stein hinter der Papille in brüsker Weise zertrümmert werden; im zweiten Falle war statt des Troicarts ein sehr grosser orientirender Längsschnitt indicirt; No. 3 wäre vielleicht besser auch gleich mit Choledochotomie operirt worden, so viele Gründe andererseits auch dagegen sprachen. Ich entnehme aus diesen Fällen die Lehre, dass bei allen Gallensteinkranken mit reell „lithogenem“ Icterus von vornherein die Sache durch einen grösseren, d. h. 15 cm langen Schnitt klargestellt werden muss. Dadurch wird und muss noch die Heilung so desolater Fälle gelingen, wie sie eben geschildert worden sind. Es wäre freilich besser, wenn sie uns nicht in diesem desolaten Zustande zugingen. So lange aber Fürbringers Satz Geltung hat: „noch sind die Resultate der Internen nicht schlecht genug und die der Chirurgen nicht gut genug, um ein Anrufen der Letzteren in dem von annexionslustigen Operateuren geforderten Umfange zu rechtfertigen", werden wohl noch zahlreiche Kranke auf grosse Laparotomien resp. Choledochotomien angewiesen sein, während sie meistens recht wohl durch kleine Schnitte und Cystotomie geheilt werden könnten.

Letztere ist aber nicht blos deswegen nöthig, weil die Steine in die tiefen Gänge wandern können, sondern auch wegen der Gefahr des **Carcinomes der Gallenblase.** Der Zufall hat es so gefügt, dass ich fast ebensoviel Todte an Carcinom habe, als Kranke im Anschlusse an die Operation zu Grunde gegangen sind, nämlich drei, und wenn man Fall 41 dazu rechnet (Carc. des Col. asc. an der Stelle, wo eine prall gefüllte Gallenblase auf den Darm drückte), sogar vier. Diese Zahlen reden eine ernste Sprache; sie beweisen, in welche Gefahr die Kranken auch noch durch dieses heimtückische Leiden kommen, ganz abgesehen von dem Einwandern der Steine in die tiefen Gänge; gegen das Carcinom aber sind wir gewöhnlich machtlos. No. 53 ist schon früher unter der Diagnose „Sarcom" publicirt worden; die Section hat später Carcinom in einer mit Steinen gefüllten Gallenblase ergeben, doch fehlt die mikroskopische Untersuchung; es folgen No. 54 und 55.

Frau Elise Wenige, 58 Jahre alt, Gotha, aufg. 21. Juni 1890, No. 54.

Seit vielen Jahren leidet Patientin an „Magenkrämpfen", zu denen sich im Herbste 1889 Icterus hinzugesellte unter Verstärkung der Schmerzen und erheblicher Abmagerung.

St. praes.: Tief dunkelgelbe cachectische Frau mit leidendem Gesichtsausdrucke. Leberrand etwas tiefer als normal, undeutlich zu fühlen; im Epigastrium harte Resistenz nachweisbar, kein deutlicher circumscripter Schmerzpunkt. Stuhlgang ohne Farbstoff. Die hochgradige Cachexie liess sofort den Verdacht auf Carcinom der Gallenblase aufkommen, doch war Gewissheit nur durch Probeincision zu erlangen.

24. Juli: Leber dunkelblauroth, icterisch; ihr vorderer Rand in der Gegend der Gallenblase tief nach hinten durch Neubildungsmassen retrahirt, die offenbar von der mit Steinen gefüllten Gallenblase ausgehen; im nächst gelegenen Peritoneum einzelne Knoten. Schluss der Bauchwunde.

10. Juli: Laparotomiewunde ist oberflächlich wieder aufgegangen, in der Tiefe aber durch Granulationen geschlossen.

26. Juli: In desolatem Zustande einer Pflegeanstalt überwiesen und dort bald gestorben. Section nicht gemacht.

Frau Schreiber, 56 Jahre alt, aufg. 24. September 1891, No. 55.

Vor circa 6 Wochen stürzte die bis dahin angeblich völlig gesunde aber stets magere Frau beim Gras-holen von einem Eisenbahndamme und fiel auf den rechten Rippenbogen. Sie bekam dort einen sehr heftigen Schmerz, der nicht wieder weichen wollte, zumal sie als Frau eines Bahnwärters noch mehrfach auf dem Eisenbahndamme wegen der Heubereitung umherkriechen musste, wobei sie noch öfter leicht ins Rutschen kam. Auf diese Unglücksfälle schob sie ihre jetzigen wesentlich oberhalb des rechten Rippenbogens localisirten Schmerzen, während ihr Mann angab, dass sie schon früher oft über Druck in der Magengegend geklagt habe, ohne allerdings jemals zu erbrechen; sie sei aber viel zu fleissig gewesen, um je zum Arzte zu gehen.

Die Untersuchung der blassen cachectisch aber nicht icterisch aussehenden Frau ergab, dass die Leber einen derben harten oberflächlich anscheinend höckerigen Fortsatz zur Sp. Umb.-Linie hinabschickte; in der Papillarlinie betrug die Dämpfung 20 cm. Man fühlte sehr deutlich den unteren sehr dünnen scharfen Rand des Fortsatzes; etwas oberhalb dieses Randes bestand eine Unebenheit, deren Character sich nicht genauer feststellen liess. Es konnte sein, dass eine prall mit Steinen gefüllte Gallenblase durch einen papierdünnen Leberfortsatz hindurch sich fühlbar machte; wahrscheinlicher handelte es sich allerdings um Neubildung in der Leber resp. Gallenblase, in letzterer bedingt durch Steine. Wenn letzteres der Fall, so war für die Kranke die Entfernung der Steine immerhin ein Vortheil, weil die Schmerzen event. gemindert wurden, deshalb:

28. September 1891: Incision. Es ergab sich, dass die Leber mit flachen Buckeln besetzt war, die allerdings mehr den Character von entzündlichen Processen als den einer Neubildung hatten. Unter dem Leberfortsatze lag die weisslich verfärbte Gallenblase mit dem Netz verwachsen, deutlich Steine enthaltend; kein Serum in der Bauchhöhle.

Um die Diagnose sofort feststellen zu können, wurde die Gallenblase aufgeschnitten; es präsentirte sich zunächst ein in Neubildungsmassen eingebetteter circa 2 cm dicker Stein, der extrahirt wurde; trübes Serum floss hinterher; es wurde rasch aufgetupft, so dass es nicht in die Bauchhöhle gerieth.

Weiter unten steckte ein zweiter grosser Stein hinter einer derben Einschnürung der Gallenblase; er wurde zertrümmert und entfernt. Die Schnittränder der Gallenblase wurden mit dem Perit. parietale vereinigt, nachdem ein grösseres Stück der überliegenden Leberparthie resecirt worden war.

Die mikroskop. Untersuchung der aus der Gallenblase entfernten Massen, sowie der Lebergeschwülste ergab Cylinderzellencarcinom.

Der Verlauf war ein ungestörter. Mitte October 1891 mit granulirender Wunde entlassen. Icterus beginnt eben.

VII. Die Behandlung der Adhaesionen.

Unendlich oft sind die in Folge der Gallensteinkrankheit auftretenden Verwachsungen erwähnt worden. So lange die Steine in der Gallenblase selbst sich befinden, bilden sich Adhaesionen vorwiegend zwischen Gallenblase einerseits, Netz und Quercolon andererseits; gehen die Steine tiefer, so kommt der Magen mit in den Process hinein; die pars pylorica verwächst mit dem Halse der Gallenblase resp. dem Ductus cysticus; erst ganz zuletzt beginnt die Verwachsung des Duodenum. Derartige Verwachsungen erfolgen weder immer, noch in der erwähnten Reihenfolge; kleine, wenig reizende Steine, die nur kurze Zeit in den Gängen verweilen, bewirken natürlich derartige Adhaesionen nicht. Die Reihenfolge wird insofern nicht eingehalten, als gelegentlich bei reinen Gallenblasensteinen schon Verwachsungen mit dem Magen bestehen (No. 20 und 34). Es werden eben die verschiedensten Factoren bei dem Zustandekommen der Verwachsungen mitwirken: Dauer und Stärke des entzündlichen Processes in den Gallenwegen, Grösse der Gallenblase, Grösse und

Lagerung der umgebenden Intestina. Jedenfalls haben wir immer mit diesen Verwachsungen zu rechnen, da sie, wie oben erwähnt, in der Majorität der Fälle vorhanden sind.

Sie tragen ohne Zweifel oft Schuld daran, dass die Schmerzen der Kranken bei den Anfällen vermehrt werden; in anderen Fällen bewirken sie, auch wenn die Steine längst fort sind, Functionsstörungen von Magen und Darm, speciell vom Colon; die Kranken leiden an Druck vor dem Magen, an vorübergehenden Kolikschmerzen, bei Fixation des Colon an Obstipation, Auftreibung des Leibes u. s. w., lauter Erscheinungen, die den Adhaesionen allein, aber auch den Adhaesionen und den Gallensteinen zur Last gelegt werden können. Ob erstere allein vorhanden oder letztere mit im Spiele sind, wird sich schwer im einzelnen Falle entscheiden lassen, genug, eine ganz genaue Diagnose wird sich nicht stellen lassen. Klagt ein Patient noch Monate oder Jahre lang, nachdem Steine abgegangen waren, über derartige Beschwerden, so wird man vorwiegend an Adhaesionen denken, immer mit dem Hintergedanken, dass event. noch Steine stecken könnten. Hatte Patient einstmals nur Icterus ohne Abgang von Steinen, so neigt sich die Wage noch mehr zu Gunsten der Steine; wenn letztere aber sonst keine ausgesprochenen Erscheinungen machen, so ist man wieder in diagnostischer Verlegenheit.

Die meisten Fälle werden wohl ohne genaue Diagnose bleiben, bis zunehmende Beschwerden zur Incision treiben; ich beobachte zur Zeit verschiedene Kranke mit dringendem Verdachte auf derartige Adhaesionen, kann mich aber nicht zur Probeincision entschliessen, die ja immer mehr oder weniger ein testimonium paupertatis ist, hoffe auf weitere Störungen, um zum Entschlusse zu kommen. In zwei früher mitgetheilten Fällen (No. 45 und 46) zwangen zunehmende Klagen zur Incision; beide Kranke hatten früher Icterus gehabt ohne Abgang von Steinen; ich vermuthete neben Adhaesionen Steine und fand nur Adhaesionen, nach deren Lösung der eine Kranke gesund geworden ist (No. 45); No. 46 war complicirter Natur (Retroflexio uteri), so dass nur ein Theil der Beschwerden beseitigt worden ist. Wochen lang habe ich vor diesen Kranken gestanden, ehe es zur Operation kam. Ich glaube nicht, dass derartige Fälle blosse Raritäten sind; gewöhnlich aber werden die Erscheinungen so undeutlich sein, dass eine Diagnose unmöglich ist. Sehr interessant war mir kürzlich die mündliche Mittheilung meines Freundes Lauenstein, dass er vor einigen Jahren die Diagnose auf derartige Verwachsungen bei einem jungen Mädchen stellen konnte, die circa 1 Jahr zuvor eine heftige Attaque von Leibschmerzen gehabt hatte; ihre Klagen wurden auf Hysterie zurückgeführt, bis die Incision den Fall klar stellte und Heilung herbeiführte.

Wie die Diagnose, so ist auch die Therapie in diesen Fällen insofern unsicher, als man über die Ausdehnung der Verwachsungen nicht immer ganz ins Klare kommen kann. Der pathologische Anatom hat oft schon bei weiter Eröffnung der Bauchhöhle seine Noth, derartige Verwachsungen zu entwirren, wie viel mehr der Chirurg, der von einem relativ kleinen Schnitte aus sich zu orientiren sucht; hat er anscheinend alle Stränge entfernt, glaubt er seiner Sache ganz sicher zu sein — wissen kann er nie, ob er nicht irgend wo weiter entfernt einen Strang hat stehen lassen, der gerade jetzt nach Lösung der übrigen Schaden thut. In dieser Beziehung habe ich einen erschütternden Unglücksfall*) erlebt, der hier nicht verschwiegen werden soll:

Frau S. aus Stolberg i. Rhld., 27 Jahre, aufg. 17. September 1891. No. 52.

Seit 6 Jahren verheirathet; einmal entbunden vor 5 Jahren, seitdem unterleibsleidend mit häufigen Schmerzen im Becken. Vor 3 Jahren erster Anfall von Gallensteinkolik mit Icterus, seitdem frei, bis im Juli 1891 abermals ein schwerer Anfall von 3wöchentlicher Dauer erfolgte; es wurden unter grossen Beschwerden, nachdem Patientin längere Zeit gefiebert und stark an Gelbsucht gelitten hatte, 13 Steine mit dem Stuhlgange entleert; sie waren dreieckig, gelblich, etwas über erbsengross. Kaum hatte Patientin sich erholt, so folgte ein neuer Anfall, abermals mit Icterus; es wurden 2 Steine entleert.

Da die Kranke einen dumpfen Schmerz in der Gallenblasengegend behielt, so fürchtete sie alsbald einen neuen Anfall, weshalb sie sich hierher begab, um auf operativem Wege von ihren Steinen befreit zu werden.

Die Untersuchung der kräftigen wohlgenährten, aber etwas blassen Frau ergab ziemlich negative Resultate. Die Leber war nicht vergrössert, ihr unterer Rand nicht zu fühlen, ebenso wenig war eine Gallenblasengeschwulst nachzuweisen.

Druck auf die muthmassliche Gallenblasengegend wenig empfindlich; die Kranke blieb aber dabei, dass sie stets denselben Schmerz in der Gallenblase fühle den sie vor der letzten grossen Attaque gehabt habe; sie müsse unbedingt noch Steine darin haben und wolle davon befreit werden.

21. September 1891: Incision durch den rechten Rect. abd. dicht unter dem Rippenbogen. Sofort stellte sich eine ganz schlaffe weiche Gallenblase in der Wunde ein; sie enthielt deutlich Steine. Weil früher Concremente per vias naturales abgegangen waren, mussten natürlich die tiefen Gallengänge abgetastet werden. Dem stellte sich aber ein Hindernis entgegen in Form von ausgedehnten Verwachsungen zwischen Netz und Magen einerseits, Gallenblase andererseits. Der linke Rand des Pylorus war mit der Gallenblase fast in ihrer ganzen Länge verwachsen, doch liessen sich dieselben von der kleinen Wunde aus bis hoch hinauf soweit leicht lösen, dass die Gallenblase und die Gallenwege völlig frei waren. Da in den tiefen Gängen keine Steine zu fühlen waren, so wurde die Gallenblase in gewohnter Weise angenäht und die Wunde ausgestopft.

Der Verlauf war die ersten 36 Stunden post Operationem ein ganz normaler; Patientin hatte am nächsten Morgen schon Appetit und ass Zwieback. In der zweiten Nacht fing sie an zu erbrechen; da aber am nächsten Morgen keine Temperaturerhöhung vorhanden war, andere Kranke auch Tage lang gebrochen hatten,

*) Anmerkung w. d. Corr. Vergleiche hierzu Fall Lässig p. 140.

so wurde dieses Erbrechen noch als unbedenklich angesehen, zumal der Puls zwar etwas frequent (104), aber gut war.

Am folgenden Tage (24. September) reiste ich leider zur Naturforscherversammlung nach Halle, sah die Kranke erst Abends; sie erbrach weiter, hatte aber keine Schmerzen, konnte Urin lassen, verlangte sogar feste Nahrung, weil sie sich schwach fühle. Puls 104, fast ebenso gut, als am Tage vorher. Da seit 4 Uhr kein Erbrechen mehr erfolgt, der Leib weich und schmerzlos war, so erschien mir der Zustand immer noch leidlich, wenn auch die zunehmende Schwäche der Patientin zu denken gab. Da der Mann derselben aber mittheilte, dass sie öfter an Ohnmachten leide, rasch verfiele u. s. w., so wurde die etwa nothwendig werdende Wieder-Eröffnung der Bauchhöhle auf den nächsten Morgen verschoben.

Unvermuthet trat Collaps in der folgenden Nacht ein, der Radialpuls wurde gegen Morgen unfühlbar, das Erbrechen war abundant, doch entleerten sich immer nur die genossenen Getränke (Eierpunsch u. s. w.) mit viel Flüssigkeit gemischt, niemals jene dunkelfarbigen Massen, wie man sie bei Peritonitis sich ergiessen sieht. Nach Entfernung des Verbandes und der eingenähten Gazebäusche ergab sich ein leichter fibrinöser Belag auf der partiell vom Peritoneum abgelösten Gallenblase; links unterhalb des Nabels bestand schmerzhafte Vortreibung des Bauches, während sonst der Leib flach und weich war. Patientin wurde deshalb leicht narkotisirt (25. September 1891), und die Wunde nach unten hin erweitert. Nun fand sich, dass die ganze Partie links unterhalb des Nabels durch den extrem dilatirten Magen eingenommen war. Derselbe erschien mit seinem Pylorustheile rechts oben fixirt; von dort erstreckte sich der rechte Theil des Magens tief nach links bis zum Lig. Poup., um von dort spitzwinklig geknickt zur Cardia zurückzulaufen; 2 gewaltige armdicke Schläuche lagen neben einander, nur durch das Omentum minus verbunden, beide aufs äusserste gespannt, dunkelblauroth aber glänzend. Unterhalb dieser gewaltigen Geschwulst lag im lebhaftesten Contraste mit derselben der grauweisse gänzlich collabirte Dünndarm.

Es war klar, dass der Magen rechts oben abgeknickt war, dass sein Inhalt nicht in den Darm gelangen konnte; eine extreme Anhäufung von Mageninhalt hatte entweder acut eine hochgradige Dilatation desselben zur Folge gehabt, oder, was wahrscheinlicher erschien, eine vor der Operation schon bestehende Dilatatio Ventriculi machte sich geltend; wodurch aber die Abknickung des Magens bedingt war, das liess sich nicht feststellen. Es wurde eine Magensonde eingeführt, worauf sich enorme Quantitäten Flüssigkeit entleerten. Der Magen sank zusammen, wurde etwas kleiner, hatte aber augenscheinlich seine Elasticität vollständig verloren, so dass er als grosser, schlaffer Sack liegen blieb. Patientin fühlte sich zunächst ungemein erleichtert, doch blieb die Schwäche. Sie starb Abends im vollständigen Collapse, nachdem sie noch einige Male wieder gewürgt hatte.

Die Obduction klärte die Sache auf: es fand sich eine derbe Adhaesion zwischen dem rechten Theile der kleinen Curvatura ventriculi und der Leber; dort war hoch oben rechts der Magen fixirt gewesen und spitzwinkelig abgeknickt; nun legte sich der gefüllte rechte Theil des Magens auf das Duodenum, dasselbe gegen die bei Frau S. ganz besonders stark prominirende Wirbelsäule drängend. Eine Strictur im engeren Sinne bestand nirgends; dass aber wirklich eine Verlegung des Duodenum stattgefunden hatte, sah man am besten daran, dass der Inhalt des Magens vollständig verschieden von dem des Duodenums war: jener war dünnflüssig braun, entsprechend den zuletzt genossenen Speisen, dieser zähschleimig grau-gelb, wie der Inhalt des übrigen Dünndarmes. Peritonitis fehlte, abgesehen von einem leichten Fibrinbelage auf dem Tags zuvor freigelegten Magen; dagegen bestand ausserordentlich starke, venöse Hyperaemie. In der Gallenblase fanden sich circa

40 gelbe, etwas über erbsengrosse Steine; der Ductus cysticus war narbig verengt, der choledochus normal; die Passage der früher abgegangenen 15 Steine hatte keine Störungen im Duct. chol. verursacht. Leber klein und normal, alle übrigen Organe gesund.

Ich hatte lange überlegt, ob ich die Kranke überhaupt operiren sollte; sie hatte gleich von Anfang an Gallensteinkolik mit Icterus gehabt, so dass man auf „kleine" Steine schliessen konnte, die event. spontan abgehen würden. Nur die Erwägung, dass das Leiden schon drei Jahre dauerte, ohne durch Entleerung der Steine zum Abschlusse gekommen zu sein, veranlasste mich zu operiren. Die Section hat ergeben, dass die Indication dazu vorhanden war; der Duct. cysticus war narbig verengt, liess keine Steine mehr passiren.

Der Umstand, dass Patientin Steine p. v. n. entleert hatte, zwang mich dazu, die tiefen Gallengänge zu revidiren; ich fand die Verwachsungen und löste den Magen vollständig von der Gallenblase ab, so dass ich meiner Sache ganz sicher zu sein glaubte. Verwachsungen des Magens mit der Leber selbst hatte ich bisher nur 1 mal gesehen (No. 27), und zwar vor langer Zeit bei einer Obduction; ich dachte nicht mehr daran, sonst hätte ich den Magen weiter vorgezogen und den Strang ohne Zweifel entdeckt. Die Störungen p. op. waren zunächst auch sehr vieldeutiger Natur; ich glaube aber, dass ich die Sache früher klar gestellt hätte, wenn ich nicht immer zwischen Halle und Jena geschwebt und mich obendrein noch herzlich schlecht befunden hätte. So vereinigten sich alle möglichen unglücklichen Umstände, um den Tod der liebenswürdigen jungen Frau herbeizuführen. Natürlich habe ich auch an Infection gedacht, da ein gewisser Grad von Entzündung bestand, als ich die Bauchhöhle öffnete. Ich habe allerdings seit Ende 1886 keine Infection der Bauchhöhle mehr bei der Laparotomie gesehen — ein Fall von Resectio Pylori mag wohl inficirt worden sein — das schliesst natürlich nicht aus, dass nicht gelegentlich wieder durch eine Unachtsamkeit ein Unglück passirt. Alle Recherchen in dieser Hinsicht sind aber umsonst gewesen. Der Tod ist durch Abknickung des Magens erfolgt; sie führte binnen wenigen Tagen zu einer ganz excessiven Erweichung und Dilatation des Magens; letzterer verlor so vollständig seine Elasticität, dass er nach Entleerung mittelst Schlundsonde in gleicher Grösse verharrte. Der leichte Grad von fibrinöser Entzündung, der sich bei Eröffnung der Bauchhöhle zeigte, lässt sich wohl dadurch erklären, dass der Mageninhalt vollständig stagnirte, dass also der Magen sich unter ähnlichen Verhältnissen befand, wie ein Darm bei Kotheinklemmung in einer Hernie, wobei ja auch die Entzündungserreger vom Darm aus in die Serosa gelangen. Sterben solche Individuen, so sind ja oft die path.-anat. Veränderungen des Bauchfelles so geringfügig, dass man kaum den Tod an Peritonitis begreift.

Weil wir die Bauchhöhle nicht so weit öffnen dürfen, als dies bei der Section geschieht, werden wir bei Lösung der Adhaesionen immer gelegentlich wieder Unglücksfälle erleben; da die Verwachsungen des Magens Folgen des Durchwanderns von Steinen durch die Gallengänge sind, so müssen wir auch hier wieder darauf hinweisen, dass frühzeitige Entfernung der Gallensteine aus der Gallenblase das beste Mittel gegen die Adhaesionen ist, nicht die nachträgliche Lösung derselben. Welche enormen Schwierigkeiten sowohl in diagnostischer wie in therapeutischer Beziehung durch diese Adhaesionen entstehen, das möge schliesslich ein noch im Behandlung befindlicher, deshalb nicht mit verrechneter, in der Operationsliste fehlender Fall beweisen:

Herr K., 21 Jahre alt, aufg. 12. November 1891.

Aus gesunder Familie stammend (beide Eltern leben und sind gesund) litt Patient zuerst 1880 an Gelenkrheumatismus 10 Wochen lang; davon blieb eine Art von Brustrheumatismus zurück, der bis zum Januar 1891 sich öfter wiederholt hat; das Herz wurde 1880 wenig in Mitleidenschaft gezogen, doch leidet Patient leicht an Herzklopfen. Im Dezember 1889 Influenza mit Lungenaffection und Bluthusten (Kreosotkapseln). August 1890 wieder Bluthusten; es wird eine rechtsseitige Spitzenaffection constatirt; Bacillen im Sputum nachgewiesen; Ende August 1890 Bluthusten vorüber, dafür erneuter Anfall von Brustrheumatismus. Derselbe wiederholt sich Januar 1891; am 3. Tage gesellte sich Blinddarm- und Bauchfellentzündung hinzu mit starker Verstopfung, während der Rheumatismus verschwand. „Nach Einnehmen von allen möglichen Abführmitteln, die alle ohne Erfolg blieben, trat der sog. Brand ein, der dadurch constatirt wurde, dass erst nach 13 Tagen nur ganz wenig Stuhl abging, somit alles Andere verbrannt war." Patient fieberte hoch und konnte schlecht Urin lassen, doch war er nach 4 Wochen soweit hergestellt, dass er wieder ins Geschäft gehen konnte. Nach 8 Tagen wiederholte sich die Krankheit; die Schmerzen in der rechten Seite wurden wieder heftiger, traten auch links vom Nabel auf, so dass der Arzt an „Geschwüre" glaubte; der Schmerz links schwand aber bald wieder. Ende März dritte Attaque mit hohem Fieber und Schmerzen rechterseits, deshalb Consultation einer Autorität im südwestlichen Deutschland, welche die Diagnose auf Typhlitis stellt und eine Kur in Karlsbad verordnet; letztere bekommt ganz gut, doch bleibt der Schmerz rechterseits. Erneute kurze Attaque August 1891, desgleichen im September 1891, deshalb Aufnahme in ein grosses städtisches Krankenhaus, wo die Diagnose auf Darmreizung an der früher entzündet gewesenen Stelle lautete. Nach 14 Tagen geheilt entlassen, trotzdem 4 Tage später (1. October 1891) sechste Attaque mit starkem Erbrechen von galligen Massen (zum ersten Male) und ganz excessiven Schmerzen; am 3. October 1891 Icterus, 8 Tage lang dauernd; Stuhlgang thonfarbig; 2 kleine Steinfragmente in demselben gefunden. Da weiter nichts Verdächtiges vorkam, so schenkte man den „abgesprungenen Splittern" weiter keine Beachtung; dagegen fand man eine Erhöhung am Blinddarme, die angeblich eine Verkapselung zurückgebliebener Entzündungstheile sein sollte; ein operativer Eingriff sei nöthig zur Beseitigung des Leidens. Patient entschloss sich um so rascher dazu, als neue heftige Schmerzen rechts vom Nabel den siebenten Anfall anzukündigen schienen.

St. praes.: Blasser, melancholisch aussehender junger Mann, ziemlich gut genährt; Gewicht 134 Pfund. Bauch bietet bei Besichtigung nichts Abnormes. Unterer Leberrand nicht fühlbar. Rechte Beckengegend unempfindlich; man kann die Hand links und rechts gleich tief in die Beckenschaufel einführen, ohne dass man Widerstand findet oder Schmerz erregt. Letzterer spontan oder auf Druck nur rechts von dem Nabel; nach wiederholtem Befragen wird auch unbestimmt Schmerz bei Druck in der muthmasslichen Gallenblasengegend angegeben; rechts neben dem Nabel kein Tumor nachweisbar; Icterus fehlt; Urin frei von Eiweiss und Gallenfarbstoff.

17. Novbr. 1891 Incision durch den Rect. abd. dexter vom Nabel bis zum Rippenbogen. Es präsentirt sich das durch Narbenmassen nach oben gezogene und an dem Fundus der Gallenblase fixirte Colon transversum. Nach Ablösung des letzteren zeigt sich eine grosse, ziemlich prall gefüllte, weiche Gallenblase mit dunklem Inhalte; Steine sind weder in ihr, noch in den Gallengängen zu fühlen. Es wird das Colon transversum weiter nach rechts verfolgt, wobei sich ergiebt, dass es in toto nach oben gezerrt ist, desgl. das Colon ascendens, endlich auch das Typhlon. Es gelingt ohne Mühe, den Proc. vermiformis in die Wunde zu ziehen; er ist verlängert, an seinem unteren Ende verdickt, Serosa leicht getrübt; das Mesenterium des Proc. erscheint etwas gefaltet und verwachsen, deshalb Abtragung der Proc. vermif. an seiner Basis, obwohl ein Concrement in demselben nicht zu fühlen ist. Ablösung des nach oben verzogenen Dickdarmes ist in ganzer Ausdehnung nicht möglich; er wird thunlichst gelockert und nach unten geschoben, die Gallenblase angenäht und die längsgespaltene Muskulatur vereinigt.

Die Untersuchung des exstirp. Proc. vermiformis ergab starke Verdickung der Serosa (0,5 mm); am unteren Ende desselben fanden sich, circa 2 cm von einander entfernt, 2 narbige Einziehungen, mit etwas verdünnter Schleimhaut bedeckt, ringförmig, 1 mm lang. Die beiden durch diese Einschnürungen bedingten untersten Abtheilungen des Proc. vermif. (beide circa 2 cm lang) enthalten nur Serum, während oberhalb des obersten Ringes in dem hier etwas mehr dilatirten Kanale schleimig-eitrige Flüssigkeit sich befand; an der Trennungsstelle hatte man weichen Koth gesehen.

Der Verlauf war durch Symptome gestört, die auf eine leichte Peritonealreizung schliessen liessen (Gefühl der Auftreibung des Bauches; Unvermögen, Urin zu entleeren), am 20. November stieg bei dauernd gutem Pulse von 80 bis 90 Schlägen die Temperatur auf 38,2, doch genügten einige Spritzen Glycerin in den Darm, um unter Abgang von Blähungen das Wohlbefinden wieder herzustellen.

Am 26. November wurde die Gallenblase incidirt; es entleerte sich anscheinend normale Galle; ein Stein wurde nicht gefunden. Weil der Verband am 27. November, Mittags 2 Uhr, ziemlich stark durchtränkt war, fand Wechsel desselben statt; das Rohr wurde wieder in die Gallenblase geführt; darauf Schmerzen, wie Patient sie früher gehabt hatte; um 6 Uhr 39,5 um $7^1/_2$ Uhr 38,5 Temp. Keine Spur von Galle während dieser Zeit geflossen. Am nächsten Tage Schlingbeschwerden, aber Temp. normal; 29. November wieder Galle im Verbande, 1. Dezember desgleichen.

Bei der Diagnose kamen in Frage: 1. Gallensteine mit Verwachsung der Gallenblase; 2. Verwachsungen der Gallenblase mit dem Col. transv. nach Abgang der Steine per vias naturales; 3. Entzündung des Proc. vermiformis, doch müsste letzterer nach oben verlagert sein; 4. Tuberculose des Bauches; 5. Complicationen mehrerer dieser Leiden, speciell des Gallenblasenleidens mit der Entzündung des Proc. vermiformis. Letztere allein erklärte die Krankheit sicherlich nicht; vom Proc. vermiformis war absolut nichts zu fühlen, die Beckenschaufel völlig frei; wo war die „Erhöhung am Blinddarme"? Der Schmerz war rechts neben dem Nabel; auf diesen Schmerzpunkt habe ich schon oben (p. 63) aufmerksam gemacht; hier liess er sich post Operationem erklären (Verwachsung des Col. transv.), aber auch vor der Operation musste derselbe mehr auf ein Gallenblasen- als auf ein Darmleiden zurückgeführt werden. In den Vordergrund trat überhaupt die Gallenblasenkrankheit, die sich wohl zuerst als „Brustrheumatismus" äusserte; der Icterus hätte auf den richtigen Weg führen müssen, doch hielten die Aerzte wegen der Schmerzen rechts vom Nabel an der Typhlitis fest.

In der That bestand ja Entzündung des Proc. vermiformis mit Narbenbildung; Schmerzen wird eine solche Affection wohl machen, aber hohes Fieber, sollte ich denken, könnte schwerlich dabei sein. Ob der Proc. vermiformis an der Stelle des Schmerzpunktes oder wenigstens in der Nähe desselben gelegen hat, weiss ich nicht mit Bestimmtheit; denkbar ist es; es mag also ein Theil der Beschwerden auf denselben zurückgeführt werden, der grössere Theil kommt wohl auf Rechnung der Gallenblase resp. ihrer Verwachsungen. Berücksichtigt musste auch die mehr oder weniger circumscripte Tuberculose des Bauches werden; ich hätte neben den Fällen von Pylorus-Tuberculose (s. o.) auch noch die beiden p. 45 erwähnten Kranken mit circumscripter Tuberculose des Coecum heranziehen können, doch präsentirten sich diese Fälle zu characteristisch als Typhlitiden, als dass sie mit Gallenblasenleiden hätten verwechselt werden können. Jedenfalls aber wird beginnende Tuberculose in nächster Nähe der Gallenblase event. Aehnlichkeit haben können mit Gallenblasenkrankheit ohne typische Kolikanfälle.

Ob unser Patient neben seinen nachgewiesenen Leiden noch Steine hat, darüber wird die weitere Beobachtung entscheiden; ich könnte mir recht wohl denken, dass bei ihm Steine im Duct. cyst. hin- und herwandern, an engen Stellen desselben den Gang verlegend, so dass keine Galle fliesst und Schmerzen entstehen — oder er könnte Steine im Ductus choledochus haben, die gelegentlich zurückwandernd den Ductus cysticus von hinten her verlegen. Vielleicht dass Patient noch viel mehr Schwierigkeiten bieten wird, als ich jetzt vermuthe, dass es mit der Trennung der Adhaesionen und der Entfernung der Proc. vermiformis nicht abgethan ist.*)

Weiter will ich auf die Behandlung der Adhaesionen hier nicht

*) A. w. d. C. Pat. hat 20 Pfd. an Gewicht zugenommen, doch ist der Fall immer noch nicht ganz klar gestellt. 6. Febr. 92 erfolgreiche Naht der Gallenfistel.

eingehen; ich verweise auf meinen Aufsatz in den Corresp.Bl. der Thür. Aerzte 1890 u. 91.

Um Missverständnisse zu vermeiden nur noch die Bemerkung, dass die Operation der Gallensteine und der Adhaesionen niemals Allgemeingut der Aerzte werden wird; dazu ist die Sache doch zu verwickelt; der anscheinend einfachste Fall kann event. ganz ausserordentliche Schwierigkeiten bieten. Wenn ich wiederholt die doppelzeitige Cystotomie als leicht und gefahrlos bezeichnet habe, so ist das in relativem Sinne gemeint; leicht und gefahrlos ist sie nur für den ausgebildeten und mit allen Regeln der Asepsis vertrauten Operateur. Nicht zu billigen ist, dass ein Arzt in seinem Hause eine Gallenblase an die vorderen Bauchdecken fixirt, und dann die Patientin in ihre Wohnung transportiren lässt, wie dies vorgekommen sein soll. Wer Gallensteine operiren will, muss sich aller Complicationen bewusst sein, welche im Laufe der Behandlung eintreten können, muss sich aller Hülfsmittel erfreuen, die klinische Institute bieten; ein einziger Unglücksfall scheucht Dutzende von leicht operabelen Kranken für lange Zeit zurück, und das ist das grösste Unglück für dieselben.

Nachtrag.

Seit Abschluss dieser Arbeit am 2. Dec. 91 sind weitere 4 Fälle von Gallensteinen operirt worden; drei von ihnen sind soweit abgelaufen, dass sie publicirt werden können. Ich habe oben in der Einleitung gesagt, dass alle meine Schlussfolgerungen nur bedingten Werth hätten, weil die Zahl der Beobachtungen noch immer eine relativ kleine sei; die nach Fertigstellung der Arbeit operirten Patienten gaben mir willkommene Gelegenheit, die Richtigkeit meiner Schlüsse zu prüfen. Sie sind vorläufig als zutreffend befunden; von grösserem Werthe für mich ist aber der durch Obduction geleistete Beweis der Existenz des „entzündlichen Icterus" (s. ob. p. 30), der bis dahin nur durch klinische Beobachtung wahrscheinlich gemacht, jetzt unzweifelhaft feststeht. Dass er, jedenfalls ausnahmsweise, eine solche Intensität erreichen könne, wie das hier der Fall war, habe ich allerdings nicht geglaubt. Bewiesen wird durch Fall I. die ungeheure Gefahr der eitrigen Angiocholitis, die jeden Versuch, auf operativem Wege den Kranken zu retten, aussichtslos erscheinen lässt. Darum können wir nur immer wiederholen: „Frühzeitig diagnosticiren und frühzeitig operiren", darauf liegt der Schwerpunkt der Gallensteinbehandlung:

No. I. Frau S. aus Ilmenau, 41 Jahre alt, aufg. 9. Dezember 1891.

Früher stets gesund, litt Patientin vor 2 Jahren 14 Tage lang an Gallensteinkolik ohne Icterus. Seit jener Zeit will sie ziemlich wohl gewesen sein, bis Anfang November 1891 wieder leise Schmerzen im Bauche begannen nebst Appetitmangel und trägem Stuhlgange. Am 16. November erfolgte ein schwerer Anfall von Gallensteinkolik, nach der Schilderung des behandelnden Arztes „von dem rechten Schulterblatte ausgehend und nach dem rechten Rippenbogen hin ausstrahlend. Bei der Palpation in der Gallenblasengegend fühlte man bald deutlich einen länglichen, abgerundeten festen Widerstand.“ Icterus stellte sich erst im Laufe der nächsten Tage ein. Fieber bestand Anfangs nicht; vom 23. bis zum 27. November ging die Temperatur in die Höhe, einmal bis auf 39,0. Der am 19. November auf Glycerinclysmata erfolgende Stuhlgang war noch gefärbt, die späteren Abgänge waren grau und sehr übelriechend.

In der späteren Zeit traten die Schmerzen theils anfallsweise auf mit starken Würg- und Brechbewegungen, theils mehr gleichmässig als Wehegefühl, so dass beständiger Morphiumgebrauch nöthig war. Längere Zeit wurde die Kranke ausschliesslich durch Nähr-Klystiere vor dem Hungertode geschützt; in der letzten Zeit konnte sie wieder leicht verdauliche Speisen geniessen, doch erfolgte noch immer zwischendurch Erbrechen von gallig gefärbten Massen.

St. praes.: Im hohen Grade abgemagerte Frau, Gesichtsausdruck schwer leidend; mittelstarker Icterus. Untersuchung des Bauches ergiebt ziemlich negaive Resultate. Leber nicht vergrössert, unterer Rand nur undeutlich durch Perkussion nachweisbar, nicht fühlbar. Schmerz bei Druck auf die Gallenblasengegend nicht erheblich; weiter nach dem Nabel zu wird ebensoviel Empfindlichkeit bei Druck geklagt, als höher oben. Bauch etwas abgeflacht, aber keine Flüssigkeit in den seitlichen Partien desselben nachweisbar. Die Untersuchung per vaginam ergiebt Retroflexio Uteri magni non fixati; im linken Parametrium ein auf Druck sehr empfindlicher Knoten (Oophoritis). Urin mit Gallenfarbstoff, aber ohne Eiweifs. Stuhlgang thonfarbig. Kein Fieber. Puls 60.

Entfernt konnte man bei dem hochgradigen Verfalle der Kräfte an Carcinose der Gallenblase denken, doch sprach dagegen das Fehlen von Flüssigkeit im Bauche. Da im Uebrigen der ganze Verlauf der Krankheit Gallensteine wahrscheinlich machte, so wurde trotz des negativen Befundes die Diagnose auf Steine sicher im Duct. chol., wahrscheinlich auch in der Gallenblase, gestellt. Die hochgradige Obstipation, die Schmerzhaftigkeit rechts vom Nabel, liessen sich am besten durch Verwachsungen mit dem Colon transversum erklären. Da Patientin gallige Massen erbrochen hatte, so musste die Papilla Duodeni vorübergehend frei sein; dies sprach dafür, dass ein Stein in einem ziemlich weiten Ductus choledochus hin- und herwanderte; in gleicher Weise liess sich auch die geringe Intensität der Schmerzanfälle in letzter Zeit erklären.

12. Dezember 1891: Schnitt durch den rechten M. Rect. abdom. vom Rippenbogen bis zur Höhe des Nabels, circa 15 cm lang. Muskel schlaff und leicht zerreisslich. Nach Eröffnung des Peritoneums kommen zunächst Netzmassen zum Vorscheine, die nach oben zur Gallenblase hinziehen und mit ihr verwachsen sind; rechts, auffallend tief unten, liegt der Magen, dessen pars pylorica fest mit der Gallenblase verwachsen ist. Letztere schaut als weicher, kleinapfelgrosser, unten mit kirschengrossem, hartem Vorsprunge versehener blaurother Tumor aus einer circa 3 cm tiefen Inc. vesicalis hervor. Leber oberhalb der Gallenblase weiss, atrophisch, im Uebrigen graublau, auffallend weich und schlaff; Lobus ant. auffallend stark entwickelt. Lobus dexter nicht vergrössert.

Es wurde zunächst das Netz abgelöst, und mit ihm wahrscheinlich das Colon transversum, das selbst nicht sichtbar war, weil Netz darüber lag. Die Verklebung war nicht die gewöhnliche zarte, sondern eine relativ derbe; die Wand der Gallenblase war sehr weich, graublau durchscheinend; in ähnlicher Weise war auch das adhaerente Netz verfärbt, so dass man beständig Perforation der Gallenblase fürchtete; es wurden deshalb dickere Partien von Netz an derselben zurückgelassen und dann der Magen abgelöst, was sehr wenig Schwierigkeiten machte. Bald lag in der

Tiefe ein mächtiger, mehr als fingerdicker Strang frei, von rechts her vom Duodenum so weit überlagert, dass man noch gerade die Einmündungsstelle des circa kleinfingerdicken Ductus cysticus in diesen Strang sah; letzterer lief auf die Leber zu, musste unbedingt der gewaltig dilatirte Ductus choledochus samt Fortsetzung sein. Nachdem der Finger unter das Lig. hepato-duodenale geschoben war, fühlte man deutlich einen sehr grossen Stein im Ductus choledochus, gleichzeitig aber auch einen derben Knoten an der Einmündung des Ductus cyst. in den Duct. chol. Der Versuch, den Stein aus dem Duct. chol. in die Gallenblase zu schieben, misslang augenscheinlich wegen dieses Knotens, der als frischer, entzündlicher Process nach Durchtritt des Steines durch den Ductus cysticus aufgefasst wurde.

Deshalb zunächst Incision in die mit einiger Mühe nach aussen hinaus gelegte Gallenblase; Extraction des in der oben erwähnten Prominenz gelegenen Steines; dann folgten nur graublaue Blutgerinnsel in grossen Mengen, so dass ein stumpfer Löffel zur Hülfe genommen werden musste. Nach Ausräumung derselben folgte klare Galle, aber nur in geringen Mengen. Darauf provisorische Vernähung der Gallenblasenwunde und Schnitt in den Duct. chol. nach geringfügiger Ablösung des Duodenums. Blutung ziemlich lebhaft aus einer kleinen, quer über den Ductus verlaufenden Arterie. Ausfluss von Galle weniger stark als sonst. Zunächst war ein Stein im Ductus nicht zu finden; die Sonde drang, ohne auf einen harten Körper zu stossen, weit sowohl nach dem Duodenum wie nach der Leber vor; erst als der Zeigefinger tief unter das, wie oben erwähnt, bis zum Duct. cyst. hin verzogene Duodenum geführt wurde, liess sich der dicht an der Papille steckende Stein zurückschieben und in die Wunde drängen. Er war oval, plattgedrückt, circa $1^1/_2$ cm lang, 1 cm breit und $^3/_4$ cm dick, hatte eine rauhe, leicht höckerige Oberfläche, aber an beiden Längsenden deutliche Facetten. Letztere passten ziemlich genau in analoge Facetten, welche der aus der Gallenblase extrahirte, etwas kleinere Stein, zum Theil sehr tief eingeschliffen, darbot. Daraus liess sich entnehmen, dass kein weiterer Stein im Ductus choledochus vorhanden war; alles Suchen danach war auch vergebens. Die Schleimhaut des Duct. chol. erschien, soweit man sie übersehen konnte, glatt und glänzend, seine Wand circa $1^1/_2$ mm dick, so dass die Naht (feinste Darmseide) in doppelter Reihe anscheinend sehr gut gelang. Jodoform auf die Nähte, Austupfung des Operationsterrains, Naht von Peritoneum und Bauchmuskulatur im unteren Theile der Wunde; in den oberen wurde die wieder geöffnete Gallenblase eingenäht, um den Duct. chol. von Druck zu entlasten. Diese Einnähung machte einige Schwierigkeiten, weil die Gallenblasenwand sehr morsch war, und das ganze Organ starke Neigung hatte, sich zu retrahiren. Ausstopfung der Wunde mit Jodoformgaze. Puls p. Op. 90.

Die ersten 24 Stunden verliefen unter vielen Schmerzen und wiederholtem Erbrechen; am nächsten Morgen 37,2 und 105 Pulsschläge; Puls etwas kleiner als vorher, aber leidlich gut.

Am 14. Dezember hatte zwar das Erbrechen aufgehört, aber der Puls war auf 144 Schläge in die Höhe gegangen, so dass der Verband gewechselt wurde. Es fand sich keine Galle in demselben, doch fing sie an zu fliessen, als eine Sonde durch den Ductus cysticus hindurchgeführt wurde. Unterleib leicht aufgetrieben. Am folgenden Morgen war der Puls bei gleicher Frequenz kräftiger geworden; Patientin hatte Stuhlgang auf Glycerineinspritzung gehabt, fühlte sich etwas besser. Verband von Galle durchtränkt. Nachmittags begann aber profuses Erbrechen, das die ganze Nacht hindurch währte. Patientin war Morgens pulslos und starb 10 Uhr Vormittags.

Obduction: 12 Uhr. Darmschlingen hoch aufgetrieben und injicirt; hintere Partie des Bauches, sowie das kleine Becken mit gallig gefärbtem, viel Fibrin enthaltendem, dickflüssigem Sekrete ausgefüllt. Naht zwischen Gallenblase und vorderer Bauchwand hat, wie es scheint, nachgelassen, so dass das unterste Ende des Gallenblasenschnittes frei ins Abdomen hineinragt. Rand der Gallenblase weich, Innenfläche fast gänzlich ulcerirt. Am Uebergange vom Ductus cysticus zum Choledochus und in letzteren sich hineinerstreckend, ebenfalls ein Ulcus, von oben her überragt von einzelnen Schleimhautfetzen. Ductus choledochus an seinem vorderen, der Papille zunächst gelegenen Theile ebenfalls ulcerirt, seine Wand weicher als normal, Schleimhaut im Uebrigen intact. Längsincision in derselben klafft weit, seröser Ueberzug am oberen Ende der Wunde gallig imbibirt, locker, so dass unbedingt auch die Naht des Ductus choledochus nicht gehalten hat; eine feine Sonde lässt sich durch den oberen Wundwinkel in die Bauchhöhle führen.

Leber graugelb, nicht vergrössert. Circa 3 cm vor dem Austritte der Vena port. aus der Leber findet sich in einem grösseren Aste derselben ein weicher Thrombus; die Vene ist dort von Eiter umspült; eitrig infiltrirtes Gewebe umgiebt auch den anliegenden ziemlich grossen Gallengang und den entsprechenden Ast der Leberarterie. Ueberall sind die kleinen Gallengänge verstopft mit gelbbraunen Gerinnseln; alle sind mehr oder weniger verändert wie das ganze Gallengangsystem.

Schon gleich bei Beginn der Operation wurde klar, dass wir es hier mit abnormen Verhältnissen zu thun hatten; die Gallenblasenwand war so morsch, dass man schon beim Ablösen des Netzes Perforation fürchtete, dann kamen Blutgerinnsel aus der Gallenblase zum Vorschein, wie ich sie bisher nie gesehen hatte; beides trug den Character der Malignität in sich, und da die maligne Neubildung ausgeschlossen werden konnte, so blieb nur Eiterung als Causa der vorliegenden Veränderungen übrig. Ich überlegte, ob es nicht besser sei, zunächst nur die Gallenblase in die Bauchdeckenwunde einzunähen und die Galle eine Zeit lang nach aussen fliessen zu lassen; dagegen sprach, dass die Ductus choled. u. hep. anscheinend ziemlich resistent waren; liess man den Stein im D. chol. stecken, so bestand die Gefahr, dass auch dieser mehr und mehr entartete, trotz des Abflusses der Galle, der übrigens wegen des gefühlten Knotens unten im Ductus cysticus gar kein ausgiebiger und erfolgreicher zu sein brauchte. Dazu die Fatalität einer zweiten Operation nach wenigen Wochen, und bis dahin dauernder Icterus samt Gallensteinkolik.

Man musste unbedingt die Operation fortsetzen; sie machte auch gar keine erhebliche Schwierigkeiten; vor allen Dingen machte mir die Naht des Ductus choledochus einen durchaus soliden Eindruck; ich ahnte nicht, dass ich in unmittelbarer Nähe eines grossen Ulcus operirte, das weiter nach unten d. h. nach dem Ductus cysticus zu entstanden war, während ich nur den nach oben d. h. nach der Leber zu gelegenen Theil der Schleimhaut vom Ductus choledochus übersehen konnte. Die Naht war in gewohnter Weise gemacht und musste bei intacten Geweben unbedingt halten. (Zweireihige Naht mit feinster Darmseide; die erste 3 mm vom Wundrande entfernt durch die Serosa ein- und dicht oberhalb der Schleimhaut im fibrösen

Theile der Wand ausgestochen und geknüpft, darüber 2. Nahtreihe breiter die Serosa fassend, aber auch durch die Fibrosa gehend. Schleimhaut bleibt unberührt, damit nicht etwa restirende Seidenfädchen Anlass zu neuen Concrementen geben, wie dies ja nach Harnblasennähten beobachtet worden ist.)

Wie das Schicksal der Darmnähte ausschliesslich von dem Zustande des Darmes abhängt, — die gewählte Nahtmethode spielt gar keine Rolle — so hängt auch der Erfolg der Naht vom Duct. chol. ausschliesslich von der anatomischen Beschaffenheit desselben ab. Die Darmnaht platzt, wenn der Darm entzündlich imbibirt ist, desgleichen auch die Choledochusnaht, wenn entzündliche Processe in seiner Wand, resp. im ganzen Gallengangsysteme spielen. Letzteres war hier der Fall; bis in die feinsten Zweige des Ductus hepaticus setzte sich der entzündliche Process fort; an einer Stelle war sogar Thrombose eines Venenastes eingetreten, der in unmittelbarster Nähe von einem grösseren Gallengange lag; ringsum fand sich Eiter. Dieser Eiter demonstrirt am besten den bösartigen Character der vorliegenden Angiocholitis; er war der Beginn des späteren unbedingt zum Tode führenden Leberabscesses. Bei dieser Form von Entzündung ist es leicht erklärlich, dass sowohl die Choledochus- als die Gallenblasennaht insufficient wurde; sie konnten eben unter solchen Bedingungen nicht halten.

Es fragt sich nun, ob es möglich gewesen wäre, vor der Operation diesen entzündlichen Process zu diagnosticiren. Diese Frage ist ungemein wichtig; im Interesse anderer Gallensteinkranker hätte Patientin unbedingt unoperirt bleiben müssen. Das Publikum schiebt der Operation die Schuld an dem unglücklichen Ausgange zu, weiss nicht, dass das „zu späte Operiren" den Tod der Kranken verursacht hat. Die Gallensteinkranken von Ilmenau und Umgegend lassen sich vorläufig nicht operiren, auch die behandelnden Aerzte werden Anstand nehmen zur Operation zu rathen; auch wenn die Fälle ganz günstig sind, wird der eine Misserfolg bedenklich machen, so sicher Patientin auch ohne Operation nach einiger Zeit gestorben wäre.

Leider halte ich eine Diagnose der eitrigen Angiocholitis in diesem und ähnlichen Fällen für ganz unmöglich. Patientin hatte nur kurze Zeit und zwar 3 Wochen vor der Operation gefiebert; Schüttelfröste, die ja so oft bei nicht eitriger Angiocholitis vorhanden sind, hatten gefehlt, die Temperaturcurve hatte nicht die intermittirende Febris gezeigt, seit 3 Wochen war kein Fieber mehr vorhanden, dazu die Leber eher verkleinert als vergrössert, weich, auf Druck nicht schmerzhaft. Da sollte man vor dem Einschnitte sagen, dass eitrige Angiocholitis bestand! Ueber die Ausdehnung derselben schafft selbst die Incision keine Klarheit; hat man aber erst eingeschnitten, so wird man sich schwer entschliessen, die Kranken ihrem Schicksale zu überlassen; die Steine liegen vor dem Operateur, er kann sie entfernen, und er wird sie entfernen, weil er nicht, etwa abgesehen von ganz weit vorgeschrittenen Fällen, genau beurtheilen kann, ob der Ductus choled. noch eine Naht verträgt oder nicht.

Wir werden also bei Individuen mit schwerem reell lithogenem Icterus immer gelegentlich Misserfolge erleben; das wird uns nicht abhalten, andere anscheinend ebenso schwere Fälle zu operiren. Die 4 Kranken, die mittelst Choledochotomie von mir mit Erfolg operirt sind, sahen vor dem Eingriffe durchaus nicht besser aus, als Frau S.; trotzdem heilten sie ganz glatt und sind heute gesunde Leute.

No II. Frau Lässig, aufg. 19. December 1891, 57 Jahre alt, giebt an, früher ganz gesund gewesen zu sein; vor 12 Wochen bemerkte sie ganz allmählich eine Geschwulst unter dem rechten Rippenbogen, die ihr anfangs relativ wenig Beschwerden machte; sie konnte in den ersten 14 Tagen noch arbeiten, dann nahmen die Schmerzen so zu, dass sie aufhören und zeitweise das Bett hüten musste. Die Schmerzen waren niemals anfallsweise, sondern dauernd mehr oder minder stark; es bestand Appetitmangel und hin und wieder Neigung zum Erbrechen, doch kam es nicht dazu. Die Diagnose ihres Arztes schwankte zwischen Gallensteinen und Carcinoma hepatis; er rieth der Kranken schon vor 8 Wochen, nach Jena zu gehen; sie litt aber so wenig durch die Krankheit, dass sie den Rath nicht befolgte, bis sie vor 3 Wochen durch langsam und schmerzlos auftretenden Icterus beunruhigt wurde. Da dieser immer mehr zunahm, so entschloss sie sich endlich zur Reise.

St. praes.: mässig genährte Frau, Icterus mittelstark, Leber ragt circa vier Finger breit unter dem Rippenbogen vor, darunter ziemlich weit lateralwärts ein kleinapfelgrosser eisenharter Tumor. Leber selbst anscheinend sehr hart, ohne Prominenzen. Keine freie Flüssigkeit im Bauche nachweisbar. Urin enthielt viel Gallenfarbstoff, aber kein Eiweiss, Stuhlgang völlig ohne Farbe.

Es wurden zunächst Abführmittel gereicht, die aber meistentheils wieder erbrochen wurden; einige derselben kamen aber doch zur Wirkung, so dass der Bauch am 23. December ziemlich leer war.

Jetzt liess sich deutlich eine sehr erhebliche Dilatatio Ventriculi nachweisen; die grosse Curvatur des Magens reichte bis unter den Nabel hinab. Der Icterus hatte in den wenigen Tagen seit der Aufnahme erheblich zugenommen; Patientin erbrach fast alle genossenen Speisen, wurde zusehends elender, so dass man immer mehr an Carcinoma Vesicae felleae resp. der tiefen Gallengänge dachte; dagegen sprach immer wieder das Fehlen von freier Flüssigkeit im Bauche.

Deshalb 24. December Untersuchung in Narkose allerdings unter den anscheinend ungünstigsten Verhältnissen: 104 kleine Pulsschläge, Icterus gravis, jeden Tag in seinem rapiden Fortschreiten nachweisbar, allgemeine Schwäche durch Mangel an Nahrungsmitteln, da letztere fast sämtlich durch Erbrechen entleert wurden.

In der Narkose bemerkte man, dass die Leber weicher war, als ursprünglich angenommen war; ihr scharfer Rand liess sich jetzt leicht von der Gallenblase abheben; er schien relativ normal zu sein. Dies veranlasste selbst in diesem anscheinend ganz desolaten Falle eine Probeincision zu machen. Es fand sich eine fast faustgrosse prall gespannte Gallenblase unter der Leber liegend; ihr unteres isolirt divertikelartig vorspringendes Ende war eisenhart: auf seinem serösen Ueberzuge fanden sich vereinzelte gelbgraue Knötchen, die entfernt an Tuberkel erinnerten;

Leber glatt und fest; beim Emporheben derselben sah man die Pars pylorica des Magens oder das Duodenum bis dicht an die Porta hepatis hinangezerrt und dort mit der Leber durch ein anscheinend eisenhartes, kleinere Knoten enthaltendes Gewebe fixirt. Dieses Gewebe imponirte so entschieden als Neubildung, dass die Operation sofort abgebrochen wurde; auffallend war allerdings, dass neben der Neubildung in dem Gallenblasendivertikel — der grösste Theil der unter der Leber versteckt liegenden Gallenblase schien nicht von Neubildung ergriffen zu sein — nur die Adhaesionen zwischen Intestinum und Leber degenerirt sein sollten; man dachte deshalb an primäres Carcinom im Magen resp. im Duodenum. Es wurde überlegt, ob nicht die Gastroenterostomie indicirt sei, da der Magen augenscheinlich oben an der Leber abgeknickt und dadurch dilatirt war; der schwere Icterus machte diese Operation aber auch bedenklich; wahrscheinlich wären unter seinem Einflusse die Nähte zwischen Magen und Darm nicht sicher gewesen; man hatte Perforationsperitonitis zu fürchten, während durch sofortigen Schluss der Bauchwunde wenigstens vorläufig das Leben nicht gefährdet erschien, deshalb Vernähung derselben.

In der That befand Patientin sich am 1. Tage post Operationem ziemlich gut; sie hatte wenig gebrochen, der Puls war auf 80 Schläge hinabgegangen. Bald aber begann erneutes Erbrechen, am 26. December früh war der Puls wieder 104, das Erbrechen wurde immer abundanter, der Puls kleiner und kleiner, bis die Kranke Abends 7 Uhr ihr Leben aushauchte, ohne deutliche Erscheinungen von Peritonitis gezeigt zu haben.

27. Dezember Obduction: Doppelseitiges starkes Lungenoedem. Erhebliche Verdickungen am Rande der Bicuspid. Das kurze Lig. hepato-duodenale verdickt derb anzufühlen. Duodenum mit der Insertionsstelle des Ligamentes gegen die Leber hin verzogen. Enorm ectatischer Magen; Colon transversum, stark aufgebläht, reicht bis zur Symphyse hinab. Beim Durchschneiden des Ligamentes entleert sich gelbbraune, klare Galle aus dem Ductus choledochus; keine Steine im Ductus choledochus. Die Wandung des letzteren 2 mm dick, schwielig. Gallenblase 10,5 cm lang, 5,5 cm dick; das vordere Ende derselben ringförmig abgeschnürt, schwielig anzufühlen, die Serosa verdickt, icterisch; das hintere resp. obere Ende der Gallenblase hakenförmig gegen den Ductus cysticus umgebogen. Im Inneren der Gallenblase 110 cbcm wasserklarer, leicht gelblich gefärbter Flüssigkeit und eine grosse Menge von Steinen. Das verdickte untere Ende der Gallenblase von kleinen, höchstens erbsengrossen, facettirten, grünweissen Gallensteinen ausgestopft. Die Schleimhaut dieses Abschnittes der Gallenblase fein warzig uneben, besonders am Eingange zur Abschnürung, in der Tiefe etwas glatter. Schleimhaut der Gallenblase sell st gelblich-weiss, geglättet, der Eingang zum Ductus cysticus obliterirt, d. h. der Gallenblasenhals ist auf circa $1^1/_2$ cm hin verödet. Ductus choledochus 20 mm im Umfange, Ductus hepat. an der Theilungsstelle narbig verengt, Duct. hepatici beide 25 mm im Umfange oberhalb der verengten Partie. Der duodenale Abschnitt des Duct. chol. verkürzt, dicht quer gefaltet. Die Mündungen der Gallenblasendrüsen im hinteren, 12 mm langen, mit grauweisser schwieliger Wand versehenen Abschnitte sehr klein und schmal, im vorderen nach dem Duodenum zu gelegenen Theile kaum erkennbar. Papilla duodeni für eine Sonde leicht passirbar, ebenso der Ductus pancreaticus. Ductus choledochus nicht sonderlich verengt. Leber eher klein (210 : 85 : 118). Geringfügige Schnürfurche rechts dicht oberhalb des Gallenblaseneinschnittes. Der vordere Rand des rechten Lappens distalwärts von der Gallenblase 2 flache Vorsprünge von 4,0 : 1,4 bildend. Leberkapsel glatt, Leber mittelfest, die Läppchen sehr deutlich; Centra dunkelbraun, Peripherie citronengelb. Die grösseren Gallengänge sämtlich erweitert, die Wandungen, auch der Aeste II. und III. Ordnung, fibrös verdickt; gland. hepaticae mittelgross, blass, graugelb, icterisch.

Im Magen Galle und grosse Mengen von chocoladefarbener Flüssigkeit. Die Serosa der oberen Wand des Pylorus mit einer strahlenförmigen Narbe versehen. Pylorus 95 mm im Umfange; der Anfang des Duodenum erweitert. Duodenum sehr kurz, Papille geschwellt. Dünndarmcatarrh; gallig gefärbter Inhalt im Darme bis zum Coecum hin. Im Bauchraume hier und da Spuren von unverändertem Blute. Todesursache: Abknickung des Duodenum mit nachfolgender Dilatatio Ventriculi.

Diese Kranke ist die vielseitigste und interessanteste, die ich bisher gehabt habe; sie repräsentirt ein Beweismaterial von hohem Werthe, zumal wir keinen Grund haben, die Angaben der Patientin zu bezweifeln. Sie war eine tüchtige, in guten Verhältnissen lebende Altenburger Bauerfrau, die wohl nicht mehr Intelligenz hatte, als ihre Standesgenossinnen, aber auch nicht weniger; sie machte ihrem Arzte und uns gegenüber ganz praecise Angaben. Der Fall beweist folgendes:

1. Es können Steine in der Gallenblase entstehen und schmerzlos durch den Blasenhals und den Ductus cysticus wandern; schwere ulcerative Processe im Blasenhalse, hervorgerufen durch die Steine, führen zur Obliteration desselben; alles dieses empfindet die Kranke nicht.

2. Die Steine gelangen in den Ductus choledochus, bewirken excessive entzündliche Verdickungen seiner Wandungen mit nachfolgender so starker Schrumpfung des Gewebes, dass das Duodenum fest gegen die Porta hepatis gezogen wird. Sie regen Geschwürsbildung oben im Ductus hepat. an, so dass er sich verengt; dies führt zur Dilatation der sämtlichen Gallengänge; alles dieses merkt die Kranke nicht.

3. Die Steine gehen durch die Papille hindurch und zwar vollständig — auch dieses wird nicht verspürt. Sie müssen also sehr klein gewesen sein, — wie auch die noch jetzt in der Gallenblase befindlichen sehr klein waren — und trotzdem die enormen Verdickungs- und Schrumpfungsprocesse, die schliesslich den Tod der Kranken durch Abknickung des Duodenum zur Folge haben. Erst die Knickung macht sich durch nachfolgende Dilatatio Ventriculi als erstes klinisches Symptom einer vor Jahr und Tag schon abgelaufenen Cholelithiasis geltend.

4. Die Kranke bekommt vor 12 Wochen zunächst reine Gallenblasenentzündung, vor 3 Wochen Icterus; dieser Icterus, erst leicht, dann schwerer, nimmt in den letzten Tagen vor der Operation rapide zu; trotzdem wird weder ein Stein im Ductus choled. oder hepaticus noch im Darm gefunden. Der Icterus war ein „entzündlicher" von der Gallenblasenwand auf das ganze Gallengangsystem, trotz Obliteration des Blasenhalses, fortgesetzter. Möglich, dass er theilweise vom Darm aus auf dem Wege der Papille sich entwickelte; ein solcher Icterus wird aber nie eine so tief dunkelgelbe Verfärbung

machen, wie sie hier vorlag, doch ist eine Combination beider möglich, obgleich der Icterus in unmittelbarem Anschlusse an Gallensteinschmerzen entstand.

5) Die Verzerrung des Duodenum kann an sich zur Dilatatio Ventriculi und zum Tode führen, auch wenn das Lumen des Darmes gar nicht als solches verengt ist. (Vergl. Fall Scheuch p. 129.) Wahrscheinlich hören aber besondere intercurrirende schwächende Momente dazu (hier also Gallenblasenentzündung), um eine mehr oder weniger rasch fortschreitende Dilatatio Ventriculi zu Stande kommen zu lassen. Letztere ist hier die Todesursache geworden, da jede Spur von Peritonitis fehlte.

Auch in Betreff der Diagnose und der Therapie ist der Fall hochinteressant: der schleichende Verlauf der Gallenblasenentzündung, das zuerst allmähliche Auftreten des Icterus ohne wesentliche Zunahme der Schmerzen, die dann rapide Vermehrung der Gelbsucht, selbst die Dilatatio Ventriculi, die als Zeichen eines schweren Hindernisses in der Gegend des Pylorus oder des Duodenum von uns aufgefasst wurde — alles sprach mit grosser Wahrscheinlichkeit für Carcinom in der Gallenblase mit Uebergreifen auf die tiefen Gänge, oder für primäres Carcinom in dem Duct. choled. oder Duodenum bei gleichzeitiger Cholelithiasis. Gegen Carcinom liess sich eigentlich nur die Weichheit der allerdings recht grossen Leber verwerthen und ein sehr wichtiges Symptom: der Mangel an freier Flüssigkeit im Bauche. Ich habe diese freie Flüssigkeit im Bauche in meinen 3 Fällen von Gallenblasencarcinom 2mal gesehen; da das Leiden bei der Kranken augenscheinlich sehr weit vorgeschritten war, so musste man freie Flüssigkeit im Bauche erwarten — während dieselbe zu Beginn des Leidens ja gewiss fehlt. Dieser Ausfall des nach meiner Ansicht besten Symptomes der Carcinose gab mir den Muth, die Bauchhöhle zu öffnen; ich wollte nichts versäumen bei der unglücklichen Frau; es konnte doch immer ein gewaltiger Stein im Ductus choled. die Ursache des Leidens sein.

Nach Eröffnung der Bauchhöhle begann nun die Komödie der Irrungen. Der Fundus der Gallenblase schien von Neubildung befallen zu sein — war es ja auch, aber nicht in Gestalt eines Carcinoms, sondern in Form eines benignen Papillomes; die Härte der Gallenblase liess sich aber auch durch einen entzündlichen Process erklären. Dagegen schienen die zwischen Duodenum und Leberpforte lagernden Gewebsmassen so absolut sichere Neubildungen zu sein, dass von einem Irrthume gar nicht die Rede sein konnte. Das Gewebe war eisenhart, anscheinend mit einzelnen Knoten durchsetzt; es füllte in breiter Masse den ungefähr $1/2$—1 cm breiten Raum zwischen Duodenum und Leberpforte aus; es musste ein schrumpfendes Carcinom im Lig. hepato-duodenale sein. Alles nicht wahr; nichts als Schwielen- und Narbenbildung.

Hätte ich diese Diagnose gemacht — vielleicht wäre der Kranken doch noch durch Gastroenterostomie zu helfen gewesen, und noch heute bedaure ich, den Versuch nicht gemacht zu haben, so ungünstig die Chancen für die Darmnaht auch lagen, wegen des excessiven Icterus und des allgemeinen Kräfteverfalles.

Wäre Patientin 8 Wochen früher in Behandlung gekommen, so lag der Fall auch noch sehr schwierig, aber man hätte Zeit gehabt, sich zu orientiren. Man würde zuerst durch Entfernung der Gallensteine die Entzündung der Gallenblase beseitigt, dadurch dem Icterus vorgebeugt haben; dann würde die Dilatatio Ventriculi zur Gastroenterostomie Veranlassung gegeben haben, die zweifellos gelungen wäre — ich habe überhaupt noch keinen Todesfall nach dieser ja so leichten und einfachen Operation zu verzeichnen. Patientin wäre der beste Fall von Gastroenterostomie gewesen, den man sich überhaupt hätte denken können, zunächst hochinteressant dadurch, dass sie mit ihrem supponirten Carcinome noch Jahr und Tag gelebt hätte, bis dieser günstige Verlauf gelehrt haben würde, dass eben ein Irrthum in der Diagnose vorlag.

Fall I. bedaure ich operirt zu haben, Fall II. bedaure ich wiederum nicht operirt zu haben; in beiden Fällen glaubte ich das richtige getroffen zu haben, in beiden Fällen habe ich mich geirrt, ich fürchte, dass derartige Irrthümer noch oft vorkommen werden — quäle mich zur Zeit schon wieder mit einem Kranken, bei dem selbst der Schnitt in den Ductus choledochus nicht klar gestellt hat, ob Schrumpfungsprocesse in der Umgebung der Papille oder Neubildungen daselbst die Ursache seines extremen Icterus und seiner Leberschwellung sind. Je mehr Erfahrungen aber auf diesem Gebiete gesammelt werden, desto leichter wird es sein, auch schwierige Fälle vor vorne herein richtig zu beurtheilen.

Zum Schlusse noch gegenüber diesen beiden eminent verwickelten Krankheitsbildern ein, ich möchte sagen, fröhlicher Casus, zwar noch nicht abgelaufen, aber durch die Operation so weit klar gestellt, dass er noch mit publicirt werden kann:

No. III. Frau A., 28 Jahre alt, aufg. 30. Dezember 1891.

Patientin giebt an, früher immer gesund gewesen zu sein; vor 4 Jahren erkrankte sie an Blinddarmentzündung mit nachfolgendem 4wöchentlichem Icterus; sie war damals im vierten Monate gravida, wurde später ohne Schwierigkeit entbunden. Seit jener Zeit leidet sie oft an Magenkrämpfen, kann oft nichts essen, besonders in der Zeit vor den Menses.

Am 5. November 1891 erfolgte ein schwerer Anfall von Magenschmerzen und Erbrechen; letzteres dauerte 2 Tage. Die Schmerzen waren in den ersten 5 bis 6 Tagen sehr heftig, um dann langsam abzunehmen; am 20. November war der

Anfall vorüber; kein Icterus. Am 25. Dezember neue Attaque mit Erbrechen und heftigen Schmerzen. Dies bewog den behandelnden Arzt, die Patientin der Klinik zu überweisen; in einem mitgesandten Schreiben führte derselbe aus, dass event. operative Hülfe in Anspruch genommen werden müsste, wenn Bandagen nicht „gegen ihre Wanderniere" wirkten.

Patientin war zunächst wegen Empfindlichkeit des Bauches gar nicht zu untersuchen. Nachdem sie tüchtig abgeführt hatte, liess sich undeutlich ein glatter Tumor unter dem ziemlich derben rechten Leberlappen nachweisen; letzterer schien einen Fortsatz nach unten zu schicken, doch war das nicht ganz klar; weil nämlich die Gallenblase auffallend weit lateralwärts dislocirt war, liess sich der laterale Rand des fraglichen Fortsatzes nicht genau feststellen.

2. Januar 1892: Incision durch den rechten Rect. abd. dicht unter dem Rippenbogen beginnend. Sofort praesentirt sich die dunkelblaurothe Leber mit sehr deutlicher Incisura vesicalis; von ihr aus läuft der untere Rand des rechten Leberlappens nur noch wenig nach unten, um dann alsbald wieder aufzusteigen. Unterhalb der Incisur liegt glatt und unverwachsen ein gurkenförmiger Tumor, gut 3 fingerbreit unter der Leber hervorragend, aber so weit nach hinten gesunken, dass man diese Geschwulst gewiss nur sehr undeutlich durch die Bauchdecken hindurch fühlen konnte.

Gallenblase dunkelroth, prall gespannt; Steine darin nicht fühlbar, wohl aber entdeckt der an ihr nach oben entlang gleitende Finger ganz in der Tiefe, entweder im Ductus cysticus oder schon im choledochus einen erbsengrossen Fremdkörper, der aber nach einigem Drucke unter den Fingern verschwindet, also wahrscheinlich fortgerutscht ist.

Weil die nirgends verwachsene Gallenblase sich bequem vor die Bauchdecken ziehen und sich extraabdominal eröffnen liess, wurde beschlossen, einzeitig zu operiren, um, wenn möglich, den im Duct. cysticus steckenden Stein gleich nach Entleerung der Gallenblase durch Fingerdruck von der Bauchhöhle aus in die G.Bl. hineinzutreiben. Es wurde also die Gallenblase vorgezogen und incidirt; ihre Wand war circa 3 mm dick; es wurden circa 8 kleinere und bis erbsengrosse, auffallend weiche, gelbe Steine mit buckeliger nicht facettirter Oberfläche und schwarzem Kerne entleert; sie schwammen in eingedickter Galle. Als nun der Finger wieder in die Tiefe geführt wurde, konnte der im Ductus cysticus steckende Stein nicht mehr gefühlt werden; weil die Concremente fast breiweich waren, musste man annehmen, dass der Stein sofort bei der ersten Berührung zertrümmert worden sei.

Die Gallenblase wurde jetzt in die Bauchwunde eingenäht, so dass das Sekret aus derselben sich frei entleeren konnte. Weil die Innenwand der Gallenblase sehr roth und entzündet war, blieb das Drainrohr fort, damit nicht Blutung entstände.

Verlauf ungestört, doch fliesst vorläufig keine Galle ab, so dass entweder Schwellung des Ductus cysticus besteht, oder die in demselben zertrümmerten Steine der Galle den Abfluss nach aussen verwehren.

Hier haben wir also wieder die oft erwähnte Verwechselung der gefüllten Gallenblase mit rechtsseitiger Wanderniere, obwohl der Fall gar nicht sehr täuschend war, weil der zungenförmige Fortsatz der Leber fehlte, oder wenigstens nur eben angedeutet war. Wahrscheinlich ist die vor 4 Jahren spielende Typhlitis mit nachfolgendem Icterus auch nichts weiter gewesen, als Gallensteinkolik mit entzündlichem Icterus. Weil Steintrümmer im Ductus cysticus stecken, wird der Fall vielleicht noch einige Schwierigkeiten machen, der schliessliche Ausgang aber ein glücklicher sein, weil noch keine schweren organischen Veränderungen bestehen.*)

In diesem Stadium Gallensteine zu beseitigen, das ist eine leichte und dankbare Aufgabe. Möchte die Zahl derartiger günstiger Fälle immer mehr zunehmen, die der übrigen mit dem Icterus gravis, der Cholaemie, den schweren Verwachsungen immer geringer werden. Gallensteine sind gegenüber den Nieren- und Blasensteinen so elende weiche kümmerliche Gebilde, dass sie nimmermehr die Menschheit so weiter plagen dürfen, wie sie es bis dahin gethan haben. Um sie fast unschädlich zu machen, bedarf es nur der Verständigung zwischen den Chirurgen und den internen Klinikern bes. den Universitätslehrern. Ihre Anschauungen sind massgebend für die zukünftige Generation der Aerzte; von ihnen hängt es ab, ob die Behandlung der Gallensteine in richtige Bahnen geleitet werden wird oder nicht, da sie das Material in Händen haben. Sollte die vorstehende Arbeit den Beginn einer solchen Verständigung angebahnt haben, so wäre sie nicht umsonst geschrieben.

Jena, den 5. Januar 1892.

---

*) Anm. w. d. Corr. Am 1. Febr. 92 fast geheilt entl.

VIII. Operationsliste.

I. Operationen bei Gallenstein-

No.	Name resp. Geschlecht	Alter	Anamnese, Symptome	Befund an der Leber vor der Operation	Befund an der Gallenbl. vor d. Op.	Datum und Befund, Verfahren bei der ersten Operation
1	Frau Y.[1])	36	Seit 4 Jahren typische Gallensteinkoliken zuerst in Zeiträumen von mehreren Monaten, später alle 3—4 Wochen, Fieber gering; niemals Icterus.	Leber den Rippenbogen nach unten um 10 cm überragend, am unteren Rande etwas empfindlich.	G.Bl. nicht nachweisbar.	15./1. 85. Exstirpation der Gallenblase. Sie liegt tief versteckt unter der Leber, so dass der untere Rand der letzteren herausgewälzt werden muss. Gallenblase punktirt, Därme unten mit der G.Bl. verwachsen; Ligatur des Duct. cysticus gelingt sehr schwer. Schluss der Bauchwunde. G.Bl. enthält 10 wallnuss- und 40—50 erbsengrosse Steine; mittelgrosser Stein im Ductus cysticus. Bräunliches Serum. Wand verdickt.
2	Frau P.[2])	25	Seit 14 Tagen Leibschmerzen und Erbrechen, bei dieser Gelegenheit eine bis dahin unbemerkte Geschwulst unter dem Leberrande entdeckt.	Leber unverändert, unter ihr ein	birnförmiger harter apfelgrosser Tumor, deutlich umgreifbar	16./12. 85. Glatte unverwachsene Gallenblase, deutlich Steine enthaltend, 8 cm lang, 4 cm dick. Naht gelingt leicht. G.Bl. leicht verdickt.
3	Frau Lehrer R.[2])	30	Gleich nach letzter Entbindung Januar 1886 mässig harte kleine schmerzlose Geschwulst unterhalb des rechten Leberlappens gefühlt. Später vielfach Anfälle von heftigen Schmerzen in der Geschwulst, Erbrechen u. s. w. Diagnose des Arztes: Wanderniere.	10 cm langer, oben 8, unten 4 cm breiter Fortsatz ragt bis in die Gegend des Nabels hinab.	G.Bl. nicht nachweisbar, nur vermuthet unter jenem Fortsatze.	6./9. 1887. Untere Spitze des Fortsatzes mit der vorderen Bauchwand verwachsen, G.Bl. dahinter, nicht ganz bis zur Spitze des Fortsatzes hinabragend. G.Bl. mehrere Fäuste gross, medialwärts mit Netz verwachsen; Ablösung desselben. Naht der G.Bl. leicht.

[1]) St. Petersburger med. Woch. 1885 No. 19.

[2]) Berl. Kl. Woch. 1888 No. 29.

Kranken ohne Icterus.

Verlauf nach der I. Operation	II. Operation	Die nachfolgenden Operationen	Verlauf nach der II. resp. III. Operation	Vorläufiger Ausgang	Definitives Resultat
Zuerst gut, dann leichte Spuren von Peritonitis.	17./1. Wiedereröffnung der Bauchhöhle, Entleerung einer grossen Menge galliger Flüssigkeit. Ligatur des Duct. cyst. hält.	—	Leibschmerzen hören auf, dafür Erbrechen, Icterus und Collaps. Tod 18./1. 85.	Obd.: Geringe Peritonitis. Diffuser Erguss von Galle im Bauche aus den kleinen, bei der Ablösung der G.Bl. verletzten Gallengängen.	—
Ungestört.	19./12. 85. Incision in die wenig verdickte, Serum enthaltende G.Bl. Entfernung von zwei circa 2 cm im Durchmesser haltenden Steinen.	—	Galle fliesst sofort aus der Fistel.	Mitte Januar 1886 geheilt entlassen.	Dauernd gesund geblieben, März 1888 gravida.
do.	15./9. 87. G.Bl. circa 5 mm dick. 500,0 geruchlosen Eiters werden entleert; Stein nicht gefunden.	—	Beständige Entleerung von Eiter, später von Serum.	März 88 mit Fistel in blühendem Zustande entlassen.	1891 wird ein Stein vom behandelnden Arzte in der G.Bl. gefühlt. Pat. lehnt Op. ab, weil sie keine Beschwerden hat.

No.	Name resp. Geschlecht	Alter	Anamnese, Symptome	Befund an der Leber vor der Operation	Befund an der Gallenbl. vor d. Op.	Datum und Befund, Verfahren bei der ersten Operation
4	Frau K.[1])	49	Seit 4—5 Jahren häufiges Erbrechen, seit 8 Tagen unter starker Auftreibung des Bauches Ileusartige Erscheinungen mit profusem Erbrechen und vollständiger Stuhlverstopfung, beseitigt durch Abführmittel. Diagnose des Arztes: Ileus.	Zungenförmiger Leberfortsatz, oben 10, unten 4 cm breit.	Nach rechts und unten vom z. F. eine kleine knollige auf Druck sehr empfindliche Geschwulst.	Verdicktes Netz mit der Gallenblase verwachsen, wird abgelöst. Periet. P. mit G.Bl. vernäht 28./10. 87.
5	Frau R.[1])	39	Vor zwölf Jahren einige Tage lang heftige Magenkrämpfe. Vor 5 Monaten Nachts heftige Leibschmerzen und dreitägige Krankheit, seitdem völlig frei von Beschwerden.	Zungenförmiger Fortsatz bis 2 cm unterhalb des Nabels, sehr breit.	Nach rechts und unten vom z. F. deutlich fluctuirende Geschwulst.	Weisslich verdickte Gallenblase vernäht mit P. p. 13./1. 88.
6	Frau C.[1])	30	Bis 3 Tage vor Aufnahme ganz gesund. Nach Aufheben einer schweren Kiste heftige Schmerzen und Tumor im Bauche, Fieber. Diagnose des Arztes: Ruptur der Bauchmuskeln.	Auftreibung des Leibes schwindet nach Abführmittel: Δ Leberfortsatz, oben sehr breit, unten scharfrandig, der nach rechts über die Mittellinie hinaus verschobenen GBl. aufliegend.	Nach rechts und unten vom L. F. die prall gefüllte G.Bl. mit ihrem unteren Ende in der Mitte zwischen Nabel und Symphyse	Dunkelblaurothe, einer Niere ähnliche G.Bl. von dem scharfen Rande des Leberfortsatzes kaum um 1 mm überragt. Naht 24./1. 88
7	Frau H.[1])	28	Vor 3 Jahren zuerst Schmerzen im rechten Hypochondrium und Magencatarrh, seitdem sich oft wiederholend. Vor 4 Wochen plötzlich heftige Schmerzen in der Nacht; 3 Wochen Bettruhe, weder Erbrechen noch Fieber.	Leber unverändert, nur etwas zu weit nach unten ragend; kein Fortsatz.	Hühnereigrosser glatter Tumor, bis 1 cm unterhalb des Nabels hinabragend.	Netz mit Gallenblase verwachsen. G.Bl. blauroth, Naht 28./1. 88.
8	Frau P.[1])	36	Bis vor 14 Tagen angeblich völlig gesund. Dann ohne Veranlassung heftige Schmerzen unter dem rechten Leberrande.	Leber normal, Rand oberhalb der G.Bl. abgeplattet.	Birnenförmiger Tumor, deutlich palpabel.	G.Bl. frei von Verwachsungen Naht 28./2. 88.

[1]) Berl. Kl. Woch. 1888 No. 29.

Verlauf nach der I. Operation	II. Operation	Die nachfolgenden Operationen	Verlauf nach der II. resp. III. Operation	Vorläufiger Ausgang	Definitives Resultat
Ungestört	Incision in die stark retrahirte G.Bl. schwierig. 110 Steine werden entleert 6. Nov. 87. Viel seröses Sekret in der G.Bl.	28. Nov. 87 noch ein Stein extrahirt.	Galle fliesst beim ersten Verbandwechsel.	Mit Fistel entlassen Mitte Dec. 87.	Definitiv geh. Febr. 88 zungenförm. Fortsatz nicht mehr nachweisbar.
do.	Inc. gelingt leicht; 130 Steine extrahirt 20./1. 88. 200,0 schleimig-flockiges seröses Sekret entleert.	—	Galle fliesst beim ersten Verbandwechsel ab.	Nach acht Wochen geheilt entlassen ohne Fistel.	Definitiv geheilt.
do.	Incision schwierig. G.Bl. gut 2 cm dick, unter dem Messer knirschend. Grosse Mengen von viscider Flüssigkeit mit einzelnen Eiterflocken entleert. Ein einziger $2^3/_4$ cm langer und $1^1/_2$ cm breiter Stein entfernt. 28/1. 88.	—	Galle fliesst gleich beim ersten Verbandwechsel.	Nach fünf Wochen geheilt entlassen ohne Fistel.	Definitiv geheilt. Ende März Fortsatz nicht mehr nachweisbar.
do.	Inc. leicht. G.Bl. 5 mm dick. Grosse Menge von serös-schleimiger Flüssigkeit entleert. 3 grössere Steine extrahirt v. $1^1/_2$ cm Durchmesser. 2./2. 88.	Am 4. 2. 88 noch 3 Steinchen entleert.	Galle fliesst schon gleich nach der Incision.	Ende März 88 geheilt ohne Fistel.	Definitiv geheilt.
Excessives Erbrechen, wodurch die Nähte gesprengt werden. Netz liegt am 2./3. in der Wunde, ausgestopft.	Incision durch die ungefähr $^3/_4$ cm dicke Wand der G.Bl. Extraction von mehreren bis $2^1/_2$ cm im Durchmesser haltenden und von einem kleinen Steine 10./3. 88. Serum in der G.Bl.	—	Galle fliesst beim ersten Verbandwechsel.	Gesund, ohne Fistel nach 6 Wochen entlassen.	Definitiv geheilt.

No.	Name resp. Geschlecht	Alter	Anamnese, Symptome	Befund an der Leber vor der Operation	Befund an der Gallenbl. vor d. Op.	Datum und Befund, Verfahren bei der ersten Operation
9	Frau Walther. p. 24.	66	Seit Jahren heftige Rückenschmerzen, zeitweise Appetitmangel und Stuhlverstopfung.	Leber normal, scharfer unterer Rand deutlich zu fühlen.	Sehr weit lateralwärts faustgrosse eisenharte Geschwulst.	G.Bl. mit Netz verwachsen; neugebildeter peritonealer Ueberzug bedeckt die G.Bl. Naht 13./10. 88.
10	Frau Franke. p. 91.	50	Seit $1^1/_2$ Jahren an heftigen Gallensteinkoliken leidend; während der Anfälle wurde ein harter Tumor gefühlt und punctirt.	Leber mit grossem Fortsatze bis 1 cm oberhalb der Interspinallinie.	G.Bl. nicht nachweisbar; Schmerzpunkt an der medialen Seite des Fortsatzes	Incision legt schlaffen grauen gerunzelten Leberfortsatz frei; dahinter ein weicher oedematöser, fest mit der Leber verwachsener Schlauch, tief versteckt, so dass nur der mediale Schnittrand des P. mit der G.Bl. vernäht werden kann; energische Ausstopfung der Wunde 25./6. 89.
11	Frau Joh. Schmidt. p. 61.	60	Vor 3 Jahren ein einziger Schmerzanfall von dreitägiger Dauer. Diagnose des Arztes: Wanderniere.	Grosser zungenförmiger Fortsatz bis 1 cm unter die Interspinallinie reichend. Er lässt sich bequem in die Tiefe drücken, erscheint aber sofort wieder an der Vorderfläche des Abdomens. Rand wenig scharf, einem Nierenrande gleichend.	An d. med. Seite des z. F. oben hinter demselb. herauskommend wallnussgrosser Tumor, der alle Bewegungen desselben mitmacht; er knirscht leise bei Palpation.	G.Bl. deutlich fühlbare Steine enthaltend, wird angenäht ans P. p., nachdem der z. F. lateralwärts verschoben ist 29./6. 89.

Verlauf nach der Operation	II. Operation	Die nachfolgenden Operationen	Verlauf nach der II. resp. III. Operation	Vorläufiger Ausgang	Definitives Resultat
Ungestört.	Unter ganz atrophischer Gallenblasenwand liegt eine Kalkschale, die mittelst des Meissel eingeschlagen werden muss, nachdem sie durch Elevator. von der Gallenblasenwand abgelöst ist. Diese Kalkschale umschliesst hunderte von fest mit einander verbackenen Steinen, dahinter liegt ein 5 cm im Durchmesser haltender. Nun floss trübe seröse Flüssigkeit ab, worauf man in das Gebiet des dilatirten D. c. kam. Es wurden zunächst leicht 2 grosse hintereinander gelegene Steine extrah., dann nach 1 stündiger Arbeit ein höher oben in einer ampullenartigen Erweiterung des D. cyst. sitzender sehr grosser. 26./10. 88.	—	Galle fliesst schon am nächsten Tage.	—	Definitiv geheilt.
do.	Gallenblasenwand circa $^1/_2$ cm dick; seröse fadenziehende Flüssigkeit; 5 bis zu 2—3 cm dicke und ein etwas kleinerer Stein entfernt. Ductus cysticus nicht zu finden, G.Bl. dehnt sich von der Schnittstelle an wesentlich nach unten aus. 3./7. 89.	—	Anfangs stark schleimige Secretion; am 7./7. finden sich zwei weitere kirschengrosse grünliche facettirte Steine im Verbande. Dauernde Secretion von Schleim. Fistel verkleinert sich langsam, nie Galle sichtbar.	Ende Juli mit wenig secernirender Schleimfistel entlassen.	Dec. 89 definitiv geheilt vorgestellt. Ductus cysticus augenscheinlich obliterirt.
do.	Incision ohne Narkose. Wand der G.Bl. ungefähr $^3/_4$ cm dick. Es werden 223 Steine extrahirt, 18 kirschen-, die übrigen erbsengross. Form meist tetraedrisch, von dunkler Farbe. Viel galliger Schleim entleert, zuletzt kommt Galle 6./7. 89.	—	Galle fliesst beständig im Juli; 31./7. wird das Rohr entfernt.	15./8. vollkommen geheilt, blühend.	Definitiv geheilt.

No.	Name resp. Geschlecht	Alter	Anamnese, Symptome	Befund an der Leber vor der Operation	Befund an der Gallenbl. vor d. Op.	Datum und Befund, Verfahren bei der ersten Operation
12	Frau Dornberger. p. 82.	44	Bis zum 28. Mai 89 ganz gesund; damals bekam sie plötzlich Schmerzen in der rechten Seite des Leibes und eine Geschwulst, die in der nächsten Zeit noch wuchs, aber stets verschieblich blieb. Weder Erbrechen noch Icterus. Diagnose des Arztes: Typhlitis.	Leber normal.	Kinderfaustgrosse Geschwulst rechts neben dem Nabel, leicht verschiebbar, und bequem zu umgreifen	Naht der G.Bl. 13/7. 89. G.[illegible] vergrössert, nicht verwachse[illegible]
13	Frau Huschke. p. 84.	44	Seit Jahren an Magenkrämpfen leidend, die 2 bis 3mal jährlich auftraten. Im Juni 89 6 Wochen lang Bettruhe wegen Kopfschmerz u. Fieber. 14 Tage später plötzlich heftige Schmerzen in der Magengegend, 24stündiges Erbrechen; Pat. bemerkte eine grosse Geschwulst in der rechten Bauchhälfte, die anfgs. sehr empfindl. war. Diagn. ausw. nicht gestellt.	Geschwulst dicht unter der Leber, mit letzterer zusammenhängend ohne Grenze; isolirter Fortsatz nicht nachweisbar.	Genaue Grenze der G.Bl. nicht zu bestimmen.	G.Bl. sowohl mit der vorde[illegible] Bauchwand als mit dem Ne[illegible] verwachsen; ihr liegt ein g[illegible] verdünnter Leberfortsatz au[illegible] Naht 15./9. 89.
14	Frau Wildschütz. p. 62.	55	Vor 10—15 Jahren litt Pat. viel an Magenschmerzen und Leberschwellung; blieb dann immer blass und mager. Im März 1889 fühlte sie beim Ausheben eines Thorflügels plötzlich einen Schmerz in der Lebergegend, u. einen Tumor daselbst. I. Diagnose des Arztes: Wanderniere.	Leber nicht nachweisbar vergrössert; unter ihr ein rundlicher Tumor bis 1 cm unterhalb des Nabels hinabragend, vielleicht z. F. samt Gallenblase.	Genaue Diagnose nicht möglich, Tumor wahrscheinlich G.Bl.	Incision 25./2. 90. Leberrand v[illegible] dünnt, der grossen G.Bl. au[illegible] liegend; letztere mit Netz v[illegible] wachsen.
15	Frau Grenzdörfer. p. 95.	31	Seit 7 Jahren zeitweise Schmerzen in der Lebergegend, besonders heftig nach Anstrengungen. Vor 5 Jahren Phlegmone und Perforation, seitdem 2 Fisteln, die bald helles seröses, bald dünnes grünes Secret liefern; vor 2 Jahren vergeblicher Versuch, die Fisteln in die Tiefe zu verfolgen.	Leber hat anscheinend einen normalen unteren Rand.	Unterhalb der Leber ein birnförmiger fester Tumor zu fühlen, mit den Bauchdecken verwachsen.	11./5. 90 Spaltung der Fist[illegible] ohne Erfolg, desshalb Incisi[illegible] auf den Tumor, der unter ein[illegible] ganz atrophischen verdünn[illegible] Leberrande liegt. Letzterer ist stark mit peritonealen Schw[illegible] ten bedeckt, dass er direct [illegible] genäht werden kann, desgl. [illegible] unterliegende G.Bl. Soforti[illegible] Incision durch die Leber h[illegible] durch, die nur wenig blutet, die G.Bl., fadenziehende kl[illegible] Flüssigkeit, 1 reiner Cholest[illegible] rinstein v. 1 $^1/_2$ cm Durchm. extr[illegible]

Verlauf nach der Operation	II. Operation	Die nachfolgenden Operationen	Verlauf nach der II. resp. III. Operation	Vorläufiger Ausgang	Definitives Resultat
Jngestört.	Incision leicht. G.Bl. nicht verdickt. Weisser Schleim, 2 kleine Steine, viel Cholestearinbrei.	Im Laufe des Jahres 89 werden verschiedene Steine extrahirt, doch tritt erst am 1./12. 89 Ausfluss von Galle auf; derselbe war anfangs spärlich, später sehr stark, schubweise, deshalb 27./3. 90 Ablösung der G.Bl. und Naht der Fistel worauf die Gallenblase rasch in die Tiefe und nach oben rutscht. (Partielle Abknickung des Duct. chol.?)	Keine Galle bis zur Extraction des letzten Steines 1./12. 89.	Geheilt ohne Fistel entlassen Anfang April 90.	Definitiv geheilt.
do.	I. Incision 23./9. misslingt; man kommt ca. 2 cm tief durch derbe Gewebe, und fällt dann in die Bauchhöhle. II. Incision 28./9. führt nur zur Entdeckung eines 10 cm langen praeform. Kanales, nach oben unter die Leber führend. Nur Schleim entleert.	23./11. III. Incision, wobei man auf einen grossen Sack voll Steine kommt, von denen 10 haselnuss, die übrigen kleiner sind; in toto 160. Wahrscheinlich Umknickung der G-Bl. gegen den D. cyst. 7./12. abermals Steine in Narkose extrahirt, später 2 spontan entleert.	Galle fliesst erst nach 16./12. in genügender Menge.	15./1. 90 mit wenig secernirender Fistel entlassen, die sich alsbald schliesst.	Definitiv geheilt. Pat. später in blühendem Zustande vorgestellt.
do.	Incision gelingt leicht, 6./3. 90. Wand 3—4 mm dick, völlig klare Flüssigkeit in der G.Bl. 1 grosser zwerchsack-artiger Stein entleert, dann ein zweiter hohl geschliffener.	—	Galle fliesst am nächsten Tage.	2./4. mit Fistel entlassen.	Definitiv geheilt vom 11./4. an.
m nächsten age Gallen-ısfluss, der bald sehr ofuse wird.	8./7. 90. Ablösung der Gallenblase von der vorderen Bauchwand. Anfrischung der Fistel und Naht in querer Richtung. Peritoneum nicht eröffnet. G.Bl. retrahirt sich stark in die Tiefe. Ausstopfung der Bauchdeckenwunde.	—	Reactionsloser Verlauf.	20. 7. entlassen mit granulirender Wunde, die sich nach wenigen Tagen schliesst.	Definitive Heilung.

No.	Name resp. Geschlecht	Alter	Anamnese, Symptome	Befund an der Leber vor der Operation	Befund an der Gallenbl. vor d. Op.	Datum und Befund, Verfahren bei der ersten Operation
16	Frau Friedrich. p. 39.	57	Wegen rechtsseitiger Wanderniere operirt 1889; gleichzeitig bestand Retroflexio Uteri fixati. Dauernde Beschwerden, Appetitmangel, Schmerzen in der Herzgrube, Rückenschmerzen, Stuhlverstopfung. Allgemeine Abmagerung.	Leber anscheinend normal gross und sehr stark verschiebbar. Wiederholte Untersuchungen auf Gallenblasengeschwulst ohne Erfolg, bis eines Tages das elastische Corset, welches wegen der Niere getragen wird, sich stark n. oben verschiebt.	Vor der Leber liegt in der Herzgrube ein flacher weicher Tumor, der nach wenigen Minuten wieder verschwindet	Incision und Naht der G.Bl letztere weich und schlaff, fau gross, heller Inhalt. 13./6. 9
17	Frau Gerhardt, Hebamme. p. 86.	36	Seit 4 Jahren post partum Magenbeschwerden, seit 1 Jahr deutliche Anfälle von Gallensteinkoliken.	Grosser Tumor in der rechten Seite weit unter den Nabel hinabreichend, von der Leber nicht zu trennen.	Tumor wahrscheinlich Gallenblase samt Leberfortsatz.	Incision 16./6. 90. Es liegt e gewaltiger zungenförmiger Fo satz frei, unten papierdünn. G.I ragt an der medialen und unter Seite desselben hervor, von Net massen bedeckt, die sich au zwischen Leber und vorder Bauchwand in die Höhe schi ben; sie werden abgetragen
18	Frau Zimmermann. p. 41.	39	Vor 1 Jahre Magenbeschwerden, Verdauungsstörungen, wiederholtes Erbrechen, ohne eigentliche Kolikanfälle, 4 Wochen lang. Seit drei Wochen neue Schmerzen.	Leber etwas, aber sehr wenig vergrössert, weich, stark verschiebbar, darunter in der Gegend der G.Bl. eine auf Druck empfindliche Stelle; Tumor nicht nachweisbar.	Nach langem vergeblichen Suchen gelingt es, einen haselnussgrossen harten Körper gegen die Wirbelsäule zu treiben.	Incision 2./8. 90 ergiebt dunk blaurothe Leber mit tiefer Furc zwischen lob. quadr. u. lob. dext dazwischen die ganz weiche, Steine enthaltende G.Bl. Ne adhaerent am Lig. ter. Na gelingt erst nach Verlängerun des Schnittes nach unten. G.B weich u. schlaff, durchscheinen
19	Frau Sanno. p. 57.	38	Seit 15 Jahren vielfach an Erbrechen und Magenschmerzen leidend, besonders während der Lactationsperiode; seit circa 6 Wochen wieder mit heftigen Schmerzen und Erbrechen erkrankt; vor 4 Wochen ganz plötzlich ein Tumor in der Lebergegend entdeckt; Crepitation im untersten Theile desselben fühlbar.	Langer breiter Leberfortsatz ragt bis 2 cm unterhalb einer Spina ant. und Nabel verbindenden Linie hinab.	Nach rechts und unten davon eine undeutliche, bei bestimmter Lage fühlbare crepitirende Geschwulst.	Inc. 17./4. 91 hoch oben; Au wärtsschlagen der Gallenbla und des Leberfortsatzes. Fix tion der Blase, Leber liegt ob frei in der Wunde.

Verlauf nach der Operation	II. Operation	Die nachfolgenden Operationen	Verlauf nach der II. resp. III. Operation	Vorläufiger Ausgang	Definitives Resultat
ıgestört.	Incision gelingt leicht 22./6. 90. Wand ca. 3 mm dick. Dünne gallige Flüssigkeit. 3 grosse Steine extrahirt.	—	Galle fliesst sofort post Op.	Geheilt entlassen 26./7. 90.	Definitiv geheilt.
:hte Pulsschleuniıng und mp. 38; ıehrere ge lang uerndes brechen 'olge der tragung ; Netzes.	Incision 26./6.; G.Bl.wand 3 mm dick; Inhalt rein serös. G.Bl. so lang, wie eine Myrthenblattsonde, Innenwand glänzend weiss; kein Stein zu finden.	Bis zum 2./8. fliesst nur Schleim ab; es wird ein Stein in der Tiefe gefühlt; in Narkose werden am 2./1. 90 3 grosse facettirte Steine entleert, die unbedingt hinter einander im Duct. cyst. gelegen haben; der Deckstein fehlt, so dass noch immer keine Galle fliesst; 9./8. 90 ohne Gallenfluss entlassen.	Niemals Galle geflossen.	Fistel schliesst sich Nov. 90.	Definitiv geheilt, vorgestellt April 91.
bekommt ge Tage iter den en richn Anfall Gallenınkolik.	Incision 12./8. schwierig, weil G.Bl. sich trotz Kolikanfalles stark retrahirt hat. Wand der G.Bl. sehr dünn, Inhalt gallig, zwei oder drei grössere Steine werden zertrümmert und extrahirt, dann folgt ein kleiner facettirter Stein. 15./8. 2 Fragmente entleert.	Wegen permanenten Gallenabflusses Naht der Gallenblasenfistel 4./10. 80. Reaktionsloser Verlauf.	Galle floss sofort post II op. ab.	Geheilt entlassen 31./10. 90.	Definitiv geheilt, vorgestellt in blühendem Zustande 23./2. 91.
ctionslos.	Inc. 27./4. 91. G.Bl. 4 mm dick; völlig klares Serum in derselben. 1 Dutzend Steine leicht entfernt. Extraction des letzten, in das untere Ende des Ductus cyst. eingekeilten Steines, macht grosse Schwierigkeiten.	27./5. Naht der Gallenfistel.	Galle floss dauernd vom 2. Tage p. Op. an.	Mitte Juni mit granulirender Wunde entl.	Definitiv geheilt bis auf ulcerirende Narbe, die später exstirpirt wird. Gewichtszunahme 16 Pfd.

No.	Name resp. Geschlecht	Alter	Anamnese, Symptome	Befund an der Leber vor der Operation	Befund an der Gallenbl. vor d. Op.	Datum und Befund, Verfahren bei der erster Operation
20	Frau Conditor R. p. 54	27	Seit dem 14. Jahre Schmerzen in der rechten Nierengegend, Urin trübe; später Parametritis dextra, faustgrosser Tumor im rechten Hypochondrium, der mit Nachlassen der pyelitischen Erscheinungen wieder verschwand. Diagnose des Arztes: rechtsseitige zeitweise exacerbirende Pyelitis.	Befund negativ. Schmerz circa 5 cm nach rechts und unten vom Nabel bei Druck; weiter oben Schmerz bei den Anfällen. Leber nicht nachweisbar.	G.Bl. nicht nachweisbar.	9./6. 91. Incision unten ergiel negatives Resultat, weiter obe atrophische G.Bl. mit dem M: gen verwachsen. 2 Steine g fühlt. Ablösung des Magen Naht der G.Bl. leicht.
21	Frau Kiel p. 91	66	Seit 15—20 Jahren an Magenschmerzen leidend; in letzter Zeit excessive Anfälle von Gallensteinkolik ohne Icterus.	Stark vergrösserter rechter Leberlappen bis 2 cm unter die U. sp. l. hinabreichend.	G.Bl. hoch oben am medialen Rande des rechten Leberlappens als derber höckeriger Tumor fühlbar.	13./6. 91. Incision. Netz ve wachsen, mit Eiter durchset desgl. Colon transvers., letzter spitzwinklig abgeknickt, wir nur partiell abgelöst. Naht v Perit. und aufl. Netze.

II. Gallensteinkranke

No.	Name resp. Geschlecht	Alter	Anamnese, Symptome	Befund an der Leber vor der Operation	Befund an der Gallenbl. vor d. Op.	Datum und Befund, Verfahren bei der erster Operation
22	Frau K.[1]	50	Seit Jahren kolikartige Schmerzen im rechten Hypochondrium, Erbrechen und Icterus; extreme Abmagerung. Geschwulst unterhalb des recht. Leberlappens schon längere Zeit bemerkt; seit 4 Wochen unerträgliche Schmerzen, beständiges Erbrechen; intensiver Icterus.	Vom rechten Leberlappen ragt eine mächtige Geschwulst bis zur Mitte zwischen Nabel und Symphyse hinab; Grenzen nicht genau abzutasten.	G.Bl. nicht isolirt zu fühl.; auch durch die Inc. wird nicht klargestellt, ob Tum. aus GBl. allein besteht, od. aus G.Bl. u. Leberfortsatz; letzteres i. das wahrscheinl.	15./2. 88. Incision. Peritoneu mit der Geschwulst verwachse das Messer dringt durch se verdickte Gewebe in die mit Ei gefüllte Blase, die keine Stei enthält. Dieselben sitzen in zw apfelgrossen Divertikeln, welc mittelst Oeffnungen von Finge dicke communiciren. Steine kle

[1]) Berl. Kl. Woch. 1888 No. 29.

/erlauf ıch der)peration	II. Operation	Die nachfolgenden Operationen	Verlauf nach der II. resp. III. Operation	Vorläufiger Ausgang	Definitives Resultat
rmischer 'erlauf, chwere onchitis, :rzpalpi- ıtionen.	Incision 25./6. 91. Leitefaden durchgeschnitten. Theerfarbige Galle und zwei erbsengrosse schwarze Steine entleert. G.Bl. nicht dünnwandig.	—	Zuerst nur theerfarbene Galle entleert, dann 4./7. dünnflüssige helle.	—	28./9. 91 vorgestellt im vorzüglichen Zustande. Pat. kann alle Speisen wieder vertragen.
ıctionslos.	Incision 24./6. 91. Wand der G.Bl. ca. $^3/_4$ cm dick. Inhalt: schmierig käsige putride Masse und 1 Stein. Lumen der G.Bl. wallnussgross, von Granulationen ausgekleidet.	—	Galle fliesst niemals; Eiterung lässt bald nach. Höhle 20./7. obliterirt.	27./7. geheilt entlassen in blühendem Zustande.	Definitiv geheilt.

mit Icterus.

—	—	—	Ca. 4 Wochen lang entleert sich nur Eiter, dann kommt Galle; Fistel schliesst sich nach kurzer Zeit.	Geheilt entlassen 8. März 88.	Unbekannt.

No.	Name resp. Geschlecht	Alter	Anamnese, Symptome	Befund an der Leber vor der Operation	Befund an der Gallenbl. vor d. Op.	Datum und Befund, Verfahren bei der ersten Operation
23	Frau S.[1]	42	Vor 9 Jahren plötzlich Schmerzen in der Gallenblasengegend; Tags darauf Icterus. Knoten unterhalb der Leber schon damals gefühlt. Häufige Anfälle von Gallensteinkolik in den nächsten Jahren mit Monate langen Intervallen, zuletzt vor 4 Jahren 3 mal Icterus. Starke Abmagerung, Verdauungsbeschwerden, beständig dumpfer Schmerz und Druck in der Gallenblasengegend.	Zungenförmiger Fortsatz der Leber mit breiter Basis, bis zum Nabel hinabreichend.	Darunter deutl. palpabel die ca. faustgrosse G.Bl., bis zur Interspinallinie hinabreichend, nur wenig unter dem Niveau des Fortsatzes gelegen.	I. Inc. 14./3. 88; Leberfortsat sehr atrophisch; Gallenblase vo neugebildeter seröser Membra überzogen, die sich leicht ab ziehen lässt. Naht gelingt leicht
24	Frau Clara K.[1]	40	Mutter leidet an Gallensteinen mit Icterus. Pat. seit 7 Jahren „Magenleidend", Schmerzen im Epigastrium, Anfälle von Erbrechen und Diarrhoe von 10—15 Minuten langer Dauer; seit Ostern 87 derartige Anfälle alle 8 Tage. Pfingsten 87 ein Anfall 6 Stunden, 28. Juli 87 von 1 Stunde. Danach Stuhlgang 3 Monat lang farblos; damals zuerst eine Geschwulst von Apfelgrösse in der G.Bl.-gegend gefühlt. Seitdem keine Anfälle mehr, aber dauernd dumpfer Schmerz, meist bettlägerig.	Leberfortsatz von rundlicher Form, scharfrandig, mit dem unteren Ende um 1 cm die Umbilico-Spinallinie überragend.	G.Bl. nicht zu palpiren, nur vermehrte Resistenz an der medialen Seite des Leberfortsatzes, Schmerz auf Druck sehr geringfügig.	I. Incision 15./5. 88; prall gespannte weissliche Geschwuls lag circa 1 cm unter dem Niveau des medialen Randes vom Leberfortsatze, mit Netz leicht verwachsen. Naht gelingt leicht nach Ablösung des Netzes.
25	Frau von B. p. 116	—	Vor 20 Jahren ein einziger Anfall von Gallensteinkolik mit leichtem Icterus. Seitdem mehr oder weniger leidend an Verdauungsbeschwerden, Magenschmerzen. Vor 2 Jahren ein sehr heftiger Anfall von Gallensteinkolik ohne Icterus. In der letzten Zeit vielfach nervös, selbst ernster gestört, so dass Patientin in die Nervenheilanst. zu Jena aufgenommen werden muss. Daselbst seit 5 Wochen leichter Icterus und starkes Hautjucken. Stuhlgang hat Farbe. Complication: Husten u. Retroflexio Uteri, durch Pessar beseitigt.	Rechter Leberlappen sehr weit nach unten bis zur U. Sp.linie ragend, aber in toto, nicht in Gestalt eines zungenförmigen Fortsatzes.	G.Bl. nicht zu fühlen, wohl aber deutlicher Schmerzpunkt bei Druck.	Incision 23./7. 88; kleine, prall mit Steinen gefüllte G.Bl. ziemlich tief unter dem rechten Leberlappen.

[1] Berl. Kl. Woch. 1888 No. 29.

II. Operation	Die nachfolgenden Operationen	Verlauf nach der II. resp. III. Operation	Vorläufiger Ausgang	Definitives Resultat
II. Inc. 20./3. G.Bl. wenig verdickt; Inhalt ausschliesslich grosse Menge von Serum. Stein wird nicht gefunden.	III. Inc. 3./8. 91. G.Bl. ums vierf. vergrössert mit Colon transv. verwachsen, Gallengänge mit Magen, Duodenum und Netz. Cysticus ist finger-, Choledochus daumendick, Stein nicht darin gefunden. G.Bl. mit normaler Galle, wird partiell resecirt u. vernäht. Schluss der Bauchwunde. Reactionsloser Verlauf. 31./8. geheilt entl.	Galle fliesst schon am nächsten Tage, dazu nasenschleimähnl. Flüssigkeit. Mitte April trotz Abfluss von Galle heftige Gallensteinkolik mit Icterus, Durchfall, wahrscheinlich Abgang eines Steines durch den Darm Febr. 91.	Fistel schliesst sich Mai 1888.	Pat. ist laut Bericht vom Juni 91 ungeheilt geblieben, leidet dauernd an Schmerzen, deshalb dritte Op. 3./8.91. (p. 75).
II. Incision 23./5. 88 leicht. G.Bl. dünn; es entleert sich zuerst Serum, dann getrennt davon Eiter. Blase zwerchsackförmig, gerade an der verengten Stelle geöffnet; in jeder Abtheilung ein circa taubeneigrosser Stein, braun gefärbt.	—	Galle fliesst beim ersten Verbandwechsel, bald geringer. Fistel schliesst sich.	28./6. geheilt entlassen.	Definitiv geheilt laut Brief vom 16./10. 91.
29./7. 88. Incision. G.Bl. 2 mm dick, 3 grosse facettirte Steine extrahirt; Inhalt serös.	Am 12./10. farbloser Stuhlgang; 11./11. kleine Steine extrahirt. 8./12. Laparotomie, Vernähung des seitlich geöffneten Ductus choledochus mit dem ebenfalls an circumscripter Stelle geöffneten Duodenum.	Galle fliesst am Tage p. II. Op., von da ununterbrochen bis zum Tode.	† Durch Einfliessen von Galle in das Abdomen. 9./12. 88.	—

Name resp. Geschlecht	Alter	Anamnese, Symptome	Befund an der Leber vor der Operation	Befund an der Gallenbl. vor d. Op.	Datum und Befund, Verfahren bei der ersten Operation
Herr v. G. p. 113.	56	Seit 4 Jahren oft sich wiederholende Anfälle von Gallensteinkolik mit starkem Icterus, Stuhlgang in letzter Zeit normal.	Leberrand bei dem sehr corpulenten Herrn nicht zu fühlen, ebensowenig die G.Bl.	Schmerzpunkt wird nur sehr unbestimmt angegeben; Pat. will bald in der Gegend der G.Bl., bald viel weiter lateralwärts Schmerz auf Druck haben.	Incision 10./4. 89 auf die Gallenblasengegend; es findet sich, dass der rechte Leberlappen in toto weit hinabragt bis unter den Nabel; an der lateralen Seite desselben fühlt man einen glatten beweglichen Körper, der sich aber als Wanderniere ausweist. Nach Erweiterung des Schnittes nach oben wird endlich tief unter dem rechten Leberlappen eine kaum fingerdicke G.Bl. mit Steinen gefühlt, ein Stück Leberlappen resecirt, die G.Bl. angenäht und sofort eröffnet. 15 Steine werden extrahirt.
Frau K. p. 120.	60	Vor 17 Jahren ein einziger heftiger Anfall von Gallensteinkolik mit Icterus; seitdem Verdauungsbeschwerden. Seit $^1/_2$ Jahr nach Stoss gegen die rechte Bauchseite grosser Tumor daselbst, der nicht sonderlich stark wuchs; von da an Gallensteinkoliken.	Neben grosser Milz kindskopfgrosser Tumor fast bis zum Lig. Poupartii hinabragend, wenig bei Athmung sich bewegend. Col. transv. hinter der Geschwulst.	Schmerz bei Druck auf den oberen medialen Rand des Tumors; G.Bl. nicht zu fühlen.	Incision 14./5. 89. Tumor mit vorderer Bauchwand verwachsen, graublau, wird punctirt. Resection eines Stückes der Lebersubstanz. Annähung der mit Steinen gefüllten G.Bl. unter vielen Hindernissen.
Frau F. p. 68.	70	Seit 2 Jahren öfter sich wiederholender Magencatarrh; vor 6 Wochen plötzlich extreme Schmerzen in der Leber und in der linken Seite, Erbrechen; leichter Icterus.	Breiter zungenförmiger Leberfortsatz bis 1 cm unter die I.sp.linie hinabragend.	Darunter undeutlich ein runder Tumor.	5./9. 89. Incision. Leberfortsatz ganz atrophisch, papierdünn, G.Bl. gelb-grün gefärbt.
Frau Braune. p. 85.	37	Vor 4 Jahren auf ein Fuder Heu gezogen, seitdem Schmerzen im Leibe. Seit 1 Jahr Knoten rechts im Bauche, schmerzhaft. Kein Icterus vor der Op.	Leber etwas vergrössert, aber von normaler Form.	Derber, harter Tumor hinter dem Lobul. quadratus.	16./10. 89. I. Incision. G.Bl. mit Magen und Netz fest verwachsen. Leber über der G.Bl. atroph. Annähung leicht.

Verlanf nach der . Operation	II. Operation	Die nachfolgenden Operationen	Verlauf nach der II. resp. III. Operation	Vorläufiger Ausgang	Definitives Resultat
Reactions-ıser Verlauf.	—	—	Galle fliesst sofort während der Op. nach Entfernung der Steine.	19./5. 89 geheilt entl.	Definitiv geheilt.
—	—	—	—	Obd.: Thrombose eines grossen Pfortaderastes, G.Bl. sehr klein mit einzelnen Concrementen. Duct. cyst. u. chol. enthalten einen kolossalen mit 2 Fortsätzen verseh. Stein. Im Duct. chol. noch weitere drei Steine, D. ch. 31 mm im Umfange. Zahlreiche Steine in den G.G. der Leb.	† 15./5. 89 durch Einfliessen von Galle aus dem Troicartstiche in die Bauchhöhle.
Reactions-ıser Verlauf.	15./9. 89. II. Incision. G.Bl.-wand sehr dick. Galle fliesst sofort ab, 3 grosse Steine zertrümmert und entleert.	—	Galle fliesst sofort; Secretion bald geringer.	31./10. geheilt entlassen.	Definitiv geheilt.
Reactions-ıser Verlauf.	23./10. 89. II. Incision. G.Bl. hat Divertikel mit zwei Eingängen. Wand $^1/_2$ cm dick. Aus G.Bl. und Divertikeln 330 Steine entleert. Schleimiger Eiter in der G.Bl.	23./11. 89, 10./1. 90, 27./2. 90 Steine extrahirt.	19./7. 90. Heftige Gallensteinkolik mit Icterus; ein erbsengrosser facettirter Stein mit dem Stuhlgange entleert. 19./7. Fistel geschlossen, aus der sich niemals Galle entleert hatte. (Oblit. des D. cyst.)	8./5. geheilt entlassen.	Definitiv geheilt geblieben.

No.	Name resp. Geschlecht	Alter	Anamnese, Symptome	Befund an der Leber vor der Operation	Befund an der Gallenbl. vor d. Op.	Datum und Befund, Verfahren bei der ersten Operation
30	Frau Dr. B.[1])	60	Vor 19 Jahren heftiger Magen-Darmcatarrh mit nachfolgender starker Abmagerung, 3 Jahre lang. März 89 erste schwere Gallenstein-Kolik ohne Icterus, alle 3 Wochen wiederkehrend, Aug. 89 m. Icterus. In letzter Zeit Schüttelfröste, Schmerzen in der fossa iliaca. Diagnose des Hausarztes: Darmverengerung.	Leber 2 cm unter dem Rippenbogen, unter ihr eine etwas knotige, aber tympanitisch klingende Geschwulst, die als	G.Bl. mit Darm verwachsen angesprochen wird.	25./1. 90. I. Incision. G.Bl. mit Netz und Colon transversum fest verwachsen, käsig eitriges Infiltrat. Resection eines Theiles vom Rippenbogen, sehr mühsame Naht, weil Leber zu brüchig für die Resection.
31	Frau Renner.[1])	50	Vor 3 Jahren der erste G.St.-Kolikanfall ohne Icterus, vor einem Jahr ein zweiter. Vor 10 Wochen der dritte mit Icterus, seitdem elend, abgemagert, fiebernd, so dass Pat. kaum gehen kann.	Unterer Rand der Leber wegen Weichheit des Organes nicht nachweisbar.	G.Bl. nicht zu fühlen. Diffuse Schmerzhaftigkeit der Oberbauchgegend.	28./4. 90. I. Inc. Grosser weit hinabragender r. Leberlap., dahinter rosenkranzartig gestaltetes Gallengangsystem. Steine in G.Bl., Duct. cyst. u. choledochus. Einzeitige Op., Entfernung von 5 Steinen aus den Gängen mit grosser Mühe. Inhalt der G.Bl. Serum.
32	Frau Oesterreich. p. 96.	19	Vor 10 Wochen der erste heftige Anfall von Gallensteinkolik, 5 Tage lang, ohne Icterus; vor 4 Tagen ein 2. geringfügigerer.	Leber nicht vergrössert, unterer Rand nicht nachweisbar.	G.Bl. nicht zu fühlen. Ausgesprochener Schmerzpunkt; leises Knirschen wird undeutlich gefühlt.	1./10. 90 Incision. Tiefe Furche zwischen lob. dext. et ant., darin die G.Bl., grau-weiss, weich, glatt, kleine Steine enthaltend. Duct. cyst. mit Netz verwachsen.
33	Frau v. B. p. 122.	45	1883: I. Kolikanfall ohne Icterus aber mit Abgang von kleinen Concrementen. 1888: dumpfe Schmerzen im rechten Hypoch., immer mehr sich steigernd. August 90: excessives Erbrechen, 5 Wochen lang mit Icterus; Leber klein. Icterus dauernd. Diagnose des letzten Arztes: catarrhalischer Icterus. Von 162 auf 95 Pfd. Gewicht reducirt, skelettartig.	Rechter Leberlappen bis zur Sp.U.linie ragend, weich. Urin mit viel Eiweiss u. blutigen Cylindern.	G.Bl. nicht nachweisbar, deutlicher Druckschmerz.	8./1. 91. Incicion. Leber dunkelblauroth. G.Bl. vergrössert. D. cyst., choled. sind fingerdicke Stränge. G.Bl. tief unter der Leber versteckt, deshalb Resection eines Stückes der Leber darauf profuser Ausfluss von seröser Galle aus der Leber. Naht der G.Bl. mühsam.

[1]) Correspondenzbl. des Thür. Aerzte-Vereines 1890, 11 u. 12.

Verlauf nach der I. Operation	II. Operation	Die nachfolgenden Operationen	Verlauf nach der II. resp. III. Operation	Vorläufiger Ausgang	Definitives Resultat
Reactionslos.	4./2. 90. II. Incision. Secret äusserst putride. Gallen-Blasenwand $1^1/_2$ cm dick, mit Querleiste versehen; ein 3 cm langer 2 cm dicker Stein extrahirt. Eiter dahinter.	—	Am 7./2. Galle im Verbande. 18./2. Gallenfluss hat aufgehört.	2. 3. im besten Wohlsein geheilt entlassen.	Definitiv geheilt.
Galle fliesst post op. aus der Fistel, nicht in den Darm. 17./5. 3 facettirte Steine entl.	Wegen dauernden Icterus u. profusen Ausflusses von Galle aus der Fistel 9./6. 90 Lösung der Adhaesionen zwischen Duodenum und Leber, Resection einer gröss. Partie von Lebersubstanz, I. Act. der Cholecystenterostomie zwischen G.Bl. und Duodenum.	Cholecystenterostomie bleibt unvollendet, weil durch Lösung der Adhaesionen zwischen Duodenum u. Leber d. Ductus choledoch. wieder durchgängig geworden ist.	28./6. sämtliche Galle fliesst in den Darm, Fistel schliesst sich.	21./7. geheilt ohne Icterus entlassen, ca. 10 Pfd. schwerer.	Definitiv gesund geblieben.
Reactionsloser Verlauf.	10./10. zweite Incision. Entleerung von 102 z. Th fest anhaftenden kleinen Steinen. Dunkelgrüne Galle wird entleert.	Wegen starker Secretion aus der Fistel 22./10. 90 Ablösung der G.Bl. und Naht derselben.	Starke Reaction, Erbrechen galliger Massen, Fieber und 150 Pulsschläge. Icterus für 4 Tage. Stuhlgang ohne Stein.	16./11. fast geheilt entl., 12./12. geheilt vorgestellt.	Definitiv geheilt.
Dauerndes Erbrechen.	—	—	† 11./1. 90 im Collaps.	Obd.: Keine Peritonitis. Tod an Schwäche. Duct. cyst u. chol. dilatirt, jeder einen grossen Stein enthaltend. G.Bl. leer.	—

No.	Name resp. Geschlecht	Alter	Anamnese, Symptome	Befund an der Leber vor der Operation	Befund an der Gallenbl. vor d. Op.	Datum und Befund, Verfahren bei der ersten Operation
34	Frau H. p. 52.	45	Seit vielen Jahren Magenschmerzen in der Mittellinie, von dort in den Rücken und in die linke Schulter ausstrahlend, oft nur 5 Minuten dauernd, unvermittelt, selten von Erbrechen begleitet; Schmerzen nach jeder Anstrengung. Einmal 2 Tage lang Icterus Sclerae. Stuhlgang immer gefärbt. Anfang 91 heftigere Schmerzen, im Februar 5 Tage lang permanentes Erbrechen mit ganz extremen Leibschmerzen. Pat. mit sehr starkem Pan. adiposus, blühendes Aussehen stets bewahrt. Abgang v. Harngries. Diagn.: Stein im recht. Nierenbeck.	Leber nicht vergrössert, unterer Rand nicht fühlbar.	G.Bl. nicht nachweisbar. Schmerzpunkt nicht deutlich.	21./2. 91. I. Incision in seh schlechter Narcose. Gewaltig knollige Netzmasse mit Mage Col. transv. und G.Bl. verwach sen. Lösung des Netzes, worau die einen grossen Stein enthal tende G.Bl. freigelegt wird; un terer Leberrand liegt 2 cm ober halb des Rippenbogens, des halb G.Bl. in grosser Tiefe. Nah sehr mühsam.
35	Frau Fröhlich. p. 105.	37	Vor 16 Jahren dreitägige Gallensteinkolik ohne Icterus, dann 15 Jahre gesund. Febr. 90 Nachts unvermittelt zweiter Anfall mit Bildung einer Geschwulst im r. Hypoch., 4 Wochen Schmerzen, kein Icterus. Nov. 90 neuer Anfall mit Icterus nnd Hautjucken, rasche Abmagerung bei dauernd farblosem Stuhlgange, Schüttelfröste und hohes Fieber. Gewicht von 110 auf 73 Pfd. reducirt.	Leber stark vergrössert, rechter Lappen ragt in toto bis 2 cm unter die I. Sp.l., Leber hart wie Eisen, so dass Rand leicht durch die dünnen Bauchdecken zu fühlen ist.	G.Bl. nicht zu fühlen. Schmerz bei Druck am med. Rande des rechten Leberlappens, etwas oberhalb des Nabels.	7./3. 91 I. Incision. G.Bl. mit Netz verwachsen, klein, atrophisch. Gallengänge von der kleinen Wunde aus umsonst ab getastet. Naht der G.Bl. leicht
36	Frau B. p. 64.	45	1872 erster Krampfanfall nach Wochenbett, seitdem sich von Zeit zu Zeit wiederholend. 1882 zum ersten Male Icterus bei den Anfällen; Carlsbad brachte wesentliche Verschlechterung. Vor 5 Jahren wurde rechtsseitige Wanderniere festgestellt; im letzten Jahre hohes Fieber und Schüttelfrost während der Attaquen, Aufstossen, heftige Athemnoth. Pat. ist vollständig dem Morphium verfallen.	Unterer Leberrand nicht nachweisbar.	Schmerzpunkt in der muthmasslich. Gegend der G.Bl. sehr undeutlich; weiter unt. neb. dem Nabel undeutliche schmerzh. Resistenz, in Narkose deutl. als Tum. gef.	23./6. 91 Incision. Leber schneidet mit Rippenbogen ab, darunter grauweisse verdickte vergrösserte G.Bl., nirgends verwachsen. Naht gelingt leicht. Unterer Tumor ist vielleicht Wanderniere.

Verlauf nach der I. Operation	II. Operation	Die nachfolgenden Operationen	Verlauf nach der II. resp. III. Operation	Vorläufiger Ausgang	Definitives Resultat
Starkes Erbrechen mehrere Tage lang, schlechter Puls. 5./3. leiser Anfall von Gallensteinkolik.	6./3. 91. II. Incision. Taubeneigrosser Stein zertrümmert und extrahirt, dann zweiter kuppelförmig aufsitzender, beide in einem Divertikel; letzteres mittelst $^3/_4$ cm weiter Oeffnung mit G.Bl. communicirend; letztere enthält 12 bis zu 2 cm grosse und zahlreiche kleine Steine in galliger Flüssigkeit.	—	Galle fliesst von Anfang an. 12./3. Rohr entfernt wegen kolikartiger Schmerzen.	13./4. mit granulirender Wunde entlassen.	Definitiv geheilt, völlig gesund geworden.
Reactionslos. Icterus wird geringer.	21./3. II. Incision. G.Bl. dünnwandig, einen einzigen $2^1/_2$ cm langen Stein enthaltend; seröse mit einzelnen Eiterflocken gemischte Flüssigkeit. Es fliesst dauernd nur Serum ab, Icterus und Gallensteinkoliken bestehen fort, deshalb	28./5. 91 III. Incision, 15 cm lang nach Vernähung der Fistel. Col. transv. verwachsen, bei Trennung Loch in demselben, Naht. Pylorus verwachsen mit Blasenhals; Trennung; Loch im Magen und in der G.Bl. Naht. Duct. choled. fingerdick, in der Längsrichtung gespalten, ein 2 cm langer, 1 cm dicker Stein extrahirt. Serum im D. Vernähung des Schnittes. Naht der Bauchwunde. Heilung p. pr. Erster Stuhlgang gefärbt.	Nur Serum aus der Gallenblasenfistel entleert. Duct. cyst. obliterirt.	1. 7. geheilt entl. 20./10. vorgestellt. Leber noch erheblich vergrössert. G.Bl.-Fistel erst Sept. 91 geschlossen.	Laut Brief vom 2./1. 92. völlig wohl. Gewicht 102 Pfd.
Verlauf durch viele „Krämpfe", 10 tägige Menses gestört.	30. 6. 91. II. Inc. leicht. G.Bl. wenig verdickt. 27 Steine in ziemlich dunkler flüssiger Galle.	—	Galle fliesst sofort. 1./7. noch ein Stein entleert.	12. 7. Ausfluss hat aufgehört. Ende Juli fast geheilt entl.	Ende Octob. 91 vorgestellt mit 25 Pfd. Gewichtszunahme.

Anamnese, Symptome	Befund an der Leber vor der Operation	Befund an der Gallenbl. vor d. Op.	Datum und Befund, Verfahren bei der erster Operation
Anfang der 80er Jahre Magenkrämpfe, dann leidlich gesund bis 30. Nov. 89 starke Gallenstein-Kolik ohne Icterus, seit jener Zeit immer leidend, Druck in d. Lebergegend, Abmagerung. Frühjahr 90 Carlsbad ohne Erfolg. Jan. 91 schwerer fieberhafter Anfall nach Oelkur. April 91 Icterus, seitdem nicht wieder geschwunden. Carlsbad zum 2. Male ohne Erfolg, desgl. hohe Wassereingiessungen. Gewichtsverlust 28 Pfd.	Leber etwas vergrössert; unterer Rand in der Mitte zwischen Nabel u. proc. ensiformis.	G.Bl. wegen Spannung d. Bauchdecken nur undeutlich fühlbar. Ausgesprochener Schmerz bei Druck.	18./7. 91. Incision. G.Bl. hühnereigross, derb, vorragend. Annähung und sofortige Eröffnung, Entfernung von 24 kleinen und zwei grossen Steinen. Vernähung der G.Bl., Erweiterung des Schnittes, Lösung des Magens u. des Duodenums. Ein im Ductus cyst. sitzender Stein wird in die G.Bl. gedrückt. Längsschnitt in den Ductus choled. Extraction eines grossen Steines, Naht des Ganges. Wiedereröffnung der G.Bl., Entfernung des Cysticussteines. Schluss der Bauchwunde mit Einnähung der G.Bl.
Juni 89 erster heftiger Anfall v. Gallensteinkolik ohne Icterus, 8 Tage lang. Jan. 91 zuerst langsam unt. Magendrücken Icterus, dann erst Gallensteinkolik, Icterus dauernd seitdem. April 91 Kur in Carlsbad ohne Erfolg; dauernd schwere Anfälle, Gewicht von 130 auf 114 Pfd. reducirt. Puls 114, weich, klein.	Leber erheblich in toto vergrössert, rechter Lappen ragt bis zur Sp.-U.linie hinab.	G.Bl. nicht zu fühlen, Schmerzpunkt undeutlich.	2./10. 91. Inc. in der Mittellinie, 12—15 cm lang. Leber dunkelblauroth. Colon transversum. Netz und Magen mit der G.Bl. verwachsen, gelöst. G.Bl. ohne Steine. Duod. mit Duct. chol. seitlich verwachsen, partiell gelöst. Längsschnitt in den daumendicken Duct. chol. Entfernung von 2 grossen, 2 cm im Durchmesser haltenden u. von 2 linsengrossen Steinen. Naht des Duct. chol. Einnähung der G.Bl. in die vordere Bauchwand. Eröffnung derselben und Einnähung eines langen Rohres.
Vater † an Gallensteinen. Im Jahre 1866 der erste Anfall von Gallensteinkolik ohne Icterus, 1874 die zweite Attaque, 1/4 Jahr lang dauernd. Seit Mai fortwährend Gallensteinkoliken mit Icterus, Abgang von vielen kleinen Steinen. Stuhlgang bis vor 3 Wochen thonfarbig. Gewicht von 162 auf 130 Pfd. reducirt.	Leber anscheinend 3 Finger breit unter dem Rippenbogen.	G.Bl. nicht nachweisbar. Druck wenig schmerzhaft.	15./10. 91 Incision. Netz überall adhaerent. Leber erheblich vergrössert mit vorderer Bauchwand partiell verwachsen. G.Bl. atrophisch, mit Magen, Col. transv. verwachsen, obliterirt. Duct. chol. daumendick. Incision, Entfernung eines mittelgrossen Steines. Duct. cyst. ebenfalls oblit. Naht des Duct. choled. Naht der Bauchwunde.

II. Operation	Die nachfolgenden Operationen	Verlauf nach der II. resp. III. Operation	Vorläufiger Ausgang	Definitives Resultat
—	—	Galle fliesst sofort in grossen Mengen. Icterus bald geschwunden, Stuhlgang gefärbt.	17./8. mit kl. granulirender Wunde entl.	Dauernde Heilung. Ende October 25 Pfd. Gewichtszunahme.
—	—	Galle fliesst von Anfang an.	Geheilt entl. 26./11. 91.	Jan. 92 mit 15 Pfd. Gewichtszunahme vorgestellt.
—	—		Geheilt entl. 14./11. 91.	Jan. 92 mit 12 Pfd. Gewichtszunahme vorgestellt.

III. Operationen wegen dringenden Verdachtes auf noch vorhanden

No.	Name resp. Geschlecht	Alter	Anamnese, Symptome	Befund an der Leber vor der Operation	Befund an der Gallenbl. vor d. Op.	Datum und Befund, Verfahren bei der ersten Operation
40	Herr Middelberg.	ca. 45	Patient kommt, seit längerer Zeit an der Leber leidend, aus Java nach Aachen, bleibt dort längere Zeit hoch fiebernd in einem Hôtel, bis er ins Louisenhospital übergeführt wird.	Gashaltiger Abscess von Kopfgrösse in der Lebergegend; Patient septisch, delirirend.	G.Bl. nicht nachweisbar.	21./2. 84. Incision. Stinkend Abscess in und unterhalb d Leber, mit Darm communiciren
41	Belgischer Geistlicher.[1]) p. 18.	ca. 50	Seit einigen Monaten zunehmende Auftreibung des Leibes, mangelhafter Stuhlgang, in den letzten Tagen Erscheinungen von Ileus.	Faustgrosser Tumor etwas weit nach rechts im unteren Theile der Leber resp. unter derselben. Hochgradige Tympanie des Bauches. Frequenter kleiner Puls.	Tumor zweifelhaft, ev. G.Bl.	27./8. 86. Incision. Grosse m Steinen gefüllte G.Bl.; darunt das Col. ascendens mit allerl Wucherungen auf der Sero unbestimmten Charakters. Na der G.Bl., Incision, Entleeru von einigen hundert Steinen
42	Frau Nockemann.[1]) p. 43.	42	Nach Entbindung vor 9 Jahren Schmerzen in der Magengrube und im rechten Hypochondrium; seit 3 Jahren Erbrechen wässeriger Massen. Schmerzen besonders stark nach Bewegungen. Niemals wirkliche Gallensteinkoliken oder Icterus. Complication durch doppelseitige Oophoritis chronica leichteren Grades. Ernährungszustand sehr schlecht.	Deutlicher zungenförmiger Leberfortsatz, bis zur Sp.U.L. hinabreichend.	G.Bl. nicht nachweisbar. Sehr starker Schmerz bei Druck auf die mediale Seite des Leberfortsatzes.	28./10. 87 Probeincision. Lebe fortsatz glatt und glänzend, ni gends adhaerent. G.Bl. weis lich verfärbt aber schlaff, Na gelingt leicht.
43	Herr Warnicke. p. 70.	34	Neujahrstag 85 plötzlich heftige Leibschmerzen in der Herzgrube während einer Schlittenpartie, in den nächsten 14 Tagen sich wiederholend. April 88 der gleiche Anfall mit Erbrechen, Juli 88 desgleichen mit Icterus; Stuhlgang farblos. Dauernd krank, starker Gewichtsverlust.	Leber stark vergrössert, 18 cm in der Papillarlinie; Abdomen in der Lebergegend vorgetrieben. Unterer Leberrand normal, leicht zu fühlen.	G.Bl. nicht nachweisbar. Schmerzpunkt undeutlich.	18./9. 88. Incision. G.Bl. seh gross, schmutzig-gelb verfärb eben unter der Leber hervo ragend. Naht und sofortige In cision, Galle und hernach Eite schliesslich eine Echinococce blase entleert. Deshalb Troica durch hintere Gallenblasenwan gestossen in einen dort befind lichen Tumor, Erweiterung de Troicartstiches, Drainage des hinter der G.Bl. gelegenen Ech nococcensackes.

[1]) Berl. Kl. Woch. 1888 No. 29.

oder dagewesene Steine mit positivem Befunde an der Gallenblase.

Verlauf nach der . Operation	II. Operation	Die nachfolgenden Operationen	Verlauf nach der II. resp. III. Operation	Vorläufiger Ausgang	Definitives Resultat
Ausfluss von jauchigem Eiter und Koth.	—	—	† 26./2. 84. Unterer medialer Theil der Leber in kindskopfgrossen Abscess verwandelt. Von hier aus führt eine thalergrosse Fistel in den Pylorus, eine zweite in das Duodenum.	2 Fisteln von derselben Grösse führen eine ins Col. transv., die andere ins Col. ascen. In den Abscess öffnet sich ein kleines mit Cylinderepithel ausgekleidetes Hohlorgan.	G.Bl. sonst nicht zu finden. Wahrscheinlich Vereiterung der G.Bl. u. Perfor., vielleicht auch genuiner tropischer Leberabscess.
—	—	—	† 28./8. 86. Obd. ergiebt Carcinom des Colon ascendens gerade an	der Stelle, wo die G.Bl. auf dasselbe gedrückt hatte.	Tod an allgemeiner Entkräftung.
Reactionsloser Verlauf.	II. Incision 4./11. 87. Leberfortsatz faltig und geschrumpft. G.Bl., etwas verdickt, enthält dickflüssige z. Th. in Klumpen geronnene Galle von schwarzer Farbe; kein Stein gefunden.	—	Galle fliesst von Anfang an	Heilung nach 6 Wochen.	Unbekannt.
Bis zum . Novbr. 88 beständige Entleerung von Echinococcenblasen.	—	—	Galle u. Eiter fliessen von Anfang an.	Anfang Februar 89 geheilt.	Dauernd geheilt geblieben, 40 Pfd. an Gewicht zugenommen.

No.	Name resp. Geschlecht	Alter	Anamnese, Symptome	Befund an der Leber vor der Operation	Befund an der Gallenbl. vor d. Op.	Datum und Befund, Verfahren bei der ersten Operation
44	Frau P.	28	Seit läng. Zeit Schmerzen in d. Gallenblasengegend, Uebelkeit und Erbrechen, aber keine typischen Anfälle von Gallensteinkolik. Dazu Oophoritis chronica dextra mit beständigen Schmerzen rechterseits. Grosse Prostation der Kräfte. Oedem der Füsse, ohne Albumen im Urin.	Ausgesprochener Leberfortsatz resp. Schnürleber. Kleinapfelgrosser beweglicher Tumor rechts im kleinen Becken.	G.Bl. nicht fühlbar. Schmerz auf Druck ziemlich ausgesprochen.	9./11. 88. Inc. zwischen Nab und Symphyse; rechtes Ovariu entfernt; cystischer Tumor, e zündlich, nicht Neubildung. U rus gross, dunkelblauroth, vi Serum im Abdomen, deshal Entfernung auch des zweiten O Gallenblase von unten abgetast erscheint sehr gross und pra deshalb Probeschnitt auf di selbe. G.Bl. stark ausgedeh aber anscheinend ohne Stei wird deshalb nicht angenäl Anscheinend rechte Niere etw zu beweglich.
45	Emil Baumann.[1])	27	März 1885 4 Wochen lang Gelbsucht, seitdem drückende Schmerzen in der Magengegend. Appetitmangel. Mutter leidet an Gallensteinen.	Leber vergrössert (16 cm).	G.Bl. nicht nachweisbar. Druckschmerz deutlich.	27./2. 89 Incision. G.Bl. mi Netz verwachsen, in drei hal kugelige Segmente eingethei Lösung der Adhaesionen, Na und Incision in die G.Bl., kei Concremente.
46	Frau Rosenkranz aus Graitschen.[1])	37	Vor 2 Jahren längere Zeit Erbrechen und Icterus; seitdem oft Uebelkeit und Schmerzen in der Herzgrube. Hochgradige Obstipation in Folge von Retrofl. Uteri permagni.	Leber nicht vergrössert.	G.Bl. nicht fühlbar, deutlicher Druckschmerz.	6./9. 90 Incision. G.Bl. und Du cyst. mit Colon transversum ve wachsen, prall gefüllt, faustgro entleeren sich plötzlich vollstän nach Lösung der Adhaesion vom D. cyst. Steine nicht zu fühl deshalb Schluss d. Bauchwund
47	Frau Cl. Kurt. p. 43.	34	Seit 6 Jahren Magenschmerzen, jeden Herbst 2—3 Monate lang, ziemlich gleichmässig, nie anfallsweise, oft Erbrechen, nie Icterus. In der Zwischenzeit ganz gesund. Seit August 90 wieder Schmerzen, arbeitsunfähig. Gewicht von 140 auf 105 gesunken.	Leber normal.	G.Bl. nicht zu fühlen. Druckschmerz nicht deutlich.	8./10. 90. I. Incision. Leberra scharf, atrophisch. G-Bl. abno gross, grau durchscheinen nirgends adhaerent. Naht.
48	Fräulein H. p. 74.	64	1882 die ersten Magenschmerzen und Anschwellungen der Magengegend bei jeder stärkeren Anstrengung, seitdem nie ganz gesund. Anfang 90 sehr heftige Leibschmerzen, Erbrechen u. Fieber. Mai 90 dieselben Anfälle mit Schüttelfrösten. Ende August 90 5 wöchentliche Kur in Carlsbad, ohne Erfolg. Anfälle kamen wieder, einmal kurze Zeit Icterus. Januar 91 sehr heftige Anfälle. Pat. zum Skelette abgemagert. Gewicht 82,4 Pfd. Etwas Eiweiss im Urin, Oedem der Beine.	Leberrand nicht fühlbar.	G.Bl. nicht nachweisbar.	I. Incision. 28./3. 91. Verwachsene Netzmassen, unte Rand der Leber am Rippenboge tief unter der Leber atrophisc kleinfingerdicke G.Bl. Naht g lingt erst durch Ablösung d Fascia transversa und Benutzu eines vom Lig. susp. hep. hera hängenden subserösen Lipome

[1]) Corresp. des Thür. ärztl Vereins 1890, 11 u. 12.

II. Operation	Die nachfolgenden Operationen	Verlauf nach der II. resp. III. Operation	Vorläufiger Ausgang	Definitives Resultat
—	—	Bauchwunden heilen reactionslos. Pat. dauernd leidend. Octob. 91 typisch. Anfall von Gallensteinkolik mit Icterus.	—	Ungeheilt geblieben, weil nicht operirt.
—	—	Galle fliesst sofort und zwar bis zum 25./4.	Geheilt am 15. Mai im blühendem Zustande entlassen.	—
—	—	—	Nach 10 Tagen geheilt; von ihren Gallenblasenbeschwerden befreit.	Dauernd von ihnen erlöst, dafür andere Beschwerden durch R. U.
—	18./10. II. Incision. Grosse Mengen normaler Galle entleert. Kein Stein. Drainage.	Galle fliesst bis 30./10.	14./11. entl. geheilt, Pat. hat sich rasch erholt, ist dick geworden.	7./7. 91 vorgestellt; dauernd gesund geblieben. Vorzügliches Aussehen.
II. Incision. 10./4. 91. Schwierig wegen Kleinheit des Objectes. Eingedickte dunkelschwarzbraune Galle entleert, kein Stein gefunden.	—	Galle fliesst schon in den nächsten Tagen bis Mitte Mai; Ende dieses Monats Erbrechen und Leibschmerzen, dann zunehmende Reconvalescenz.	8. 7. entlassen, geheilt mit 10 Pfd. Gewichtszunahme. Oedeme fort.	Laut Brief vom 28./9. völlig wohl. 25./10 100 Pfd. Gewicht.

No.	Name resp. Geschlecht	Alter	Anamnese, Symptome	Befund an der Leber vor der Operation	Befund an der Gallenbl. vor d. Op.	Datum und Befund, Verfahren bei der ersten Operation
49	Wolny, Schuster. p. 98.	30	Seit 2 Jahren Magenkrank, seit 12 Monaten typische Anfälle v. Gallensteinkolik ohne Icterus. Weihn. 90 schwere Attaque, dreitägiges Erbrechen, Schluchzen 48 Stund. lang, Ostern 5 Tage langer Anfall. Prall gefüllte G.Bl. wird vom Arzte während der Anfälle constatirt. Seit 6 Wochen beständige Schmerzen, rapide Abmagerung.	Leber normal.	G.Bl. nicht nachweisbar, Schmerz auf Druck sehr unsicher.	15./6.91 I. Inc. Leber eben unte dem Rippenbogen vorragend mit peritonealen Schwarten be deckt. G.Bl. anscheinend normal nicht verwachsen.
50	Frau Rütscher. p. 19.	53	Vor 5 Jahren operirt wegen rechtsseitigen Ovarialkystomes, danach 4 Jahre lang völlig gesund. Febr. 91 Typhlitis; Besserung nach Entleerung von Kothballen. Leise ziehende Schmerzen in der rechten Oberbauchgegend machten jetzt auf einen dort befindlichen Tumor aufmerksam, vom Arzte als Metastase der früheren Ovarialgeschwulst angesprochen. Patientin klagt weder über jenen Tumor noch über die Ileocoecalgegend, sondern nur über Schmerzen unten rechts im kleinen Becken.	Rechter Leberlappen bis 2 cm unter die Sp.U.-linie hinabragend. Rechterseits neben dem wenig beweglichen Uterus ein faustgrosser fest verwachsener Tumor.	Erst in Narkose wird unter dem rechten Leberlappen ein harter gurkenförmiger Tumor entdeckt.	9./7. 91. Incision in der Line alba zwischen Nabel und Symphyse. Rechtes Ovarium in cystische mit Kalkconcremente durchsetzte Geschwulst verwan delt, die mehrfach mit Darmschlingen verwachsen, mit Müh entfernt wird; Exstirpation de linken gleichfalls von Cyster durchsetzten Ovariums. Die Untersuchung der unter der Lebe gelegenen Geschwulst von de Bauchwunde aus ergiebt gewal tige von Netzmassen überzogen mit Steinen gefüllte Gallenblase.
51	Adolph Sperber. p. 70.	57	Vor 20 Jahren ein einziges Mal mehrere Tage lang Leibschmerzen mit farblosem Stuhlgange ohne Icterus. Am 6. April 1891 nach bis dahin intacter Gesundheit — 160 Pfd. — erhebliche Leibschmerzen 2 Tage später Gelbsucht und Hautjucken. Starke Abmagerung seitdem, beständiger Icterus. Gewicht 116 Pfd.	Unterer Leberrand 2—3 cm unter dem Rippenbogen, hart aber glatt.	Höckeriger harter Tumor unterhalb der Leber.	28./7. 91 Incision. Serum im Bauche, G.Bl. grauweiss, mit Netz verwachsen, deutlich Steine enthaltend. Naht unmöglich wegen Brüchigkeit der Wandung, deshalb freie Incision in die G.Bl. und Entfernung von circa 500 Steinen. Duct. choled. fest mit Duodenum verwachsen, letzteres verletzt bei der Ablösung des einzelne Knoten enthaltenden Ganges. Neubildung im Duod. nachgewiesen, Op. abgebrochen, Ausstopfung der Wunde.

Verlauf ach der Operation	II. Operation	Die nachfolgenden Operationen	Verlauf nach der II. resp. III. Operation	Vorläufiger Ausgang	Definitives Resultat
rlauf ge- rt durch ıgebührl. ɜnehmen, ufstehen s.w. Hoch- ıdige Re- ıtion von Faeces zema ani.	29./6. 91 II. Inc. schwierig, weil Leitfaden verloren gegangen durch Unruhe des Pat. G.Bl. normal, Galle desgl.	25./7. Neues Suchen nach Concrementen in den tiefen Gallengängen. G.Bl. abgelöst und provisorisch vernäht. Duct. chol. mit neugebildeten Schwarten bedeckt, aber ohne Steine; letztere ev. in den letzten Tagen abgegangen. Naht der G.Bl. u. der Bauchwunde. Anscheinend Peritonitis. 26./7. Eröffnung der Bauchhöhle, Drainage. Secret frei von Coccen.	Galle fliesst von Anfang an, dann Icterus u. farbloser Stuhlgang bis 24./7.	Noch mehrfache Attaquen von Erbrech., Leibschmerzen, klein. Pulse. 30./9. entl., nicht ganz aufgeklärter Fall.	Beobachtung zu kurz, um definitives Resultat feststellen zu können.
Verlauf erst ganz normal. : Stunden Op. plötz- h Perfora- ɔnsperito- is u. Tod.	—	—	Obduction ergab freies Gas in der Bauchhöhle u. einen Gallenstein. G.Bl. mit 2 für Finger durchgängigen Löchern versehen. Das eine mit Col. transv. fest verwachsen, d. zweite, früher mit seitlicher Bauchwand verwachsen, jetzt abgelöst. Circa 150 Steine in der G.Bl. Leber 155 mm breit, rechts 200, links 146 mm lang.	Tod an Perforationsperitonitis.	—
am 29./7. ı Perfora- tions- eritonitis.	—	—	Obduction ergab markstückgrosses Carcinom im Duodenum, von dort durchs Lig. hepduod. bis zur Leber sich fortsetzend; 2 kleine Gallenst. im Duct. choled.	† an Peritonitis.	—

No.	Name resp. Geschlecht	Alter	Anamnese, Symptvme	Befund an der Leber vor der Operation	Befund an der Gallenbl. vord. Op.	Datum und Befund, Verfahren bei der ersten Operation
52	Frau S. p. 129.	27	Vor 3 Jahren erster Anfall von Gallenstein-Kolik mit Icterus; im Juli 91 abermals schwerer Anfall von 3 wöchentlicher Dauer mit Icterus, 13 Steine entleert; kurze Zeit später abermals Anfall mit Entleerung von 2 Steinen. Nur geringfügige Abmagerung.	Leber nicht vergrössert.	G.Bl. nicht nachweisbar, Schmerzpunkt undeutlich, aber beständiger Druck in d. Gallenblasengegend.	21./9. 91. Incision. Schlaffe weic G.Bl. mit vielen Steinen. Ausg dehnte Verwachsungen zwisch Netz und Magen einer-, Galle blase andererseits; der in d ganzen Länge angewachsene P lorus wird bis oben hin gelös keine Steine in den tiefen Galle gängen. Annähung der G.Bl

IV. Carcinome

No.	Name resp. Geschlecht	Alter	Anamnese, Symptvme	Befund an der Leber vor der Operation	Befund an der Gallenbl. vord. Op.	Datum und Befund, Verfahren bei der ersten Operation
53	Frau X. Gotha.[1]	56	Seit 2 Mon. Appetitlosigkeit, keine Schmerzen; vor 6 Wochen heftige Enteritis m. ruhrartig. Durchfällen, dann Schmerzen in der rechten Unterbauchgegend, zu Zeiten kolikartig. Stuhlgang regelmässig, etwas entfärbt. Kein Icterus, aber grosse Schwäche.	Leber mit grossem Fortsatze bis zum Nabel.	G.Bl. deutlich als birnenförmiger Tumor hervorragend.	31./5. 88. I. Inc. Viel Serum i Bauche. G.Bl. mit brüchige Netze bedeckt, selbst sehr weni resistent, so dass Fäden durcl schneiden.
54	Frau E. Wenige, Gotha. p. 126.	58	Seit vielen Jahren Magenkrämpfe, zu denen sich im Herbste 89 Icterus hinzugesellte unter Verstärkung der Schmerzen und erheblicher Abmagerung.	Unterer Leberrand etwas tiefer als normal, undeutlich zu fühlen; im Epigastrium harte Resistenz nachweisbar.	G.Bl. nicht nachweisbar, falls nicht jene Resistenz dieselbe repräsentirt.	24./6. 90. Incision. Leber dur kelblauroth, icterisch. Ihr vo derer Rand in der Gegend de G.Bl. durch Neubildungsmasse tief nach hinten gezerrt; letzter gehen von der mit Steinen ge füllten G.Bl. aus. Im Peritor einzelne Knoten. Schluss de Wunde.
55	Frau Schreiber p. 126.	56	Jahre lang Druck in der Magengegend. Vor 6 Wochen Fall auf den rechten Rippenbogen, seitdem dort Schmerzen; Kein Icterus. Allg. Cachexie.	Leber mit Fortsatz bis zur Sp.U.L., oberflächlich höcker., Dämpfung in der Papillarlinie 20 cm.	G.Bl. unsicher gefühlt, konnte auch Neubild. sein.	28./9. 91. Inc. Leber mit flache Buckeln besetzt. G.Bl. weicl mit Netz verwachsen. Kein Serum in der Bauchhöhle. G.Bl inc.; 2 grosse Steine extr., di in Neubildungsmassen eingebettet sind. Resect. eines Stücke der Leber, Naht von Perit. un Rand der G.Bl.

[1]) Berl. Kl. Woch. 1888 No. 29.

Verlauf nach der Operation	II. Operation	Die nachfolgenden Operationen	Verlauf nach der II. resp. III. Operation	Vorläufiger Ausgang	Definitives Resultat
Verlauf [z]uerst gut, [da]nn endloses Erbrechen mit [zu]nehmender Schwäche.	25./9. 91. Erweiterung der Wunde, Magen extrem dilatirt, oben rechts abgeknickt, von dort nach links unten fast bis zur Inguinalgegend verlaufend und wieder zurück unter ganz spitzem Winkel zur Cardia. Entleerung des Magens mittelst Sonde. Tod Abends 6 Uhr.	—	Obd. ergab Adhaes. zwischen Leber und rechtem Theile der kl. Curvatur, Verlegung des Duodenum. Inhalt von Magen u. Duod. vollständig verschieden; keine Peritonitis.	Tod an permanentem Erbrechen durch Abknickung des Magens.	—

[d]er Gallenblase.

Verlauf nach der Operation	II. Operation	Die nachfolgenden Operationen	Verlauf nach der II. resp. III. Operation	Vorläufiger Ausgang	Definitives Resultat
Starkes Erbrechen.	5./6. II. Inc. G.Bl. losgelöst; Netz liegt in der Wunde Neue Naht der Gallenblasenwand, $^1/_2$ cm dick, käsige bröcklige Massen in einem kleinen Hohlraume; keine Steine gefunden; anscheinend zerfallenes Sarkom.	—	—	Ende Juni 88 mit granulirender Wunde entlassen.	† Herbst 88. Section ergiebt laut Brief des Arztes Carcinom in einer mit Steinen gefüllten G.Bl.
Laparotomie-Wunde geht zunächst wieder auf, um sich dann p. granulat. zu schliessen.	—	—	—	26./7. mit granulirender Wunde einer Pflegeanstalt überwiesen.	Dort bald gestorben, Section nicht gemacht.
Reactionslos.	—	—	—	Mitte Oct. 91 mit schon beginnendem Icterus auf Wunsch entlassen.	—

V. Isolirte Steine in

No.	Name resp. Geschlecht	Alter	Anamnese, Symptome	Befund an der Leber vor der Operation	Befund an der Gallenbl. vor d. Op.	Datum und Befund, Verfahren bei der ersten Operation
56	Frau Lauffs.[1])	52	Seit Jahren Schmerzen im Rücken und in der rechten Nierengegend; Entleerung von kleinen Nierensteinen. Juni 1883 rechtsseitige Pleuritis mit starker Auftreibung des Bauches; zuerst hinten, dann vorne Exsudat oberhalb der Leber nachgewiesen, Bauch blieb Monate lang unter hohem Fieber stark aufgetrieben.	Leberdämpfung anscheinend von der 3. Rippe bis zum Rippenbogen reichend, darunter Bauchdecken infiltrirt; circumscripte Lücke in dem Infiltrate. Rechts hinten unten handbreite Dämpfung, bronchiales Athmen und grossblasiges Rasseln.	—	11./10. 83 I. Incision auf jene Lücke. Entl. von viel putriden Eiter, zwischen Leber und ver klebten Darmschlingen geleger 2 Tage später Entleerung voi 1 haselnussgrossem Gallensteir 23./10. II. Incision. Fistel ge spalten, die, vom Abscesse au zwischen vorderer Bauchmusku latur und Peritoneum bis 3 cr über die Mittellinie nach link verlaufend und wieder über di Mittellinie zurückkehrend, in da Colon transversum mündet. 27./10. III. Incision. Fistel nac oben von Bauchhöhle zwische Rippenbogen und Zwerchfellar satz in das Cavum Pleurae fül rend; dort abgesacktes Exsuda nach unten drainirt, 1 Galler stein entleert.

VI. Operationen wegen Anomalien anderer Bauchorgane (Leber,

Befund an der

No.	Name resp. Geschlecht	Alter	Anamnese, Symptome	Befund an der Leber vor der Operation	Befund an der Gallenbl. vor d. Op.	Datum und Befund, Verfahren bei der ersten Operation
57	Frau B. [2])	32	Abortus vor 8 Monaten, dann rechterseits Geschwulst im Leibe, die wenig Beschwerden macht; Magen- und Kreuzschmerzen. Seit 8 bis 10 Wochen hoh. Abendfieber; Urin frei von Eiweiss, kein Harndrang, extreme Abmagerung.	Leber stark vergrössert, rechter Lappen bis 2 cm. unter Nabel hinabragend, um 2—3 cm nach vorne getrieben durch einen kindskopfgrossen, unt. der Leber hervorragenden fluctuirenden Tumor.	G.Bl. nicht zu fühlen, Tumor ev. G.Bl.	5./2. 88 Incis. vorne auf die Ge schwulst; Col. transv. liegt a derselben, deshalb Schnitt vo hinten auf die Geschwulst, vereiterte Niere mit Steinen. Extract. derselben. Gallenblas nicht gesehen.
58	Frau Dürr [2])	42	Seit 4 Jahren Leibschmerzen; seit letztem Herbste starke Abmagerung. Gewichtsverlust 40 Pfd. Pat. melancholisch, in beständiger Unruhe, fast stets weinend.	Leber sehr vergrössert, ragt 2 cm unter Sp.U.-linie hinab. Linksseitige parametritische Narben, Verzerrung des Uterus.	G.Bl. nicht zu fühlen, Schmerzpunkt unsicher.	5./5. 88. Incision. Leber dunke blauroth, unterer Rand mit de vorderen Bauchwand durch en zündliches Gewebe verklebt. Leber unten sehr dick, G.B liegt 2 cm dahinter, anscheinen normal. Mühsame Annähung.

[1]) St. Petersburg. Med. Woch. 1885 No. 19. [2]) Berl. Kl. Woch. 1888 No. 29.

en Lebergallengängen.

Verlauf nach der . Operation	II. Operation	Die nachfolgenden Operationen	Verlauf nach der II. resp. III. Operation	Vorläufiger Ausgang	Definitives Resultat
'ieberhafter Verlauf. Schweres Erysipel.	17./11. IV. Op. Schluss der Darmfistel. 8 cm langer Gang in der Lebersubstanz entdeckt, in die Abscesshöhle mündend. 2./12. Op. des abgesackten Empyems; Resection von je 3 cm aus der 10., 9., 8., 7., 6. Rippe mit gleichzeitiger Entfernung der zwischen den Rippen gelegenen Weichtheile.	—	II. Erysipel im März. Nie Galle aus der Leber geflossen.	Mai 84 geheilt.	Dauernd gesund geblieben, lebt noch heute.

Magen, Nieren) bei geringem Verdachte auf Gallensteinbildung. Gallenblase negativ.

'ieberhafter Verlauf.	17. 2. 88 Exstirpat. der Niere. Verletzung des Colon ascend.	30./3. 88 Naht des Col. asc.	—	Geheilt Sommer 88.	Definitiv geheilt geblieben.
'eactionslos.	13. 5. Netz vor der G.Bl., Leberlappen mit der vorderen Bauchwand weithin verwachsen. G.Bl. nicht recht ohne Narkose zu finden, Incision erschien bei dem normalen Verhalten der G.Bl. nicht indicirt. Einfacher Verband.	—	Wunde heilt binnen 3 Wochen.	Patientin melancholisch entlassen, will keine Schmerzen mehr im Leibe haben.	Später völlig gesund geworden.

No.	Name resp. Geschlecht	Alter	Anamnese, Symptome	Befund an der Leber vor der Operation	Befund an der Gallenbl. vor d. Op.	Datum und Befund, Verfahren bei der ersten Operation
59	Frau Becker. p. 44.	45	Seit 3 Jahren Schmerzen unter dem rechten Rippenbogen, später Auftreibung des Leibes und Erbrechen; kein Icterus. Mittelstarke Abmagerung.	Leber normal.	G.Bl. nicht zu fühlen. Druckschmerz undeutlich	10./5. 89. I. Incision. Leberkaps[illegible] verdickt, Netz mit Lig. teres ver wachsen. Hinter kleinem Schnür lappen sehr grosse weiche Gallenblase. Naht.
60	Auguste Martin. p. 46.	35	Seit 3 Jahren Geschwulst in der Pylorusgegend nachweisbar; andauernde Magenschmerzen, häufiges Aufstossen. Verfall der Kräfte.	Leber normal, Kaum wallnussgrosser mit der Respiration sich bewegender Tumor. Dilatatio Ventrikuli.	G.Bl. nicht nachweisbar.	25./5. 89. Incision in der Mittel linie. Pylorus auf einen harter Ring reducirt, Netz mit einzelne[illegible] vergrösserten Drüsen. Vor de Wirbelsäule ein grobknolliger Tumor, Gastroenterstomie.
61	Bertha Ziegengeist. p. 44.	28	Seit $^1/_2$ Jahr Klagen über Magenschmerzen, Appetitmangel, beständige Neigung zum Erbrechen. Pat. hysterisch.	Leber normal. Schrumpfung der lig. lata.	G.Bl. nicht nachweisbar, Druckschmerz sehr ausgesproch.	31./3. 90 Probeincision. Mage[illegible] und G.Bl. anscheinend ganz nor mal. Vom unteren Rande de Leber geht ein Pseudoligamen nach unten anscheinend an da Colon transv. Abtragung diese Stranges von der Leber. Schlus der Bauchwunde.
62	Frau Völker. p. 49.	56	Seit Jahren Prolapsus Uteri et Vaginae resp. Vesicae. Seit 10 Tagen Fieber, Kopfschmerzen. Vor 5 Tagen leicht empfindliche Geschwulst im rechten Hypochondrium entdeckt. Temp. 42 nach Schüttelfrost, kein Harndrang. Urin mit etwas Eiter und entsprechender Menge von Eiweiss. Pat. somnolent.	Leber extrem vergrössert, reicht v. der VI. Rippe bis mehrere Centimet. unter den Nabel, undeutlicher unterer Rand. Von der rechten Weiche her lässt sich ein 2 faustgrosser Tumor gegen die vorderen Bauchdecken treiben.	G.Bl. nicht nachweisbar.	29./9. 91. Probeincison vorne Leber dunkelblauroth, sehr weich, dick, rechter Lappen wei nach links hinüberreichend, ko lossaler Schnürlappen. Darunte sehr beweglicher 2 faustgrosse Tumor, Col. asc. darauf. G.Bl wird weit nach links hin gefun den. Deshalb Lagerung auf di[illegible] linke Seite. Incision auf recht[illegible] Niere, sehr beweglich, Kapse grau verfärbt, graue Knote[illegible] auf der Nierenoberfläche. Des halb Exstirpation der Niere, vo[illegible] minimen Eiterheerden durchsetzt.
63	Fräul. Vökel. p. 50.	23	Seit 4—5 Jahren inconstante Schmerzen in der rechten vorderen Bauchseite handbreit oberhalb der fossa iliaca; oft vermehrter Urindrang; Urin klar. Seit Ostern 91 heftige Schmerzen hinten in der rechten Nierengegend, hohes Fieber. August abermals Schüttelfrost und Fieber.	Grosser mit der Leber in Zusammenhang stehender Tumor ragt bis zur I. Sp.-Linie hinab, Colon transvers. darunter. Tumor mit Respiration sich nicht verschiebend, von der Lendengegend her beweglich.	G.Bl. nicht nachweisbar.	14./10. 91 Incision auf die recht[illegible] Nierengegend. Niere selbst an scheinend gesund, darüber ei[illegible] grosser subphrenischer Abscess vielleicht von der oberen Parti[illegible] der Niere ausgehend. Drainag[illegible] des Abscesses.

Verlauf nach der Operation	II. Operation	Die nachfolgenden Operationen	Verlauf nach der II. resp. III. Operation	Vorläufiger Ausgang	Definitives Resultat
:eactions-los.	16./5. 89. II. Incision. Wand leicht verdickt; normale Galle. 4 Wochen drainirt, dann Wunde geschlossen. Während der Drainage frei von Beschwerden, doch kommen dieselben später wieder, deshalb 1./9. 89 wieder aufgen. Haselnussgrosser Tumor, 2 fingerbreit oberhalb des Nabels, mit Respiration sich bewegend.	18./9. 89. Schnitt in der Mittellinie. Vordere Wand des Magens mit Tuberkeln bedeckt, bes. stark der derbe harte Pylorus. Schluss der Bauchwunde.	26./9. Wunde geheilt; angeblich Schmerzen verschwunden.	5./11. Schmerzen kehren wieder; auf int. Abtheil. verlegt, von dort in desolatem Zustande entlassen.	Unbekannt.
:eactions-e Heilung. Klagen stehen fort.	—	—	—	29./6. 89. In wenig gebessertem Zustande entlassen, hat noch 1 Jahr gekränkelt.	Bis Juli 91 dauernd wohl, hält sich für völlig geheilt. Seit Sept. wieder krank.
actionslos.	—	—	Schmerzen im Leibe sollen verschwunden sein.	10./5. 90 geheilt entl., doch kommen bald andere Beschwerden (Hernien).	Dauernd hysterisch geblieben.
Zunächst ınstig, fie-rlos, dann pathisch. rin bleibt terhaltig.	—	—	† unter zunehmender Somnolenz 7./10. 91.	Obduction: Linke Niere wie die rechte. Diphtherie der Blase. Leber mit grossem Schnürlappen, sonst wenig vergrössert.	—
eber fällt sbald ab, ım dann 'ieder zu steigen.	9./11. Exstirpation der rechten Niere, weil oberflächlich Tuberkel sichtbar sind. Darauf vollständige Anurie, deshalb	14./11. Incision in die linke Niere; letztere total tuberculös entartet.	† 14./11. Abends.	Sect. ergab Tub. der linken Niere und des rechten Ureters.	—

No.	Name resp. Geschlecht	Alter	Anamnese, Symptome	Befund an der Leber vor der Operation	Befund an der Gallenbl. vor d. Op.	Datum und Befund, Verfahren bei der ersten Operation
64	Frl. K. p. 47.	45	Seit 1874 Magenleidend, Verdacht auf Ulcus Ventriculi. 1885 nach Diätfehler Aufstossen, Uebelkeit, Erbrechen. Schmerz bei Druck oberhalb des Nabels in der Mittellinie, seitdem constant.	Flache Prominenz 2 fingerbreit oberhalb des Nabels, auf Druck schmerzhaft. Leber anscheinend normal.	G.Bl. nicht nachweisbar.	23./10. 91. Incision. Taubene grosse Hernia properitoneali spärliche Fettträubchen durc die Fascie hindurchgewuche Exstirpation.

II. Operation	Die nachfolgenden Operationen	Verlauf nach der II. resp. III. Operation	Vorläufiger Ausgang	Definitives Resultat
		—	15./11. geheilt entlassen.	Januar 92 geheilt vorgestellt.

www.ingramcontent.com/pod-product-compliance
Lightning Source LLC
Chambersburg PA
CBHW021711210326
41599CB00013B/1617

* 9 7 8 3 7 4 2 8 9 6 0 8 7 *